麻类产业实用技术

朱爱国 主编

中国农业科学技术出版社

图书在版编目（CIP）数据

麻类产业实用技术 / 朱爱国主编 . -- 北京：中国农业
科学技术出版社，2023.11
ISBN 978-7-5116-6551-5

Ⅰ . ①麻… Ⅱ . ①朱… Ⅲ . ①麻类作物－栽培技术
Ⅳ . ① S563

中国国家版本馆 CIP 数据核字（2023）第 229761 号

责任编辑　崔改泵
责任校对　李向荣
责任印制　姜义伟　王思文

出 版 者　中国农业科学技术出版社
　　　　　北京市中关村南大街 12 号　　邮编：100081
电　　话　（010）82109194（编辑室）　（010）82109702（发行部）
　　　　　（010）82109709（读者服务部）
网　　址　https://castp.caas.cn
经 销 者　各地新华书店
印 刷 者　北京建宏印刷有限公司
开　　本　185 mm×260 mm　1/16
印　　张　16
字　　数　398 千字
版　　次　2023 年 11 月第 1 版　2023 年 11 月第 1 次印刷
定　　价　150.00 元

内容简介

　　《麻类产业实用技术》是一本介绍麻类生产中轻简化实用技术的简明手册。本书是国家麻类产业技术体系专家们长期开展科研与生产实践的优秀成果的凝练，图文并茂、通俗易懂、操作性强，内容涵盖了品种资源与育苗技术、麻田土水肥管理与栽培模式、有害生物及逆境危害的防控、麻类农机具和初加工技术、麻类制品加工技术五大板块。这些技术经生产检验，具有较强的针对性和实用价值。

目 录

第三篇 有害生物防控

第四篇 麻类农机具与初加工技术

第一篇

品种资源与育苗技术

第一章 苎 麻

一、苎麻嫩梢水培工厂化育苗技术 *

苎麻是我国传统特色经济作物，国际上相关研究均以我国为主。当前苎麻繁殖主要有种子育苗和无性繁殖两类。种子育苗方法虽潜在繁殖系数高，但因育苗难度大、成苗率低、种苗大小不一等问题没有得到有效解决，很少在生产中应用。采集嫩梢进行土壤扦插育苗是主要的繁殖方法。

针对传统苎麻嫩梢土壤扦插育苗方式中嫩梢来源不足、繁殖系数低、成活率低且不稳定、育苗周期长、季节性强等问题，系统研究了水培条件下苎麻嫩梢生根与死苗的生理机制，以及水培的环境与农艺要点，基于深液流技术开发出苎麻嫩梢水培育苗技术，制订了技术参数体系和工厂化操作工艺，并筛选出水培成活率 ≥ 90% 的苎麻品种 47 个，达到了阻断土传病害、提高种苗素质的目的，并奠定了工厂化生产的基础，显著提高了育苗效果，实现了种苗周年供应。

该成果集成了现代化设施栽培与管理技术，将苎麻育苗由季节性生产转变为周年连续生产，提出了苎麻水培种苗嫩梢复采技术，与传统土壤扦插（图 1-1）相比，单批次繁殖系数提高 1 倍以上，全年提高 5 倍以上，缩短育苗周期 8 ~ 10 d/ 批、延长供种时间 180 d/ 年以上，有效提升了工厂化育苗的效率，并大幅度降低了育苗成本。研究和建立了营养块假植技术，移栽成活率由原来的 80% 以上稳定提高到 90% 以上，并有效缩短了缓苗期，为苎麻移栽实现机械化提供了有效途径。

该成果在分宜、汉寿、咸宁、新晃、宜章、张家界 6 地推广水培苎麻种苗共计 380 余万株，实现了苎麻嫩梢水培管理的自动化、工厂化，年度育苗批次提高 5 倍以上，实现全年连续生产，降低育苗人工成本 44.2%，整体降低育苗成本 30.9%（表 1-1、表 1-2）。

* 作者：陈继康 [1]、喻春明 [2]（1. 沅江麻类综合试验站 / 中国农业科学院麻类研究所；2. 苎麻品种改良岗位 / 中国农业科学院麻类研究所）

苗床准备　　　　　　　　嫩梢采集与修剪　　　　　　　插穗消毒

嫩梢扦插　　　　　　　　育苗管理　　　　　　　　　可移栽苗

图 1-1　传统土壤嫩梢扦插技术流程

表 1-1　苎麻嫩梢土壤扦插与水培育苗生产性能比较

指标	常规土壤扦插	本技术
种源量	10 000 株 / 批	20 000 株 / 批次
育苗周期	30 ～ 40 d	15 ～ 20 d
年度产出批次	2 ～ 3 批次	10 批次
育苗时期	气温 20 ～ 33 ℃	全年

表 1-2　苎麻嫩梢土壤扦插与水培育苗效益比较

	项目	单位	常规土壤扦插	本技术	推广成果比对照技术增减
产出	成苗率	%	80	92	+12
	移栽成活率	%	85	92	+7
	种苗	元 / 万株	5 000	5 000	0
	小计	元 / 批次	3 400	4 232	+832
投入		元 / 万株	5 020	3 470	-1 550
效益（产出 - 投入）		元 / 万株		2 382	
新增纯收益		元 / 株		0.238 2	

（一）技术要点

（1）设施准备。工厂化育苗设施为温室、塑料大棚或砖墙大棚中的任意一种，育苗设备为市售循环式水培设备中的任意一种。育苗前将工厂化育苗设施、设备进行全面消毒：育苗设施可采用紫外线照射等方式进行全面消毒，育苗设备可用 2 mg/L 的高锰酸钾溶液等消毒液浸泡消毒，保证室内空气流通，并将环境温度控制在 20 ～ 30 ℃，空气湿度控制在 60% ～ 90%。

（2）插穗制备。插穗是以苎麻主茎或侧枝的嫩梢为原材料获得，若采用侧枝，则需在扦插前 20 d 左右对种苗圃繁殖材料进行打顶处理，待新长出的侧枝长度达到 20 cm 左右时取材。选择健壮且未木质化的苎麻主茎或侧枝，用刀片去除多余叶片，保留顶部 2 ～ 3 片完全展开叶以及未展开心叶，再将枝条削成 12 ～ 15 cm 长的插穗。注意切口必须斜切，且必须保证切口平整，操作过程中应尽量减少对插穗的损伤（图 1-2）。

图 1-2 苎麻嫩梢生长过程和标准插穗

（3）消毒。将制备的插穗下端浸入多菌灵、百菌清或代森锌等杀菌剂配制的 500 倍水溶液中消毒 10 min，取出并沥干。

（4）扦插。将插穗固定在准备好的育苗设备上，再将育苗设备置于货架式栽培架上。栽培架为木质、铁质或其他质地货架，每层间隔 80 ～ 100 cm。并在每层安装日光灯或 LED 植物生长灯等进行补光。

（5）光照补充。必要时采用补光灯为插穗补充生长所需光照。补光时间为 0 ～ 24 h。若日照较充足，每天补光 5 h 左右，若因连绵阴雨天气、室内光照条件差等原因造成光照严重不足，则需每天补光 15 ～ 24 h，补光时间可根据需要进行调整。

（6）营养补充。在扦插后第 3 ～ 4 d，向育苗设备内添加含 N、P、K 等营养元素的营养液。营养液为含有磷酸二氢钾、硝酸钾、四水硝酸钙和七水硫酸镁中的一种或多种组成的水溶液，N、P、K 三种元素的比例约为 4 : 1 : 6，其中含 N 40 ～ 200 mg/L、P_2O_5 10 ～ 50 mg/L、K_2O 60 ～ 300 mg/L。

（7）日常管理。监测温湿度，每天用喷壶在插穗叶面喷水 1 ～ 3 次，观察插穗生长情况。

（8）新插穗采集与处理。经过 7 ～ 12 d 培养，第一批水培苎麻苗成苗，再生长 2 ～ 5 d 植株高度达到 30 cm，剪下梢部 12 ～ 15 cm，成为新的扦插材料，经上述步骤（2）～（7）再培育成下一批种苗。依此往复操作，可成倍增加成苗量。

（二）适宜区域

适于我国苎麻主产区推广应用。

（三）注意事项

多年生的苎麻生产对农户来说具有一次种植多年受益的优势，而对种苗生产企业来说，则成为短板。苎麻嫩梢水培工厂化育苗技术已在长沙、浏阳等地进行了小规模的试验示范，并取得了良好的效果。但缺乏规模化示范和长期的收益情况观测，缺乏在大规模、长期生产条件下可能出现的种苗质量变化、设施内部环境变化、收益情况变化等数据，对需要建设专用场地、设施以及较大设备投入的育苗企业来说，要保障长期、稳定的收益，还有一定的风险。

二、苎麻种子繁殖技术 *

苎麻种子很小，千粒重 0.05 ～ 0.1 g，运输方便，繁殖系数大，每 1 kg 种子培育的麻苗可以移栽 30 ～ 40 亩。同时，种子繁殖的麻苗相比无性扦插麻苗生活力强，根系更为发达，且不易传播病虫害。因而生产中也常使用种子繁殖技术扩大生产，降低生产成本。但种子繁育具有天然的劣势。由于苎麻是异花授粉作物，容易发生自然杂交，引起后代分离变异；发芽阶段种苗弱小，极易受气温影响而死苗。因此采用种子繁殖苎麻时，要特别注意技术规范。

（一）可繁育生产用种子的品种选定

（1）品种来源。用于繁育生产用种子的品种，需为经法定农作物品种、种子管理、农业技术推广部门或第三方科技评价机构认定、审定或登记的优良品种和杂交组合。

（2）品种纯度鉴定。用所选品种在隔离条件下生产的种子的实生苗植株形态作为纯度指标，包括叶形整齐度和株高整齐度两个指标。常规种两个纯度指标均应 ≥ 85%；杂交种一级良种两个纯度指标均应 ≥ 88%，二级良种两个纯度指标均应 ≥ 80%。

---

* 作者：喻春明[1]、汪红武[2]、张中华[3]、陈继康[4]（1. 苎麻品种改良岗位 / 中国农业科学院麻类研究所；2. 咸宁苎麻试验站 / 咸宁市农业科学院；3. 达州麻类综合试验站 / 达州市农业科学院研究院；4 沅江麻类综合试验站 / 中国农业科学院麻类研究所）

株高整齐度调查样本应 ≥ 10 蔸，调查时间为工艺成熟期，计算公式为：

株高整齐度 =（有效株平均高度 ±10% 以内的株数 / 总有效株数）×100%

叶形整齐度调查样本应 ≥ 10 蔸，调查时间为工艺成熟期，计算方法为：

叶形整齐度 =（群体中主流叶形的株数 / 群体总株数）×100%

（3）可繁育生产用种子选定。同时符合以上条件的品种即可繁育生产用种子。

（二）种子生产

（1）繁种用种苗生产。选择符合规定的品种，用其原种经无性繁殖生产出繁种用种苗，繁种用种苗杂蔸率应 ≤ 0.1%。杂交组合亲本繁殖要求相同。

（2）生产用种子生产。种子生产基地环境要求：土壤肥沃，排灌良好，背风向阳，种植地点周围 1 km 以内没有野生或其他苎麻品种植株，或者有天然、人工屏障的隔离区。

栽培密度。单蔸占地面积 ≥ 0.25 m²，植株排列规整，宜采用宽窄行种植。杂交组合制种父母本比例 1:（4 ～ 8），定距相间种植。

肥水管理。加强肥水管理，保证植株生长健壮。生长中后期适当增施磷、钾肥，提高结实率和种子饱满度。加强留种麻园冬季培土和施肥管理。及时防治病虫草害。

收种时期。新栽麻园留种，应在 8 月底前破秆，当年不收二麻，以利壮蔸壮籽。老麻园留种应适当提早二麻的收获期，一般比生产纤维的麻园提早 10 d 收获，以保证繁种圃三麻有较长的生长期，提高种子产量和质量。根据各地情况确定种子收获期，见霜后 1 ～ 2 个晴天或者 2/3 果穗变褐即可收种。收种应在麻株露水干后进行。

种子干燥与去杂。种子收获后要及时干燥，采用晒干或人工干燥方式，人工干燥温度不超过 40 ℃。当含水量降到 12% 左右时脱粒，脱粒后精选除去空瘪种子和果壳等杂质。

种子包装与储存。经精选的种子应及时用带塑料内袋的编织袋封装，或直接分装成塑料小包装种子。半年内使用的种子应保存在遮阴、室温 5 ℃ 左右、相对湿度 < 40% 的种子库；一周年内使用的种子应保存在遮阴、4 ℃ 左右、相对湿度 < 30% 环境中。苎麻种子储存周期一般不超过一周年。

（三）种子育苗

（1）播种期。大田露地育苗播种期以日平均气温稳定通过 12 ℃ 为宜，宜采用覆膜等保护育苗方式，育苗期间气温超过 28 ℃ 应采取遮阳降温措施。长江流域露地育苗最佳播种期为早春，2 月中下旬至 3 月初播种育苗。秋季露地播种育苗以 8 月上中旬、日平均温度 23 ℃ 为宜，越冬后移栽。冬季土壤温度低于 5 ℃ 的区域不宜秋季露地播种育苗。保护地育苗应根据移栽需要确定育苗时间，育苗设施内温度以（23±5）℃ 为宜。

（2）苗床准备。选择背风向阳、排灌方便、土壤疏松、肥力中等及以上、杂草少的田地作苗床地，苗床禁止施用除草剂。翻耕土地，晒土后施杀菌剂和杀虫剂进行土壤消毒。平整作厢，厢宽 1.0 ～ 1.4 m，厢间距离 0.3 ～ 0.5 m，厢面务必整细整平，拣尽杂草，做到上实下虚。

（3）播种。根据种子发芽率适当增减播种量，一般种子发芽率30%以上，每亩苗床播种500～1 000 g。播种前晒种1～2 d，以利种子吸水，提高发芽势。播种前充分湿润厢面，表层土壤含水量饱和。将种子与轻质细土、草木灰、低养分含量的育苗基质等，按体积1∶（5～10）的比例拌匀。拌种物不得混有杂草种子。采用撒播法，分厢定量，均匀撒播在厢面上，播后用少量细土覆盖，至肉眼难以分辨出种子即可。

（4）播后管理。早春用薄膜小拱棚保温育苗。出苗前只需保持薄膜覆盖严实，苗床湿润即可。出苗后应注意调控膜内温湿度。湿度以苗床不发白，膜内有水汽，膜上有密集水珠为宜。如果苗床发白变干，应立即浇水保湿，浇水至地表微有积水即停。薄膜内最适气温为25 ℃。膜内气温超过32 ℃时，晴天上午10时前应及时揭开薄膜两端通风降温，并在薄膜上盖草帘或遮阳网挡住强光，以防高温烧苗或形成高脚苗，但上午9时前和下午5时后要揭去遮阳物，让麻苗适当见光。温度过高时可直接在遮阳物上喷水降温。

当麻苗长到4片真叶时，可以揭开薄膜两端通风炼苗。炼苗2～3 d后，选阴天揭去薄膜，揭膜后要及时浇水保湿，要保留竹弓，在高温烈日天或预计有大风雨前盖上遮阳网，防止损伤幼嫩麻苗。

露地育苗时，可选用稻草等物覆盖，以盖至不见土为宜，要经常浇水保持苗床湿润。出苗后分次分批揭去覆盖物。一般为齐苗后揭去覆盖物的1/3，2片真叶后再揭去1/3，4片真叶后揭去剩下的覆盖物。下雨天或灾害性天气注意防止幼苗损伤。

揭膜后若发现苗床杂草要及早拔除。从6片真叶期开始，根据麻苗植株形态，除去群体中植株形态明显不同的麻苗。在去杂的同时进行间苗。间苗的方法是先除去弱小苗，如果密度仍大，再去掉一部分麻苗，密度标准为麻株间叶不搭叶为宜。间苗分2～3次进行，每次间隔7 d左右。每亩苗床最后留苗密度不少于80 000株。

结合间苗、定苗进行施肥。在每次间苗后，用沼液、稀薄的有机粪肥或0.5%～1%的尿素水溶液浇洒，浓度随苗龄增长可逐渐增大，但不得超过1%。一次施肥量不能太多，以免伤害幼苗，一般每亩用量为200～300 kg。沼液施用应符合NY/T 2065规定，有机粪肥水溶液施用量可参照0.5%～1%的尿素水溶液施用量。

（四）种苗出圃

出苗后50～60 d，麻苗长到8～10片真叶时即可开始移栽。10～12片真叶期是适宜的移栽期。秋季播种育苗的麻苗，经保温越冬后，于次年早春移栽。

取苗前用水浇湿苗床，以浇足浇透为宜，减少根系损伤。取苗时先取大苗。取苗后的苗床应及时整理施肥，以促进小苗生长。尽可能减少根系损伤，适量带土移栽。对于叶片数较多，株高超过40 cm的麻苗应剪去部分叶片，以减少水分蒸腾。

移栽宜选择阴天或晴天下午进行，尽量带土移栽，栽麻后一定要浇定蔸水。如果连续晴天，3～5 d内每天应灌溉一次，以确保麻苗成活，并在5～20 d内及时查苗补缺。灌溉以浇足浇透、水面不淹没厢面为准，过水后应立即排水。

三、杂交苎麻制种技术 *

杂交苎麻制种是利用杂交苎麻品种的亲本（不育系、恢复系）按一定规格种植和管理，进行杂交种子生产的过程。该技术具有制种方便，杂交种子产量高、纯度高、净度好等特点。杂交苎麻具有杂种优势强、繁殖系数高（每亩制种地可生产杂交种子25～30 kg，育苗移栽可栽大田1 500～2 000亩）、种苗成本低、不带病虫、便于远距离运输等优点，在生产应用中具有明显优势。

（一）技术要点

（1）制种地选择。苎麻是异花授粉作物，植株高大，花粉细小、轻，易随风飘扬。为防止串粉，确保杂交种子纯度，制种区选择注意两点：一是背风向阳，有较好的排灌条件，土壤比较疏松、肥沃，选择3年内未种植过苎麻的地块；二是制种地应有良好的隔离条件，一般要求平坝制种区周围1 000 m内无其他苎麻种植，也可利用制种地30 m以上的自然屏障（山体、建筑或高大树木等）隔离。

（2）制种亲本繁育。应选用纯度≥99.9%亲本原种圃或母本园采用分蔸、扦插等无性繁殖方式繁育制种亲本。

（3）行比与种植规格。种蔸苗3月下旬移栽，扦插苗5月底前移栽。一般制种地栽植密度2 200～2 500穴/亩，母本（不育系）、父本（恢复系）适宜行比为（4～6）∶1，即4～6行母本间种1行父本。为防止串蔸引起混杂，母本与父本之间行距应大于母本之间行距。规格：父本种植穴距50 cm；母本植株行距60 cm、穴距50 cm；父、母本植株间距80 cm。

（4）花期调节。杂交苎麻品种父、母本花期比较协调，一般不需调节花期。若因地域等原因导致父、母本生育期变化，出现花期不协调，可根据父母本生育期差异，适当调整二麻父、母本收获期，可促使父、母本花期协调。

（5）收获。在自然条件下，苎麻一般9月上旬开始现蕾开花，12月上旬种子成熟，以2/3母本植株上的果穗颜色变成褐色、籽粒比较饱满为种子成熟标准。为避免迟收降低原麻产量和品质，防止种子混杂，一般要求11月中旬先收获父本原麻。种子成熟后选晴天在果穗基本无露水时，去掉麻叶，捋取果穗。

（6）果穗处理。收获的果穗应及时晾晒，以免堆垛发热，沤坏种子，丧失发芽率。果穗干燥（含水量降到14%左右）后脱粒，经过筛、风吹除去空瘪种子、果壳等杂质。种子干燥（含水量降到12%以下）后包装储藏备用。

（二）适宜区域

适宜国内苎麻种植区域。

---

* 作者：张中华（达州麻类综合试验站/达州市农业科学院研究院）

（三）注意事项

制种地选择隔离条件好、3 年内未种植过苎麻的地块；种子成熟前应先将父本植株原麻收获，母本植株留下直至种子成熟。

四、苎麻种质资源长期保存技术*

苎麻作为中国特有的经济作物，种质资源安全保存一直受到国家和科技工作者的高度关注。目前，我国苎麻种质资源的保存主要以田间资源圃的形式进行保存，即将苎麻种质资源长期定植在具有一定生态代表性的圃地。这种保存方法存在一些缺点，首先是种质圃保存难以切断种质间病虫害的传播，跑马根串苑，易受自然灾害、田间杂草等的侵袭；然后是占地广，管理难度大，需要耗费大量的人力、物力和财力，且无法进行大规模统一的水肥管理。

为了安全而稳定地保护我国这一重要的种质资源，便于苎麻种质资源的保存和利用，对现有保存方法进行改进。基于集成育苗、移栽等多个栽培环节的操作规范、水肥一体化管理、智能化遥感监测、日常保存管理等技术（图 1-3），制订了苎麻种质资源保存整体规划方案。与种质圃保存相比，该技术具有操作方便、保存时间长、种质恢复生长效果好、省时省力等优势，对作物种质资源保护及展示具有重要意义。

图 1-3　苎麻种质资源保存整体规划方案

（一）技术要点

（1）嫩梢育苗移栽规范。育苗包括育苗材料剪取、材料消毒、扦插生根、移栽麻苗

---

* 作者：崔国贤、佘玮、付虹雨（养分管理岗位 / 湖南农业大学）

四个步骤。

①育苗材料剪取：当苎麻植株高度约 100 cm 时去除其顶梢，促使发生分枝。分枝长至 7～8 cm 时，选择晴天或阴天剪取嫩梢，剪取时应去除多余叶片，仅保留顶部嫩叶 3～4 片，不得损伤茎秆、表皮。

②育苗材料消毒：将以上处理后的嫩梢放入 1%～2% 硫菌灵溶液中浸泡 1～3 min 进行消毒处理，取出沥干备用。若在早春扦插时，由于温度较低，或在晚秋进行嫩梢扦插时，因带花蕾，幼茎木质化程度较高，发根均较迟缓，可将消毒后的材料用低浓度（5 mg/kg）的萘乙酸浸泡 2～3 min，以促进发根，提高成活率。

③扦插生根：扦插前用 1%～2% 硫菌灵溶液浇透表土，将消毒后的嫩梢整齐插入土中，扦插深度 3～5 cm，每平方米净苗床扦插 300 株左右。扦插后再用 1%～2% 硫菌灵把苗床淋一遍，随即插好竹拱（拱高 36 cm 左右），用薄膜覆盖，再在薄膜上盖遮阳网等遮阴。

④移栽麻苗：待麻苗长出 3～4 片新叶，株高达 20 cm 左右，选择阴天带土起苗移栽到盆栽装置中。起苗前苗床应浇水使土壤湿润，便于起苗。

（2）营养基质的选择。选用疏松、肥沃土壤，尽量选择 3 年内未种植过苎麻的地块进行取土，并在土壤中混合使用有机基质、膨胀珍珠岩等，实现蓄水保肥。有机基质具有较高的盐基交换量，缓冲能力强。

（3）盆栽钵准备。盆栽钵为市售产品，上口径 55 cm，底部直径 25 cm，高 50 cm。按照保存种质资源多少设计保存区间。每个盆栽钵装土及基质，基质主要成分为泥炭土、蛭石、椰糠和珍珠岩等，能够提供苎麻生长所需营养。每个盆栽钵均配置有自制的智能化水肥滴灌系统，按照设定标准定时提供统一的水肥补给（图 1-4）。

图 1-4　盆栽钵保存苎麻种质效果

（4）智能水肥滴灌系统。智能水肥滴灌系统可设定浇水时长及周期间隔，晴天正常浇灌，雨天自动停止。其喷头由喷雾头和滴灌头组成，可调节大小。该设备总长为 60 m，为保证水压能够满足所有盆栽滴水大小一致，在中间位置设置两个出水口，每个出水口有两个分路，各通两根 30 m 主管，主管每隔 50 cm 连接一个滴头，每个支管 50 cm 长。安装时需将支管均匀分布，滴头需安装于盆栽中心位置。灌溉时间根据苎麻生育期的不同，需进行调整，一般苗期设定灌水时间 3 min 即可，旺长期设定 8 min 最为适宜，而成熟期设定 5 min 左右最好。

（5）日常遥感监测。利用无人机遥感技术定期监测苎麻种质资源长势，实现连续长期的苎麻种质资源表型信息采集，内容包括苎麻种质资源株高、有效株等有效信息无损快速监测。采用大疆精灵 4 pro 无人机以 20 m 飞行高度采集苎麻种质资源冠层影像，利用大疆智图软件自动实现各项光谱信息获取。

（6）破秆收获。苎麻破秆技术即指当新栽苎麻植株长到 100～150 cm 高，麻秆基部 1/3 开始变成褐色且基部 1/3 的麻叶已经自然脱落、下部催蔸芽长出时就达到了工艺成熟期，便可进行第一次收获，俗称破秆。破秆是种质资源栽植后的一个重要措施。冬季或春季栽的麻最初发生的地上茎秆要适时刈割，促使多发分株，早收麻。前一年秋季或当年春栽的麻一般在二麻期破秆，收一季三麻。一般在麻苗移栽 90 d 后进行破秆。破秆的方法一般是用快刀齐地砍去麻秆，或者剥皮后再砍去麻秆。新麻的破秆时间，应由季节和麻株生长情况而定，春栽麻一般在立秋前株高 1 m 以上、麻株黑秆 2/3 以上破秆为好。同时，个别生长不好的麻蔸可延迟破秆或不破秆，进行蓄蔸，使第 2 年盆栽中的苎麻生长一致。

（二）适宜区域

适于我国苎麻主产区及苎麻种质资源保存单位推广应用。

（三）注意事项

苎麻种质资源保存一直都是国家非常重视的一项工作，本成果虽较传统的种质资源保存方法操作简单、省时省力，但由于是盆栽种植，苎麻生长易受限制，相比于田间生长还是具有一定差异的。由于盆栽、智能灌溉系统等材料设备较多，平时管理中需注意减少不必要的损坏，且需要定期检查灌溉系统是否正常工作，若发现损坏需及时更换。日常遥感监测中，无人机操作员须取得相关资质证书方可操作，且需要规范操作，避免坠机等。

五、苎麻嫩梢扦插小型育苗装置与育苗技术 *

苎麻有性繁殖存在直播困难、种子保存难、品种退化严重等问题，生产上主要应用无性繁殖，尤以扦插繁殖应用范围最广。苎麻扦插苗成活条件严格，正常生长的空气温度范围为 25～40 ℃，湿度范围为 90%～100%，同时还需保证光照充足、土壤环境健康等，否则影响大田嫩梢扦插成活率。近年来也有少量研究使用了育苗盘进行苎麻嫩梢扦插，但一直没有形成完整的小型化、易推广的实用装置。

本技术提出了一种小型便携式苎麻嫩梢扦插育苗装置与育苗技术，能够有效规避大田扦插中成苗移栽费时费力、土传病害出现率高、出苗率较低的缺点；能够显著改进现

---

* 作者：崔国贤、佘玮、焦鑫伟（养分管理岗位／湖南农业大学）

有育苗盘育苗数量少、育苗盘没有水密封或覆膜的情况；能够提供适宜稳定的苎麻扦插苗成活环境，提高苎麻扦插育苗成活率；旨在实现轻量化、小型化，育苗便捷，所使用的育苗穴盘有利于成苗运输，降低运输导致的成苗损伤，育苗成活率 90% 以上。

该成果集成了现代化设施栽培与管理技术，将苎麻育苗由季节性生产转变为周年连续生产，提出了苎麻嫩梢扦插育苗装置小型化技术，并大幅度降低了育苗成本（表 1-3、表 1-4）。研究和建立了扦插育苗装置技术，移栽成活率由原来的 80% 以上稳定提高到 90% 以上，并有效缩短了缓苗期，为实现苎麻育苗装置小型化提供了有效途径。

表 1-3　不同育苗基质类型对苎麻嫩梢扦插苗成活率的影响

育苗基质类型	扦插成活率（%）	烂苗率（%）
泥炭育苗基质	90.63	9.37
膨胀珍珠岩	75.00	25.00
黄壤	81.25	18.75
黄壤＋膨胀珍珠岩	87.50	12.50

表 1-4　不同剪材部位对苎麻嫩梢扦插苗成活率的影响

部位	扦插成活率（%）	烂苗率（%）
顶梢	92.71	7.29
低位分枝	84.38	15.62

（一）技术要点

（1）装置准备。小型便携式苎麻嫩梢扦插装置，其包括至少一个育苗穴盘、育苗底盘、水密封盖及遮阳网支架；水密封盖由透明加厚亚克力材质一体成型，且水密封盖内于相对的两侧分别设有凹型扣手。育苗底盘由金属焊接而成或是塑料一体成型。定位插管能与该育苗底盘一体成型。遮阳网支架为玻纤棒。遮阳网支架上固定有遮阳网。育苗穴盘采用通用穴盘或是由通用穴盘裁成的相同规格的穴盘（图 1-5）。

图 1-5　装置实物图及装置内苎麻嫩梢扦插苗成活情况

（2）嫩梢准备。切、剪取苎麻梢长至 5～7 cm 时保留 3～5 片叶子的嫩梢，或苎麻顶梢 7～8 cm 处的修剪保留 3～5 片叶子的嫩梢枝条，或生长当植株高度约 100 cm 时打顶后发生的长至 7～8 cm 可用手直接扳取的分枝。将准备好的扦插材料用 1%～2% 硫菌灵浸泡消毒 5 min 左右，沥干放阴凉处备用。

（3）嫩梢扦插。扦插育苗时，先将育苗穴盘置入育苗底盘的框架内，于育苗穴盘的穴孔中装入育苗基质或土壤，储水部中注入水；然后将准备好的苎麻嫩梢插入育苗穴盘的穴孔中，深度 3～5 cm，再将水密封盖卡入育苗底盘的储水部中，水密封后湿度可达 95%～100%；最后将遮阳网支架固定于定位插管中，同时将遮阳网用燕尾夹或铁丝固定于遮阳网支架上。

（4）育苗管理。育苗管理过程中，如果土壤潮润、扦插苗茎叶挺拔、清晨有吐水现象，则扦插环境内空气土壤湿度适当，扦插苗水分平衡；当麻苗发根至 90% 以上时，可拿去水密封盖，遮阳网继续使用，可适当通风，1～2 d 后移除水密封盖。在育苗全过程中，苗床内有落叶或出现死亡的插条时，应注意立即打开水密封盖去除或拔除，并洒施 1%～2% 硫菌灵消毒杀菌。

（5）出圃移栽。待麻苗长出 3～4 片新叶，株高达 20 cm 左右，应选阴天带土起苗移栽。9 月下旬以后育苗，建议最好在苗床越冬，扦插密度宜适当稀植，一般行距 0.6 m、株距 0.3 m。起苗前苗床应浇水使土壤湿润，便于起苗。采用本装置育苗所需总时长一般为 15～25 d。

（二）适宜区域

适于我国苎麻主繁区推广应用。

（三）注意事项

苎麻是杂交异质体，生产上主要应用无性繁殖，其中应用最广的繁殖方法为扦插繁殖，繁殖装置对需苗量不大的对象如科研工作者有较好的便捷性，但该装置缺乏规模化的生产，暂无低价成品，缺乏在长期生产下的种苗质量监测和更适应市场的产品，需要对需求市场进行进一步调研。

⌐ 第二章　工业大麻 ⌐

一、工业大麻育苗技术 *

由于工业大麻种植地多为山坡旱地，灌溉条件欠缺，生产上工业大麻多采用种子直播的方式进行生产种植。南方一般根据当地天气、水分条件或土壤墒情在每年3—5月皆可播种。在云南中部无灌溉条件的旱地，4月中旬至6月上旬皆可播种，最迟不能晚于6月中旬。在雨水来临前15 d内可采取"三干"（干土、干肥、干种子）播种。冬季繁育可选择气候温暖的地区（如西双版纳）进行种植，也可采用温室大棚种植。

育苗移栽技术是工业大麻育苗繁殖中一项极为有效的技术，尤其对于一些播种节令降水偏晚或不规律、不稳定的地区可有效解决工业大麻种植的出苗关。通常可采用直径8 cm的育种钵（袋），进行种子精量育苗，育苗基质可采用普通育苗基质（少量腐质土＋普通土壤），播种前装入约2/3钵的基质，放入种子后再覆盖1.5～2 cm的基质，育苗地点宜选择方便浇水的地方，育苗期间，注意水分管理，过干易造成小苗干枯死亡，过湿易徒长，长成纤细的弱苗，或出现茎腐，不易移栽成活。此外，将来工厂化生产工业大麻，可采用扦插育苗，进行一年多茬生产种植（图2-1）。

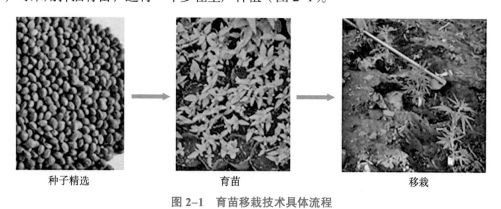

种子精选　　　　　　育苗　　　　　　移栽

图2-1　育苗移栽技术具体流程

---

* 作者：杨明（工业大麻品种改良岗位／云南省农业科学院经济作物研究所）

二、一种雌雄异株工业大麻培育全雌种苗的方法 *

目前我国生产上使用的工业大麻品种主要为雌雄异株，雌雄株各占一半。雄株的花叶产量和大麻素含量比雌株低，而且雄株开花散粉致使雌株结实从而加速雌株衰老和叶片脱落，降低花叶产量和大麻素含量。因此，花叶用工业种植中不得不花费大量人力砍除雄株，以延缓雌麻衰老和叶片脱落，提高花叶产量和大麻素的含量。但砍除雄麻不仅大大增加种植的人工成本、降低土地利用效率，不利单位面积花叶高产，还十分容易因砍雄麻不彻底而事倍功半。培育全雌种苗可显著提高花叶产量和大麻素含量，减少人工投入。

本团队基于工业大麻花器官发育对光周期敏感的原理，开发了一种雌雄异株工业大麻培育全雌种苗的方法，利用该方法从种子培育全雌种苗的周期为 90～120 d。实践证明，该方法适宜于对光周期敏感的雌雄异株品种，筛选结果准确、操作简单易行，育苗周期短，能够广泛应用于工业大麻生产、育种和有关科学研究中。

（一）技术要点

（1）在口径为 15 cm 的育苗盆中装满泥炭基质，每盆播入雌雄异株品种种子 5～7 粒，浇足水，促进出苗。

（2）齐苗后，拔除弱苗，将育苗盆移入带有人工光源且不透光的种植棚中培养。以 LED 为人工光源，光照强度为 10 000～20 000 lx，每日光照时间 10 h，气温 25～35 ℃。

（3）在播种后 20～40 d，部分植株顶端长出丝状雌蕊，确定为雌株。每盆保留健壮雌株 2 株，其余植株剪除。

（4）将选出的雌株打顶，之后转移至口径为 35 cm 的大盆中，在玻璃温室内进行补光培养。补光灯为 30W LED 植物生长灯，光照强度为 10 000～20 000 lx，每日光照时间 16 h。

（5）加强肥水管理，促进叶腋分枝生长。在播种后 60 d，第一次分枝生长至 20 cm 时，去除分枝顶端 2 cm，促进分枝叶腋分枝生长。

（6）在播种后 80 d，二次分枝长度达到 20～25 cm，进行扦插育苗。使用锋利的刀片或剪刀剪取长度 10～15 cm 的分枝梢，剪除多余叶片，保留顶部 1～2 片展开嫩叶，并剪去嫩叶的一半。修剪好的插条经过生根剂处理后，扦插入拌有杀菌剂的基质中。扦插后，向基质中浇足水，放置于弱光、高湿的环境进行生根。

（7）扦插后 10 d 左右开始生根，当插条根长度大于 3 cm 后，逐渐增加光照强度、降低空气湿度至室外环境条件。当扦插生根的幼苗长出 2～3 片新展开的嫩叶时即可进行移栽（图 2-2）。

＊ 作者：汤开磊、杜光辉、杨阳、欧阳文静、刘飞虎（工业大麻生理与栽培 / 云南大学）

图 2-2　分化出雌蕊的植株
（A）分化出雌蕊的幼苗顶部；（B）分化出雌蕊后又进入营养生长的植株；
（C）扦插生根的幼苗；（D）扦插植株生长情况

（二）适宜区域

适宜于对光周期敏感的雌雄异株品种，无区域限制。

（三）注意事项

我国花叶用工业大麻种植有严格的管理规定，农户应在取得种植许可后在公安机关的监管下进行种植。

本技术利用短光周期诱导植株开花，以辨别植株性别，在鉴别出雌性植株后应及时将其转移到长光周期环境，诱导营养生长，促进分枝形成。

┐第三章 亚 麻┌

一、亚麻良种快速繁育技术 *

纤用亚麻是中国麻纺工业原料作物中的重要作物之一，至今已有 100 余年的栽培历史。我国 1906 年开始试种纤用亚麻至今，纤用亚麻生产在黑龙江、新疆、浙江、吉林等省形成了一定的产业规模。近十年来，随着欧美、澳大利亚和日本等国亚麻产品的兴起和火热，很多民间资本和投行纷纷进入亚麻产业，亚麻产业得到了快速发展。但国际亚麻纤维市场的波动重伤了亚麻种植企业对种子繁育的积极性，种子繁育落后于生产需求，国内市场纤用亚麻种子严重短缺，导致目前我国 90% 以上亚麻纤维依赖进口。

国家麻类产业技术体系的成立为亚麻育种提供了稳定的支持，使亚麻育种技术、水平得到了平稳的发展，并将育种目标与市场衔接，面向市场需求选育出高纤、优质、多用途亚麻新品种，得到用户的认可。如育成的纤维种子双高产亚麻品种华亚 2 号，高纤亚麻品种华亚 1 号、华亚 4 号、华亚 5 号，油纤赏紫花品种华亚 3 号，玫粉花色亚麻品种华亚 6 号先后在国内示范推广应用，效果良好。为使现有的新品种发挥其应有的作用，建立稳定的亚麻良种繁育基地和快速繁育体系，是迅速改变种子落后面貌的长远性、建设性和根本性措施。为从根本上杜绝种子的多、乱、杂现象，目前应有计划进行原良种的繁殖工作，建立起亚麻良种快速繁育体系，确保种子安全供应，推进我国亚麻产业可持续发展。我们根据年度试验及实际种子繁育经验总结出亚麻良种快速繁育的技术，以满足生产需求。

亚麻良种快速繁育是将选育并经过登记或认定的亚麻优良品种扩大繁殖，推广于生产，是保持其原有种性、防止混杂退化，保持与提高良种的增产性及抗逆性，延长种子使用年限的重要手段和环节。亚麻良种繁育包括品种登记、制定繁育程序、品种提纯复壮、种子检疫、种子质量检验、种子加工等环节。

---

* 作者：康庆华、宋喜霞、姜卫东、姚丹丹、张树权（亚麻品种改良岗位 / 黑龙江省农业科学院经济作物研究所）

（一）技术要点

（1）亚麻种子分级和良种繁育程序

①原原种：是育种者培育或引进的种子，由育种者掌握并生产，它是生产原种的主要来源。其标准是：具有该品种的典型性；遗传性稳定；纯度100%。

②原种：包括原种一代和原种二代，原种一代由原原种直接繁殖或通过"三圃"方法繁殖；原种二代由原种一代直接繁殖而来。

③良种：包括良种一代、二代和三代。良种一代由原种二代直接繁殖而来；良种二代由良种一代直接繁殖而来，良种三代由良种二代直接繁殖而来。

（2）亚麻良种快速提纯复壮技术。 从有一定程度混杂退化的亚麻良种中选择典型的、优良的单株，恢复和提高其纯度和种性，繁育纯度高、质量好的种子，使之达到原种标准的措施。提纯是对混杂而言，是手段；复壮是对退化而言，是目的。提纯复壮是在品种已经发生混杂之后，使其恢复原有优良种性的补救办法。一般适用于混杂程度较轻的品种。亚麻良种快速提纯复壮技术包括三圃法和二圃提纯复壮法。

①三圃法：多年来亚麻原种生产大都采用传统的"三圃法"提纯复壮，即单株选择圃、株行鉴定圃和混系繁殖圃（图3-1）。

单株选择圃：从当地表现最好的原种田或良种田中选择单株，按品种特性选择生育期、株高、花序、蒴果、抗倒伏和抗病性状一致的单株。入选1.5万～3万株或需要单株数量进行室内考种复选保留70%，单株脱粒、单装保存。

株行鉴定圃：将上年入选单株每株种成一行，顺序排列，行长1 m，行距15～20 cm，均匀条播。花期拨出异花株行。工艺成熟期按品种特征特性严格选择，一般入选70%株行，淘汰30%株行要做好标记。种子成熟期收获，收获时先将淘汰的株行拨出运走，然后将入选株行混收，混脱保管。

混系繁殖圃：将株行圃混合收获的种子，在优良栽培条件下以每亩2 kg播量高倍繁殖，要隔离种植，花期和收获前期再严格去杂去劣。种子成熟期收获，收获后种子仍为原种级别，种子来年入原种田用于繁殖良种。

三圃法优点是简单易掌握，提纯复壮速度快。缺点是入选单株数目大，参加选择的专业人员不足，入选单株的可靠性小。另外，株行圃过于庞大，每行播种量不同和非等距离点播，会给株行决选造成困难，所以技术规程掌握不好，往往会流于形式。

图 3-1　原种生产示意图

②二圃提纯复壮法：由单株培育选择和高繁两圃组成，培育材料可以是从原原种或上年从原种圃选择的单株混合脱粒的种子，培育方法与三圃法所不同的是省去株行鉴定圃，所以选择的单株不是单株脱粒，而是集中一起脱粒，留作第2年培育高繁。因此，

在已经建立两圃的地方，实际上只有一圃。在高繁过程中加强田间拔杂去劣工作，在种子成熟期收获。收获前继续选择优株，每 100 株捆一把风干，脱粒前在室内复选一次，然后将优异单株集中一起混合脱粒留作明年种子高倍繁殖用。其余混收，留作明年生产田用种。一般 1 亩种子田选择 1 万株混合脱粒可获得 2 ～ 3 kg 种子。

（3）选地选茬及轮作

①选地：选择土层深厚，土质疏松、肥沃、保肥力强，地势平坦的黑土地、排水良好的二洼地及黑油沙土地。

②选茬：首选玉米、大豆茬，其次是小麦茬。

③轮作：避免重、迎茬，采用五年以上轮作制。可以采用以下轮作方式：玉米—亚麻—大豆—高粱或小麦；大豆—亚麻—玉米—高粱—小麦；小麦—亚麻—玉米—大豆—甜菜；谷子—亚麻—玉米—小麦或大豆。

（4）整地保墒

①整地时间：小麦收后抓紧伏翻伏耙；玉米、大豆或谷茬秋翻秋耙连续作业；春整地在 4 月中旬顶浆整地。最好采用伏、秋翻地可有效减少病害的发生。

②整地质量要求：地面平整，表土疏松，底土紧实。严防漏翻、漏耙、漏压。

（5）精选良种及种子处理

①种子精选：播种前用亚麻专用种子精选机进行精选，使种子的清洁率达到 97% 以上。

②发芽试验：种子精选后，播种前必须进行发芽试验，发芽率达到 85% 以上方可作种用。

③种子处理：播种前用种子重 0.3% 的炭疽福美或多菌灵拌种。

（6）适期播种，科学施肥

①播种时期：西北地区 3 月下旬至 4 月下旬，东北地区 4 月下旬至 5 月上旬播种，一般株行圃混收的种子采用高倍繁殖法，每亩播种 2 kg，宽行距稀植，大多采用 45 cm 行距双条播。种子繁殖倍数可达 25 ～ 30 倍；第二年播种量可以扩大到每亩 3 kg，15 cm 行距条播或撒播。一般繁殖倍数在 10 倍左右。

②科学施肥：每亩施用发好的有机肥 2 000 kg；氮磷钾化肥按土壤类型进行配比并在播前深施 8 cm。现蕾开花期，亩用硼砂 50 ～ 100 g 配成 0.3% 的水溶液根外追肥。蒴果形成期，亩用磷酸二氢钾 100 g，配成 0.2% ～ 0.3% 的水溶液喷洒叶面。

（7）及时除草。亚麻是平播密植作物，草害对亚麻危害很大，如不及时除草，会直接影响亚麻的正常生长及其产质量。亚麻田除草措施如下。

①人工除草：在亚麻苗高 6 ～ 10 cm 时人工拔草 1 ～ 2 次。

②化学除草：亩用 10% 的禾草克或 10.8% 盖草能 30 ～ 40 mL 防除单子叶杂草，二甲四氯 50 ～ 70 g 防除双子叶杂草，兑水 15 ～ 20 kg，在亚麻株高 10 ～ 15 cm，杂草 3 ～ 5 片真叶时进行一次喷洒。单双子叶杂草混生地块，可以两种类型除草剂混合施用。

（8）除杂去劣。为了确保亚麻种子纯度，提高种子质量，必须在开花期执行严格的除杂去劣工作，一般在早上 6—10 时，拔出杂花杂株、早花多果矮株、晚花多分枝的"大头怪"及各种可疑单株。

除杂去劣应在开花期每天进行一次，直至开花结束前看不见杂株为止。

（9）适时收获，妥善保管

①收获时期：在种子成熟期及时进行人工收获和机械收获，在 2 ～ 3 d 内拔完。

②妥善保管：拔麻后在田间晾晒 1 ～ 2 d，然后每 80 ～ 100 把麻垛成一个小圆垛，当麻茎晾到 6 ～ 7 成干时运到场院垛成长方形大垛保管。

（二）适宜区域

适于我国北方春季及云南冬季亚麻主产区推广应用。

（三）注意事项

不同地区有其适宜的品种，在进行良种繁育时，选择在当地经过试验示范确定的适宜当地的优良品种。避免盲目引种繁殖。

二、耐盐碱亚麻品种的筛选及其种植技术 *

我国盐碱地有 3 000 多万 hm²，滩涂地 1 300 多万 hm²，亚麻耐盐碱能力比较强，可以作为盐碱地开发利用的先锋作物。通过耐盐碱、耐旱亚麻种质的筛选与创新，可以将亚麻发展成为一种边际土壤优势作物，使其不与粮食作物争良田，为保证粮食安全做出贡献，对满足我国亚麻纤维的需求、增加农民收入都具有重要意义，也有利于亚麻原料供应，促进亚麻产业的可持续发展。

针对亚麻耐盐碱新种质的创制，采用不同浓度、不同种类的盐碱土筛选。采用水培方法，分别用中性盐 NaCl、碱性盐 NaHCO₃ 和混合盐对不同亚麻品种进行萌发期耐盐碱筛选；采用水培方法，分别在中性盐 NaCl、碱性盐 NaHCO₃ 和混合盐对不同亚麻品种进行苗期耐盐碱筛选；采用土培方法，从盐碱地实地取土对不同亚麻品种进行耐盐碱筛选。

根据作者团队试验结果，在黑龙江省兰西县进行亚麻盐碱地高产示范，选取 2 块盐碱地进行了高产示范点的建设，测试了 3 个品种黑亚 16 号、Agatha（阿卡塔）和 Diane。通过土壤盐分测定，发现 1 号盐碱地 pH 值较高（pH 值 8.61，盐分 0.02 g/kg），2 号盐碱地盐分较高（pH 值 7.88，盐分 0.77 g/kg）（图 3-2）。

在黑龙江省兰西县盐碱地进行了高产示范点的建设，种植了 3 个品种［黑亚 16 号、Diane 和 Agatha（阿卡塔）］，种植面积 2.0 hm²。

对盐碱地高产示范点的亚麻进行测产。结果表明，pH 值对 Diane 和 Agatha（阿卡塔）的原茎产量影响比较明显，对 3 个品种的种子产量都有所影响（表 3-1）。说明 pH 值是影响亚麻产量的主要因素，这对于将来亚麻盐碱地种植具有指导意义。3 个品种的原茎产量和种子产量均达到每公顷 3 300 kg 和 375 kg，其中表现最好的是黑亚 16 号。

---

* 作者：康庆华、宋喜霞、姜卫东、姚丹丹、张树权（亚麻品种改良岗位／黑龙江省农业科学院经济作物研究所）

| 黑亚16号 | Agatha | Diane | Diane | Agatha | 黑亚16号 |

图 3-2　盐碱地高产示范点（左：1 号盐碱地；右：2 号盐碱地）

表 3-1　大区示范测产结果

品种名称	原茎产量（kg/hm²）			种子产量（kg/hm²）		
	1 号盐碱地	2 号盐碱地	平均	1 号盐碱地	2 号盐碱地	平均
Diane	3 491.70	3 857.40	3 674.55	350.55	434.55	392.55
Agatha	3 341.70	4 223.40	3 782.55	300.45	506.25	403.35
黑亚 16 号	4 192.35	4 143.45	4 167.90	340.50	422.10	381.30

（一）技术要点

（1）选用耐盐碱品种。通过试验示范筛选出 3 个比较耐盐碱品种。

①黑亚 16 号：黑龙江省农业科学院经济作物研究所 1996 年以高纤、抗倒、早熟的俄罗斯亚麻品种俄-5 为供体，以优质、高纤品种黑亚 7 号为受体进行 DNA 导入，组合号为"D96021"。按照高纤、优质、早熟的育种目标进行了定向选择，于 2000 年 D4 代决选出了亚麻新品系"D96021-1"。2001—2002 年在所内进行了鉴定试验，经过两年鉴定，该品系表现出了高纤、优质、早熟的特性。于 2003 年参加全省区域试验（编号为"2003-1"），2005 年进行生产试验。2006 年 2 月经黑龙江省农作物品种审定委员会认定，定名为黑亚 16 号。

特征特性：该品种苗期生长健壮，茎绿色，叶片墨绿色，花蓝色，花序短而集中，株型紧凑。种皮褐色，千粒重 4.3 g，生育日数 78 d，属于中熟品种。株高 91.5 cm，工艺长度 73.0 cm，分枝 3～4 个，蒴果 5～7 个，茎秆直立，有弹性，抗倒伏能力强。长麻率 20.6%，纤维强度 259.22N（26.45 kg），立枯病发病率 1.4%，炭疽病发病率 0.3%，不感染锈病及白粉病，属于高抗新品种。

产量和品质表现：该品种原茎、长麻、全麻及种子产量分别达到 5 842.3 kg/hm²、986.6 kg/hm²、1 469.7 kg/hm² 和 405.9 kg/hm²，分别比对照增产 11.8%、18.1%、18.6% 和 15.8%。长麻率 20.6%，比对照高 0.9 个百分点；全麻率 30.8%，比对照高 1.3 个百分点。

栽培要点：该品种抗逆性强，适应性广，适宜在各种类型土壤上种植。前茬以杂草基数少且土壤肥沃的大豆、玉米、小麦茬为好。在黑龙江省播期为 4 月 25 日至 5 月 5 日。每公顷播种量为 105 ～ 110 kg，15 cm 或 7.5 cm 条播。每公顷施用磷酸二铵 100 kg，硫酸钾 50 kg 或三元复合肥 180 ～ 200 kg，播前深施 5 ～ 8 cm 土壤中。苗高 5 ～ 10 cm 时进行除草。工艺成熟期及时收获。

适宜区域：哈尔滨、绥化、齐齐哈尔、牡丹江、佳木斯、黑河等地区。

②阿卡塔（Agatha）：荷兰注册品种，2002 年黑龙江省开始大面积引种推广。

特征特性：该品种苗期茎叶浓绿、生长势强。株型紧凑、分枝短而少、抗倒伏能力强，抗病性强。最适宜冷凉潮湿的气候，适宜偏酸性的土壤（pH 值 6.0 ～ 7.0）种植。株高 90.4 cm，工艺长 78.2 cm，在黑龙江省生育期 74 d。

产量和品质表现：全麻率 30.9%，长麻率 19.3%，原茎产量 5 555.5 kg/hm²，全麻产量 1 374.6 kg/hm²，长麻产量 896.1 kg/hm²，种子产量 563.0 kg/hm²。纤维强度 256N。

适应地区：黑龙江省气候湿润，低洼地，江滩河套地区及云南、新疆、湖南、浙江等省区。

③戴安娜（Diane）：法国 TERRE DE LIN 公司育成，目前在国外推广的亚麻品种中期原茎产量最高、可纺性最好。在中国试种 4 年表现优异，2002 年开始大量引进推广。

特征特性：该品种植株浓绿、生长健壮、生长势强。株型紧凑、分枝短。抗倒伏能力强，抗病性强。一般年份株高 78 ～ 90 cm，在黑龙江省生育期 72 d 左右，株高 93.1 cm，工艺长 78.3 cm。

产量和品质表现：全麻率 28.9%，长麻率 17.5%，原茎产量 5 113.5 kg/hm²，全麻产量 1 250.2 kg/hm²，长麻产量 757.0 kg/hm²，种子产量 651.3 kg/hm²。

栽培要点：4 月 27 日至 5 月 5 日播种，每公顷施二铵 150 kg，硫酸钾 52.2 kg，每公顷播量 120 kg，保苗 1 700 万株。人工及化学除草并举，工艺成熟期收获。

适应区域：哈尔滨、绥化、齐齐哈尔、佳木斯、黑河等地区及云南、新疆、湖南、浙江等省区。

（2）种植技术

①精细整地：选用小麦茬种植亚麻，小麦收获后及时进行伏翻伏耙；选用玉米和大豆茬，收获后进行秋翻整地。经伏翻和秋翻的地块，在第二年春季播种前要顶浆耙、耢、压连续作业保墒。

②适期播种：亚麻是一种喜欢冷凉的作物，各个生育期要求的气温较低。亚麻种子的发芽最低温度为 1 ～ 3 ℃，但是发芽缓慢，容易发生病害。在我国北方，一般当平均气温稳定在 7 ～ 8 ℃时就可以播种。在适宜的水分条件下 7 ～ 9 d 就可以出苗。可以根据当地的气温条件以及品种特点选择适宜的播种期。

③适当加大播种量：根据不同品种的适宜播种量，在盐碱地种植时可以加大 10% ～ 15% 的播种量。

④合理施肥：重视有机肥的使用，每亩地可以施用 2 000 ～ 3 000 kg 有机肥，配合 N 1.5 kg、P₂O₅ 3.3 kg、K₂O 3 kg。

⑤耐盐碱调控：可以用 2% 的复硝钾水剂拌种，拌种可在播种前 4 ～ 5 d 按种子量的 0.2% 进行。在亚麻苗高 15 ～ 20 cm 时，可以使用植物生长调节剂促进亚麻生长。可

以用2%的复硝钾稀释2 000倍液，每亩喷施40 kg。也可以喷施0.05%乙酰水杨酸促进生长。

⑥除草防虫：每亩施56%二甲四氯钠盐75 g+5%精喹禾灵乳45 mL除草剂配方，亚麻于麻苗高10～15 cm、禾本科杂草3～5叶、阔叶杂草2～4叶期，杂草基本出齐时及时防除杂草。在亚麻始花期按药品说明喷施溴氰菊酯或高效氯氰菊酯类药物防虫1～2次。

⑦看天拔麻脱粒：当亚麻处于黄熟期时，全田有1/3的蒴果呈黄褐色，1/3的麻茎呈浅黄色，麻茎下部1/3的叶片脱落即达工艺成熟期，是收获的最佳时期；油纤兼用型亚麻在工艺成熟后期、种子完熟期前收获，以保证籽麻产量和质量。拔麻收获应选连续3 d或以上无雨情况下进行，机械收获直接脱粒晾晒，人工拔麻后晾晒1～2 d及时脱粒，脱粒后的原茎要及时铺沤。

⑧适度雨露沤麻：雨露沤麻的适宜温度是18 ℃，相对湿度50%～60%。拔麻晾干脱粒后将原茎铺于专用的雨露沤麻场地或种麻田里进行雨露沤麻；雨露沤麻铺麻时，麻趟间距15～20 cm，厚度2～3 cm，铺麻要均匀一致，避免麻茎与土壤紧密接触，也不能树下雨露沤麻，以防腐烂造成损失，条件允许铺于5 cm高草上。一般雨露沤麻时间为14～20 d。在7～10 d时麻层表面有70%左右的麻茎变成银灰色、接近沤好时，适时翻麻。翻麻时尽量使麻层松散、均匀。再过7～10 d就可以沤好。沤好的麻茎变成银灰色，麻茎外表长满了细小黑色斑点，迎着太阳光看，麻茎发出银白色的亮光，用手敲打麻茎，有时飞出黑色灰尘。

（二）适宜区域

适于我国北方亚麻主产区推广应用。

（三）注意事项

注意选择适宜当地种植的耐盐碱品种；收获期容易处于连阴雨天气的地区，容易沤烂麻茎，应注意。

┐ 第四章 黄/红麻 ┌

一、黄麻留种技术 *

（一）春播留种

春播留种是麻区最普遍的留种方法。这种留种方法优点是在正常播种季节播种，使品种的特征、特性能得到充分表现，便于去杂去劣。春播留种要注意去杂、去劣、加强田间管理，适当增施磷、钾肥，以提高种子产量和质量。

（二）插梢留种

是利用麻茎在高温、多湿条件下容易生长不定根的特性，用利刀斜劈梢部，直接扦插在土质疏松湿润的留种田里，或先假植在水田，待成活后，再移栽到留种田里，进行留种。插梢留种可解决留种与麻纤维产量、品质降低的矛盾，减少台风危害，在插梢时也可以进行选择，起到"选优去劣"的作用。

注意事项：①插梢。要适时，一般以黄麻现蕾期为宜。②麻梢长度以 20 cm 左右为宜，无腋芽品种只能利用顶部的一段麻梢，有腋芽品种可劈下梢部 50 ～ 60 cm，再切成 2 ～ 3 段进行插梢。③插梢深度以 5 ～ 6 cm 为宜。④为了提高插梢的成活率，要选择疏松的土壤，插梢或移植应在傍晚进行，插后早晚要浇水，插植时要去掉一部分麻叶等。⑤成活后要注意施肥、管理，以提高种子产量。

（三）夏播留种（晚麻留种）

根据黄麻生长发育要求高温、短日照的特性，利用我国华南麻区的有利气候条件，进行黄麻夏播留种，对解决当前黄麻种子供不应求有一定现实意义。福建农林大学在福建莆田以南地区进行夏播留种，品种以'179'为例，在福建中南部 7 月 13 日以前播种，

---

* 作者：方平平、徐建堂（黄麻品种改良岗位 / 福建农林大学）

9月28日左右开花，11月25日左右种子就可成熟，一般种子单产750 kg/hm² 左右，麻皮3 375 kg/hm² 左右。

夏播留种的主要技术关键是：①播种要及时。福建闽南一般在7月20日播种，适当提早播种，然后在早稻收获后移植到早稻田，可以增加种子和麻皮产量。②施足基肥，早施追肥（一般出苗后15 d左右施用），以满足夏播麻出苗后迅速生长的需要。③夏播麻生长正值高温干旱季节，容易遭受红蜘蛛、叶蝉等危害，要注意及时防治。夏播留种，还可多种一季早稻，冬季还可种大麦、蚕豆（莆田）或蔬菜（闽南），提高了土地利用率，不仅能收获种子，还能收到一定数量的麻皮，增加经济效益。由于气温高，生长快，管理也较方便，并且能避过台风危害，比插梢留种优越。

二、黄麻育苗技术 *

黄麻生长快、产量高，应选择土质疏松、肥沃的沙质壤土种植为宜。黄麻可采用苗床育苗、穴盘育苗、大田直播、拱棚育苗等方式。于3月中旬播种，苗床育苗需均匀适量播种，穴盘育苗每穴播一粒种子，播种后要保持土壤或穴盘基质的湿度，确保齐苗，10～15 d出苗，苗龄40 d左右，每亩种植地用量约为0.1 kg。南方地区大田直播最佳期为4月下旬，拱棚育苗可提前到4月上中旬，5月上旬当幼苗长至4个叶片时即可育苗移栽。大田可采用开沟条播或撒播的方式，播种后覆土约1 cm，再喷施乙草胺加草甘膦封闭除草。一般直播用种子量为3.75～4.50 kg/hm²。播种前可将种子晾晒1 d，以提高种子的发芽率。大田育苗移栽可移栽幼苗9万～12万株/hm²。北方地区宜在早春播种，在3—4月采用阳畦育苗，播种后覆土厚约1 cm；南方地区无霜期均可播种。种子发芽出土后1个月，麻苗生长缓慢，此时需要加强田间管理，以利根系发育，促苗早发快长。

大田直播主要包括以下技术内容：

（1）选地。种子田包括插梢田应选择交通便利、土壤平整、阳光充足、灌溉方便、利于水旱轮作、富含有机质与钾素的田块。

（2）隔离。最好一地一种，如需要在一地繁殖两个以上品种时，品种之间需保持一定的空间距离，水平距离在250 m以上。

（3）整土与播种。黄麻种子较小，出苗破土力较弱，整土要精细，播种沟深1～2 cm，播后覆细土盖种，抢晴尾雨前播种，保证一播全苗。播种的行距根据当地栽培习惯与土壤肥力确定，一般行距在35～40 cm。

（4）提纯与去杂。是防止黄麻退化的重要技术措施，一般分3次进行。第一次在苗高10～15 cm时，结合间苗除去杂株和茎色不一致的单株；第二次在苗高30～40 cm时，结合定苗根据叶型及植株形态除去杂株；第三次在现蕾开花时除掉早蕾、早花植株。

（5）加强水肥管理。留种田的营养元素对黄麻种子产量和质量均有较大影响。基本要求是施足基肥，前期注意施足氮肥，后期多施磷、钾肥。磷、钾肥对黄麻结实与提高种子产量有密切关系。在黄麻开花结果期种子田不能缺水，否则影响果枝的生长与种子的成熟。

---

* 作者：安霞、柳婷婷、李文略、邹丽娜（萧山麻类综合实验站/浙江省萧山棉麻研究所）

第五章 剑 麻

一、剑麻种苗组培快繁技术*

剑麻是重要的硬质纤维作物，因剑麻种子变异大，生产上以无性方式繁育种苗。剑麻种苗繁殖材料包括吸芽、珠芽、地下走茎，地下走茎顶端着生吸芽，茎上潜伏着腋芽，凡有芽点的部位都可作为无性繁殖种苗之用，目前主要采集吸芽、珠芽进行钻心破坏生长点促进腋芽萌发来繁殖种苗，也有直接采集珠芽培育，需要种源材料较多。针对传统剑麻育苗方式优质种源不足、繁殖系数低、育苗周期长和剑麻组织培养玻璃化严重等问题，中国热带农业科学院南亚热带作物研究所系统研究了剑麻茎尖组织培养及植株再生生理机制，利用剑麻茎尖的腋芽成苗途径研制出剑麻组织培养繁殖技术，通过剑麻茎尖愈伤诱导建立了剑麻植株再生体系，利用组织培养实现规模化繁殖种苗。该技术通过调节培养基的有效组分克服了剑麻组培苗的玻璃化现象，利用该组培配方在龙舌兰属、中美麻属等10个龙舌兰品种（系）的茎尖丛芽诱导中均能高效诱导出正常植株，增殖倍数达4以上。将已玻璃化的剑麻愈伤诱导再生植株接种于该培养基上，玻璃化植株恢复正常生长的比例达50%以上，克服玻璃化效果非常显著。利用该技术繁殖剑麻种苗出苗速度快、数量多、生长整齐、苗健壮、不易发生变异，可实现快速增殖繁育种苗（图5-1至图5-4）。

图5-1 剑麻茎尖愈伤成苗

图5-2 剑麻茎尖腋芽成苗

---

* 作者：周文钊（剑麻品种改良岗位/中国热带农业科学院南亚热带作物研究所）

图 5-3　剑麻种苗组培繁殖　　　　　　图 5-4　剑麻组培苗移栽

（一）技术要点

（1）外植体的选择与处理。选取高 10 ～ 20 cm 的剑麻苗，切除根系并冲洗干净，除去茎尖外层绿色叶片，用 0.1% 的高锰酸钾溶液清洗一次。然后用 75% 酒精浸 1 min 后，用无菌水冲洗 2 ～ 3 次，再用 0.1% 的氯化汞溶液消毒 30 min，无菌水冲洗 3 ～ 4 次后接种。

（2）接种与培养。将带节的茎块通过轴心缘切成大小 1.5 cm×1.5 cm，接种于改良 SH + 6-BA 3.0 mg/L + NAA 0.1 mg/L + IBA 0.1 mg/L + 蔗糖 30 g/L + 琼脂 0.65% 的培养基上，pH 值为 5.8，在温度 28 ℃ ± 2 ℃，光照强度 2 000 lx，每天连续光照 12 ～ 14 h 的条件下培养；以后每隔 30 ～ 45 d 继代 1 次，可迅速增殖出大量种苗。

（3）生根培养。经增殖培养和壮苗后，将高 5 cm 以上，带有 3 ～ 5 片叶的小苗切下，接种在改良 SH + IBA 1.0 mg/L + 蔗糖 30 g/L + 琼脂 0.65% 的培养基中，pH 值为 5.8，培养 25 d 后，每株苗长出 4 ～ 5 条壮根即可移植。

（4）无菌苗移栽。经生根培养 25 d 后，选择生根无菌苗置于温室炼苗 7 d，然后取出洗去苗基部培养基，用高锰酸钾 1 000 倍液浸泡 3 min，移植到培育基质为表土＋椰糠＋河沙的遮光保温大棚中，在遮光度 75%，温度 20 ～ 32 ℃ 的条件下培育，每天注意淋水，防止干旱。幼苗长出新叶后开始追施 0.3% ～ 1% 的复合肥水肥，施肥浓度随着小苗长大逐渐提高，每次每亩施 0.30 ～ 1.00 kg，每 15 ～ 20 d 施肥 1 次，施肥后应立即用清水淋洗小苗，避免肥料沉积在心叶或叶片上。待幼苗长出新叶 3 片，苗高约 10 cm 即可去网开膜，增加光照。当小苗新长叶 4 ～ 8 片，株高 15 ～ 20 cm 时即可出圃供大田疏植培育。

（二）适宜范围

适宜龙舌兰属常见品种及其杂交后代的种苗繁殖，也可用于毛里求斯麻等中美麻属部分品种的种苗繁殖。

（三）注意事项

（1）用作外植体的小苗切除根系后用流水迅速冲洗，避免用自来水浸泡种苗增加消毒难度。

（2）经多次继代繁殖，目前试验数据尚无法确定引起增殖种苗发生变异的继代次数，随着继代次数的增加存在种苗发生变异的风险；为保障种苗质量，建议组培繁殖继代次数控制在15代以内。

二、剑麻优质种苗繁育技术 *

剑麻是重要的热带纤维作物，国内剑麻以种植H.11648为主，现阶段剑麻病害一直困扰着生产的发展，除斑马纹病和茎腐病每年均有不同程度发生外，近年新发生的紫色卷叶病，更造成植麻区巨大的经济损失，海南受该病影响目前已退出剑麻种植，广东因该病危害已淘汰剑麻面积达10多万亩，H.11648麻正常生产受严重威胁。培育优质种苗是剑麻高产高效栽培的主要技术措施之一，生产实践表明，采用优质种苗定植，2.5年即可达到开割标准，生产期长达12年以上；种苗优良，植株生势壮旺，抗性强，鲜叶产量高；若种苗质量差，麻株定植了3.5年还未能达到开割标准，麻株长期生长衰弱，易引发早花现象，造成纤维产量低、质量差，种苗质量的好坏直接关系到麻农的长期收益。针对剑麻生产上种苗良莠不一、种苗培育混乱、劣质苗泛滥等重要问题，作者系统研究了优质繁殖材料筛选、优质种苗繁殖方法和种苗培育流程，形成剑麻优质种苗繁育技术，推进H.11648优质种苗繁育和提纯复壮，降低剑麻种植自然风险，提高单位面积产量，保障剑麻生产健康持续发展。

（一）技术要点

（1）种苗繁殖材料的选择

珠芽繁殖材料的选择：选择生产品种H.11648高产麻园中生长健壮、展叶600片以上的植株留珠芽。当花梗抽生结束后将花轴顶部30 cm截除，待长出珠芽后，采集花轴中、上部叶片数达3片，高度7～10 cm的自然脱落或摇动花轴后脱落的健壮珠芽，经过起畦密植培育约6个月，选择苗高25～30 cm、株重0.25 kg以上的健壮珠芽苗为繁殖材料（图5-5）。

吸芽繁殖材料的选择：培育抗性种苗采用吸芽繁殖材料。在生产品种H.11648重病区筛选经过2～3次反复发生紫色卷叶病后连续4年以上不再发病的麻田，通过小行施肥培土促进吸芽苗萌发，选择苗高25～30 cm、株重0.25 kg以上的嫩壮吸芽苗作繁殖材料，同时通过接种鉴定其抗病性。

（2）种苗繁殖

种苗繁殖：将种苗繁殖材料大小分级按株行距50 cm×50 cm分畦双行培育约6个月，当苗高达35～40 cm、叶片达20～23片时用扁头钻进行钻心处理，破坏生长点，促使腋芽萌生（图5-6）。钻心半年后母株繁殖出来的小苗高25～30 cm、展叶4～5片

* 作者：周文钊[1]、黄标[2]、张曼其[2]（1.剑麻品种改良岗位/中国热带农业科学院南亚热带作物研究所；2.湛江剑麻试验站/广东省湛江农垦科学研究所）

时即可采苗。采苗时把小苗从基部切下并保留小苗茎基 1 ～ 1.5 cm 不受伤，以增加腋芽萌发。每株种苗可繁殖出腋芽苗 10 ～ 15 株，采收的腋芽苗集中分级培育。

苗床施肥：为繁殖嫩壮小苗，种植前苗床应施足基肥。钻心前进行两次追肥，种苗新展叶 2 ～ 3 片开始追肥，第二次在母株钻心前 1 个月进行，并增施有机肥。钻心后追肥 1 次，并于畦面撒施优质腐熟有机肥，之后每采苗 1 次追肥 1 次，以穴施氮肥、磷肥、钾肥为主，配合施用腐熟有机肥，每年还应撒施钙肥 1 次。其中每次施肥量为：腐熟有机肥 15 000 ～ 22 500 kg/hm²、氮肥（以尿素计）375 ～ 420 kg/hm²、磷肥（以过磷酸钙计）225 ～ 300 kg/hm²、钾肥（以氯化钾计）375 ～ 450 kg/hm²、钙肥（以石灰计）1 500 ～ 2 250 kg/hm²。

（3）种苗培育。选取苗高 25 ～ 30 cm、株重 0.25 kg 以上经钻心繁殖出的腋芽苗或经密植培育的珠芽苗作种苗培育材料（图 5-7）。将种苗大小分级，按株行距 50 cm×50 cm 分畦种植，每畦种植 3 行（图 5-8）。为培育嫩壮种苗，苗床需施足基肥并加强管理保持苗床无杂草，小苗新展叶 2 ～ 3 片开始追肥，第二次追肥在小行封行前进行，以氮肥和钾肥为主，并增施腐熟有机肥，其中每次施肥量为：氮肥（以尿素计）375 kg/hm²、钾肥（以氯化钾计）450 kg/hm²、腐熟有机肥 15 000 ～ 22 500 kg/hm²。

（4）种苗出圃。种苗材料经 12 ～ 18 个月培育，当苗高 50 ～ 70 cm、叶片 28 ～ 40 片、苗重 3 ～ 6 kg 即可出圃，选择无病虫害壮嫩种苗作为大田种植材料。种苗应提前起苗，让种苗自然风干 2 ～ 3 d 后种植，避免堆放（图 5-9）。

图 5-5　珠芽材料培育　　　　　　　　图 5-6　钻心破坏生长点促进腋芽苗萌生

图 5-7　腋芽苗采收　　　　　图 5-8　疏植培育　　　　　图 5-9　种苗出圃

（二）适宜区域

华南剑麻种植区域。

（三）注意事项

（1）抗性种苗繁殖前需进行种苗抗性鉴定：紫色卷叶病抗性可采用防虫网内接种剑麻粉蚧进行评价，取苗高 30 ～ 50 cm、株重 0.35 ～ 1 kg 的种苗接种来自发病麻田的剑麻粉蚧 80 头（对照种苗需防虫 8 个月），经过 4 ～ 6 个月植株受剑麻粉蚧严重危害也不发病（对照种苗发病率达 90% 以上），可判定该种苗具抗病性。

（2）抗性种苗采用钻心法繁殖时，仅采收首次萌发的腋芽苗用作种植材料，第一次采苗后留下的 1 cm 左右老茎长出的麻苗抗性降低；以抗性种苗种植的尚未开割麻园，可采收其走茎苗培育用作大田种植材料，但开割后植株萌生的走茎苗则抗性下降。

（3）以抗性种苗种植的麻园在剑麻粉蚧危害最严重的季节（冬春干旱季节）应适当喷药防治剑麻粉蚧 1 ～ 2 次，避免粉蚧分泌物导致煤烟病的严重发生。

第二篇

麻田土水肥管理与栽培模式

第六章 苎 麻

一、苎麻壮龄麻 / 老龄麻施肥技术 *

合理施肥是确保苎麻生长，提升苎麻产量和质量的关键栽培措施。壮龄麻的生长特点是麻蔸生命力旺盛，植株高大，有效株多，出麻率高，抗风、抗旱能力较强。老龄麻的生长特点是麻蔸拥挤，地下茎新芽发生少而细弱，植株矮小，有效株少，出麻率低，抗风、抗旱力弱，病虫害多，产量低，成熟迟。苎麻冬季孕芽、盘芽，早萌芽出土，都与麻蔸营养条件有密切关系。如果土壤营养条件好，麻蔸贮藏的养分多，则孕芽多，麻芽壮，出苗生长整齐，根系发达，有利高产。因此，重视使用基肥是夺取苎麻高产的关键。在重施基肥的基础上，还要季季追肥，促进三季麻平衡增产。苎麻追肥，主要是追施齐苗肥和长秆肥。齐苗肥应掌握弱蔸麻多施，壮蔸麻少施的原则。促进苗齐苗壮，提高有效分株数。三季麻追肥，头麻应该是前轻后重，二、三麻是前重后轻。

苎麻对肥料没有特殊要求，硫酸铵、硝酸铵、碳酸氢铵、尿素、过磷酸钙、钙镁磷肥、硫酸钾、氯化钾等化肥都适用于苎麻，硫酸铵、硝酸铵等吸湿性强的化肥沾在麻叶上，容易使梢部或叶片枯萎，应选晴天露水干后施用，并拂落黏附在麻叶上的化肥。头麻雨水多、土湿，农家肥要抢晴天施，化肥可拌细土、细沙撒在行间，碳酸氢铵挖穴深施。二、三麻干旱，化肥可掺粪水泼施，也可在生长中后期单独施。本技术从壮龄麻和老龄麻的需肥特点出发，从肥料种类及配制、施肥方式、施肥时间等方面系统总结了苎麻壮龄麻 / 老龄麻施肥技术。

（一）技术要点

（1）壮龄麻园施肥

①冬肥：冬肥一般在霜后雪前施，以堆肥、厩肥、塘泥、火土灰、湖草等为主，配

---

* 作者：崔国贤、佘玮（养分管理岗位 / 湖南农业大学）

合一定数量的速效氮肥和磷肥混合施用。一般施牛栏粪 45 000 ~ 60 000 kg/hm²，或饼肥 750 kg/hm²，并加施水粪 15 000 ~ 22 500 kg/hm² 和磷肥 300 ~ 375 kg/hm²。施肥方法是穴施、条施或浇施。

②追肥：一般头麻从幼苗出土到齐苗后一个月内追两次肥，第一次苗出土，肥下地，施人畜粪 7 500 ~ 11 250 kg/hm²；第二次苗高 30 cm 左右施硫酸铵 225 ~ 300 kg/hm²，或饼肥 600 ~ 750 kg/hm²。二麻、三麻追肥力度和时间要把握准，追肥要狠，也要早。二麻生长期短，旺长期约一个月，早上收获头麻，下午就要追二麻肥，一次追足，施人畜粪 15 000 ~ 22 500 kg/hm²，或结合施尿素 75 ~ 112 kg/hm²。早上收获二麻，下午就要追三麻肥，一次施足，施人畜粪 22 500 kg/hm²，掺尿素 30 ~ 37.5 kg/hm²。此外，每季麻收获前一周左右，也可采用无人机搭载施肥撒播器进行追肥，待苎麻收获后，将肥料与麻叶、麻秆混合还田，减少肥料挥发损失，促进二麻、三麻出苗生长。

（2）老龄麻园施肥。老龄麻的生长特点是麻蔸拥挤，地下茎新芽发生少而细弱，植株矮小，有效株少，出麻率低，抗风、抗旱力弱，病虫害多，产量低，成熟迟。老龄麻可按壮龄麻进行追肥管理，但是要重施暖性冬肥，施牛栏粪 75 000 ~ 150 000 kg/hm²，或灰粪 90 000 ~ 120 000 kg/hm²，施于行间，再培土压蔸。

①基肥：一般施用量应占全部施肥量的 40% ~ 60%（主要是农家肥），一般可施人尿粪 24 000 kg/hm²，再加施磷钾化肥 225 ~ 375 kg/hm²。冬季施肥量约占全年施肥量的 50% 左右。人畜粪、塘泥、饼肥等有机肥料，都是苎麻的好肥料，如果冬施基肥不足，可在次年早春补施。

②追肥：在苗高 70 cm 左右，进入旺长期时，应重施一次长秆肥，促进麻株快长；后期因施肥不便，一般不施肥。头麻气温低，麻苗生长慢，苗期长，追肥 2 ~ 3 次；二、三麻气温高，幼苗生长快，苗期短，旺长期早，追肥就应提早，结合麻收"四快"，一次追足。追肥必须以速效肥和半速效饼肥为主，才能发挥追肥的作用。追肥量每季麻约占全年用量的 20% 左右。一般每季麻追施人粪尿 1 200 ~ 1 500 kg/hm²，或猪粪水 2 500 ~ 3 000 kg/hm²，或饼肥 750 kg/hm² 左右，或氮素化肥 150 ~ 225 kg/hm²。苎麻施用追肥，应根据追肥数量的生长期长短而定。追肥量不多时，生长期短的苎麻，可以集中 1 次追肥。如追肥量较多，可以分两次追肥。此外，头、二麻收获前一周内，也可采用无人机搭载施肥撒播器进行二、三麻施肥，待苎麻收获后，将肥料与麻叶、麻秆混合还田，减少肥料挥发损失，促进二麻、三麻出苗生长。

③施肥方法：一般粗肥，如土杂肥、塘泥和蚕豆秆、绿肥等，覆土前结合中耕满园面施为好；精制肥料，如人畜尿浇施为宜。施用尿素或复合肥时，可采用电动施肥器撒播施肥（图 6-1），提高施肥作业效率。化肥既可抢在雨前结合中耕撒施，也可进行穴施或条施。化肥种类不同，施肥深度应有所不同，如氮肥在土壤中移动性大，应浅施；钾肥移动性较差，磷肥不易移动，宜深施和近蔸边施。磷肥可和人畜粪混合发酵后施，沙地、坡地养分容易流失，施基肥要深，施追肥应少量多次浅施；高温干旱兑水深施，低温多雨浅施。叶面追肥简单易行、施用量少、发挥肥效快，可及时满足麻株生长的需要，又可避免土壤固定和雨水流失。

图 6-1 电动施肥器施肥

（二）适宜区域

适于我国苎麻主产区推广应用。

（三）注意事项

高温干旱施肥应兑水泼施或施用后及时浇水；中耕时应尽量避免损伤或松动麻蔸；施肥量、追肥频率应根据田间植株具体长势以及天气状况控制。

二、重度镉污染农田苎麻替代种植与强化萃取治理修复技术 *

日益加剧的土壤重金属污染问题是目前严重制约我国农业可持续稳健发展的重要因子。利用经济作物进行替代种植与强化吸收萃取修复方法，是一种有效削减污染农田土壤重金属含量的治理手段，可实现重金属污染农田尤其是重度污染农田"边生产、边修复"的目的。前期研究结果表明：中苎 1 号、湘苎 3 号、川苎 1 号等强耐（抗）重金属污染的苎麻品种，即使在镉含量超过 100 mg/kg、铅含量超过 4 500 mg/kg 的农田土壤上也能正常生长，且原麻产量可达 2 250 ～ 3 000 kg/hm^2，其重金属含量亦控制在我国和欧盟等纺织标准的范围内。

重度镉污染农田苎麻替代种植与强化萃取治理修复技术，是在本研究团队已有的两个国家授权发明专利（ZL 201210475776.X；ZL 201210475303.X）和一项湖南省技术发明一等奖成果（《镉铅污染农田原位钝化修复与安全生产技术体系创建及应用》）的基础上，对重金属污染农田替代种植作物高产栽培、土壤重金属激活去除、作物替代种植产品及副产物无害化处置与有效利用、土壤酸化调理与养分提升等关键技术的组装集成再创新，并开展了为期 3 年的试验示范，取得了较理想的去除土壤重金属（土壤镉的去除量 3 年累计达 200 g/hm^2）与培肥地力（土壤肥力提高 0.5 个等级）的效果，突破了农田重金属污染全方位修复治理与安全高效利用的技术瓶颈。其建设内容及技术路线如图 6-2 所示。

* 作者：黄道友、朱奇宏、朱捍华、许超、张泉（生态与土壤管理 / 中国科学院亚热带农业生态研究所）

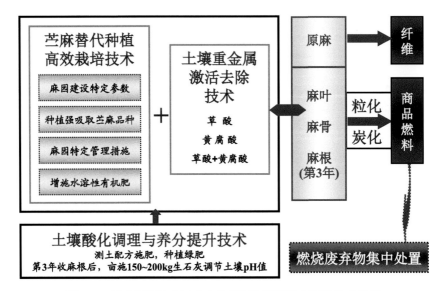

图 6-2 重度镉污染农田全方位修复治理建设内容及技术路线

（一）技术要点

（1）镉污染农田麻类作物替代种植高效栽培技术。包括：选种特定苎麻品种、选用特定麻园建设参数、应用特定田间管理措施，并在测土配方施肥的基础上增施水溶性有机商品肥。

（2）土壤重金属激活去除技术。施用草酸、黄腐酸以及草酸+黄腐酸等土壤重金属激活剂，可使麻叶吸收与积累的镉量增加50%左右，麻骨、麻根分别增加25%与30%。

（3）生物质燃料粒化/碳化加工技术。是指在常温条件下利用压辊和环模对粉碎后的麻叶、麻骨、麻根等原料进行冷态致密成型加工，或经干燥、成型、碳化等工序形成生物质燃料。其燃烧后的产物按固废集中处置。

（4）土壤酸化调理与养分提升技术。在采用苎麻测土配方施肥的基础上，通过施用生石灰调节土壤 pH 值、种植绿肥提升土壤肥力水平。

（二）实施方案

（1）麻园建设

①翻耕：选晴天深耕土壤，其翻耕深度以 30～35 cm 为宜。

②分厢起垄与开沟：为便于机耕机收，麻园分厢起垄的厢宽定为 4.5 m，其厢面要整成龟背形、土块挖碎，于直（穴）播或移栽麻苗前 4～5 d 内完成分厢起垄、开沟整地等的麻园田间建设任务。麻园分厢起垄的垄长，应控制在 25 m 以内，超过 25 m 时则须加开一条腰沟；麻园内每隔 4～5 厢需开挖一条主沟，四周开挖围沟。沟深：主沟、围沟 40 cm，腰沟 50 cm；沟宽：不少于 50 cm。

③施基肥：于整地结束后立即按下列标准施用基肥：腐熟枯饼或有机肥 2 250～3 000 kg/hm²、过磷酸钙 750～1 250 kg/hm²。

（2）栽培关键技术

①品种：选用生物学产量高、富集镉能力较强的中苎1号、湘苎3号、川苎1号等品种。先期采用苎麻包衣种子直（穴）播，再利用间苗间出的苗子或直（穴）播嫩梢扦插繁育苗进行移栽。

②密度：每公顷种植4.5万蔸、每蔸不少于2株麻苗。采用宽厢面（4.5 m宽）、双宽窄行（即每厢两边各4行穴播或移栽）栽种模式，行距70 cm、蔸距40 cm，厢中间顶留机耕机收通道（冬季用于种植绿肥），并及时查蔸补苗以确保麻园的种植密度。

③中耕：头年破秆麻中耕3～4次，二、三麻中耕各2～3次，中耕以蔸际浅行间深为宜。

④追肥：头年破秆麻追肥3～4次，先少后多，以每公顷180～225 kg尿素、75～90 kg氯化钾和15～225 kg水溶性有机商品肥为宜；头年二、三季麻每季各追肥2次，从第二年起每季苎麻追肥1次，在前季收获后15 d内施用，其肥料种类、施用数量与头麻的一致。

⑤破秆：出苗100 d或麻苗移栽85 d左右，当麻茎黑秆3/5以上、中下部叶片脱落，下季幼苗已出土、手扯麻株皮骨易分离的时候，离地2～3 cm剪秆收获，即为破秆。为防止无效分株，轻度污染农田新植麻园的破秆时间要比中度污染的提早3～5 d。

⑥病虫害防治：苎麻最常见的病虫害主要有根腐线虫病、花叶病、夜蛾、赤蛱蝶和黄蛱蝶等。每公顷用30～45 kg 10%噻唑膦颗粒剂拌土750 kg撒施，可防治苎麻根腐线虫病；每公顷用600～1 200 mL 35%叶蝉散800倍液在花叶蝉若虫盛发期喷雾，可防治苎麻的花叶病；每公顷用600～1 200 mL 2.5%溴氰菊酯兑水675 L在幼虫群聚或盛孵期喷雾，可防治苎麻的夜蛾、赤蛱蝶和黄蛱蝶。

⑦冬培：每年三麻收获后，必须开展麻园中耕、挖除伸向行间部分的跑马根、厢面覆土培肥、清沟护蔸等的田间冬培管理工作，以确保来年头麻即第一季麻的丰产。麻园冬培管理的技术要点，可按《苎麻栽培技术规范（DB/T 384—2008）》的相关要求进行，但培肥过程中提倡施用如氯化铵、硫酸铵、硝酸铵之类等的生理酸性氮肥和如过磷酸钙之类的化学酸性磷肥。

（3）施用土壤重金属激活剂。于每季苎麻田间郁闭度达到50%时，或结合施用追肥时，每公顷增施柠檬酸900 kg，或黄腐酸900 kg作为重度污染土壤治理修复的激活剂。

（4）引进机械收获、生物质燃料粒化/碳化加工等技术。将收集的麻叶、麻骨、麻根等加工制成生物质颗粒或碳化燃料。

（5）实施土壤酸化调理与养分提升技术措施。通过测土配方施肥和种植绿肥培肥地力，并在第3年收获麻根后，每公顷施用2 250～4 500 kg生石灰调节土壤pH值。

（三）适宜区域

适于植麻的重度镉污染农田。

（四）注意事项

过量施用柠檬酸或黄腐酸，会造成一定程度的苎麻原麻减产，并导致土壤酸化，应严格把握其用量（控制在 900 kg/hm² 以内），或在土壤酸性地区用等量的氨三乙酸三钠、谷氨酸二乙酸四钠等物料替代柠檬酸或黄腐酸，但在同等萃取率的条件下，其生产成本翻番。

三、苎麻高产栽培技术[*]

优良种：华苎 5 号等优良品种。

沟渠畅：园渠路路配套，三沟畅通，排灌分流。

耕层深：栽前深挖两次，第一次深挖烤土 70 cm 左右，第二次深挖作厢，厢宽 3.3 m、长 30 m。围沟宽 40 cm、深 50 ～ 60 cm，厢沟宽 30 cm、深 30 ～ 40 cm，腰沟宽 30 cm、深 15 ～ 20 cm。三沟畅通。

适当密：春季移栽，每亩 3 600 株。

基肥足：重点做好冬培工作。

深中耕：要求草尽土细，地平土松，保水保肥，以利壮蔸孕芽。

重施肥：亩用有机肥 1 000 kg、25 ～ 30 kg 磷肥，行间条施或麻蔸边穴施。

追肥早：头麻生长期长，前期温低雨多生长缓慢，追肥 2 ～ 3 次，第一次提苗肥，苗出土，肥下地，结合中耕施尿素 5 kg/ 亩；第二次壮苗肥，苗高 30 cm 左右亩施尿素 7.5 ～ 10 kg、钾肥 7.5 ～ 10 kg，或用饼肥 40 ～ 50 kg 拌钾肥 5 kg、尿素 5 kg 撒施。

激素调：喷施赤霉素，促生长。当苗高 50 cm 或封行后第 1 次喷施，隔 7 ～ 10 d 再喷施 1 次（浓度 20 mg/L）。

防早衰：每季收麻后，追施尿素 10 kg、钾肥 10 kg，保障地上部生长。

群体优："2 万株、拇指粗、一米八、一百八"。即亩有效茎达 2 万株，平均茎粗 1 cm 以上，茎高 1.8 m，每季单产可达 90 kg。均衡增产，头麻亩产达到 120 kg、二麻 100 kg、三麻 80 kg，全年可达 300 kg。

适时收：湖北省三季麻收获时间为"头麻不过芒种节，二麻不过二个月，三麻收在霜降前"。

四、冬季麻园高效套种技术[**]

苎麻园冬季三种套作模式：套作红菜薹、萝卜亩增加毛收入 1 000 元，套作黑麦草可增加黑麦草干物质量 300 kg/ 亩。

品种选择：苎麻（华苎 5 号），黑麦草（冬牧 70）、白萝卜（韩国萝卜）、红菜薹（紫婷 1 号）。

苎麻种植：厢宽 3 m，移栽行距 70 cm，株距 33 cm。

冬季套作：红菜薹 9 月下旬育苗，三麻收获后，及时移栽。黑麦草条播种植（条播行距 20 cm，覆土 1 ～ 2 cm，亩播种量 1.5 kg）。套作白萝卜穴播。麻田增施适量复合肥

[*] 作者：刘立军、彭定祥、袁金展、吴高兵、原保忠、王芳（水分管理与节水栽培岗位 / 华中农业大学）

[**] 作者：刘立军（水分管理与节水栽培岗位 / 华中农业大学）

（40 kg/ 亩），套作前整理麻地，清理厢面，及时开好厢沟、腰沟和围沟，套作后浇足水。

田间管理：主要依靠自然降水，常规田间管理，萝卜及时间苗、定苗。

套作收获：黑麦草长至株高 50 cm 左右，及时刈割，留茬 5 cm 左右。收割后及时追施尿素 2 kg/ 亩，4 月中下旬收割完毕。3 月中下旬白萝卜收获完毕。菜薹长至株高 25 ～ 35 cm，主薹抽出后及时采摘上市，促侧薹早生快发，12 月中旬大量上市，翌年 2 月下旬收获完毕。

五、山坡地种植苎麻高产栽培技术 *

优良种：华苎 5 号等品种。

沟渠畅：有条件的可深挖作厢，厢向与等高线垂直，厢宽 3.3 m。围沟宽 40 cm、深 50 ～ 60 cm，厢沟宽 30 cm、深 30 ～ 40 cm，腰沟宽 20 cm、深 15 ～ 20 cm。三沟畅通。

三角栽：春栽为宜，每亩 3 000 株苗。栽植麻苗呈三角形。

冬培重：深中耕、重施肥：亩用有机肥 800 kg、15 ～ 20 kg 磷肥，行间挖沟条施或蔸边穴施。

抗旱早：采取厢面稻草覆盖、土施保水剂等方法，预防二、三麻干旱。

激素调：苗高 50 cm 或封行后喷施 1 次，隔 7 ～ 10 d 再喷施 1 次（浓度 20 mg/L）促进生长。

防早衰：每季收麻后，追施尿素 10 kg、钾肥 10 kg，保障地上部生长。

群体优："1.5 万株、中指粗、一米五、一百二"。即亩有效茎达到 1.5 万株，平均茎粗 0.8 cm 以上，茎高 1.5 m，每季单产可达 60 kg。均衡增产，头麻亩产 100 kg、二麻 60 kg、三麻 40 kg，全年可达 200 kg。

提早收：提早收获充分利用自然降水，保证下季产量。头麻 5 月下旬，二麻 8 月上旬，三麻 10 月下旬收获。

六、苎麻抗旱栽培相关技术研究 **

苎麻山坡地抗旱栽培技术：是指山坡地栽植苎麻，通过采取抗旱栽培措施（核心技术为喷施 0.5 g/L 甜菜碱、三角形栽培和厢面覆盖稻草），干旱年份亩产比对照原麻增产 10% 左右的技术。

优良种：华苎 4 或华苎 5 号等品种。

沟渠畅：有条件的可深挖作厢，厢向与等高线垂直，厢宽 3.3 m。围沟要求宽 40 cm、深 40 ～ 50 cm，腰沟宽 20 cm、深 15 ～ 20 cm，厢沟宽 30 cm、深 20 ～ 30 cm。三沟畅通，排水流畅。

冬培重：重施肥，每亩用有机肥 800 kg、15 ～ 20 kg 磷肥，行间挖沟施肥或者麻蔸边穴施。

---

* 作者：刘立军（水分管理与节水栽培 / 华中农业大学）

** 作者：刘立军（水分管理与节水栽培 / 华中农业大学）

三角栽：春栽为宜，每亩栽 2 500 株苗。栽植时两行麻苗呈三角形，开沟定植，沟深 20 cm，肥料集中施入沟中，再覆土盖肥栽麻，泼水定蔸。注意栽麻时不宜太深，茎基部平地入土 3 ～ 5 cm 即可。

稻草盖：采取厢面稻草覆盖，覆盖量为 700 kg/ 亩，可有效预防二麻伏旱。

抗旱剂：旺长期茎叶喷施 0.5 g/L 甜菜碱。

防早衰：每季收麻后，每亩追施尿素 5 kg、氯化钾 5 kg，保障地上部生长。

提早收：提早收获充分利用自然降水，保证二、三麻产量。

七、苎麻套作榨菜高产高效栽培模式 *

苎麻是重庆市传统特色经济作物，种植面积、产量均占全国 5% 以上，主要分布在三峡库区和武陵山区海拔 400 ～ 800 m 区域，是丘陵山区农民增收致富的重要支柱。榨菜是著名的涪陵特产，由"茎瘤芥"（俗称"青菜头"）经过腌制而成，因加工过程中有通过压榨除去水分的环节，所以叫作"榨菜"。"涪陵榨菜""涪陵青菜头"均为国家地理标志产品，拥有"涪陵榨菜国家级出口食品农产品质量安全示范区""涪陵青菜头中国特色农产品优势区""国家外贸转型升级基地（榨菜）"等多项国家级农业"金字招牌"，市场规模大，原料需求量大。苎麻为多年生宿根性作物，传统栽培模式下，三麻收获后，麻地空闲。榨菜原料"茎瘤芥"属于十字花科芸薹属芥菜种的一个变种，是低温长日照作物，其旺长期正是苎麻根蔸的越冬休眠期，与苎麻具有良好的套作茬口衔接条件。在丘陵山地苎麻园套种榨菜，一是可持续发挥苎麻根系强大的水土保持功能，减少水土流失；二是套作榨菜后，充分利用麻园冬季光热资源，提高复种指数，增收一季青菜头，能够促进苎麻、榨菜两个产业的"双赢"发展。多年多地示范结果，套作榨菜平均产量达 30 000 kg/hm²，按常年收购保护价每千克 0.8 元计算，每公顷增加产值 2.4 万元；榨菜生长期间施用的肥料可供苎麻根系吸收利用，榨菜封行后能够提高地温减轻苎麻低温冻害、抑制杂草生长，收获后的菜叶全部还田转化为有机肥，促进苎麻生长，可增产原麻 660 kg/hm²，按照平均收购价每千克 18.0 元计算，每公顷麻园可增加产值 1.19 万元。两项合计，苎麻套作榨菜每公顷可增加产值 3.59 万元。可见，苎麻套作榨菜栽培模式不仅具有明显的生态效益，同时还具有显著的社会、经济效益。

该技术已在涪陵区同乐镇、龙潭镇等苎麻栽培区推广应用，现已辐射到邻近的丰都、忠县、南川等区县，近年已在四川大竹等地示范。

（一）技术要点

苎麻套作榨菜是指在苎麻三麻收获后，于秋冬季在麻田套种一季榨菜的种植模式，包括榨菜育苗→三麻→菜苗移栽→施肥管理→砍收青菜头→苎麻冬管→头麻→二麻等环节，技术关键是套作榨菜的茬口衔接和榨菜收获后的苎麻冬肥施用，主要技术要点如下。

（1）选用优质丰产榨菜良种。套作榨菜宜用株型紧凑、菜形好、产量高、品质好、

---

* 作者：吕发生、彭彩、陶洪英、蔡敏、邸仕忠、胡代文、李雅玲、曾晓霞、栾兴茂（涪陵苎麻试验站 / 重庆市渝东南农业科学院）

空心率低的优良品种，如永安小叶、涪杂2号。

（2）适当迟播。榨菜采用育苗移栽方式。涪陵沿江净作榨菜传统播种期在9月上旬（白露前后），套作榨菜推迟1周播种，可以避免榨菜形成高脚苗，也为三麻收获及其后的榨菜栽培留足时间。这是茬口衔接上榨菜种植的关键。

（3）培育榨菜壮苗。一是稀播匀播。播种宜在阴天或晴天的傍晚进行，播前用腐熟的人畜粪水施于厢面，床土润透后播种。按每平方米净苗床用种0.5 g称取种子，与湿润的陈草木灰或育苗基质按1:20混合均匀，分厢定量均匀撒播在苗床上，播后用遮阳网覆盖。二是按少量多次原则早施苗肥。苗床全部幼苗子叶平展时，结合抗旱用腐熟的稀薄人畜粪水施苗肥一次；一叶一心时，按25 kg清粪水兑50 g尿素的用量施苗肥一次；三叶一心时，按25 kg清粪水兑100 g尿素的用量施苗肥一次。三是及时治蚜防病。病毒病是榨菜的主要病害，苗期控制传播媒介蚜虫是提高榨菜病毒病防效的重要措施（图6-3）。

图6-3 榨菜苗床

（4）提前收获三麻。三麻常年收获时间在10月底、11月初，榨菜移栽定植时间常年为10月上中旬。提前7～10 d收获三麻，可以预防苎麻倒伏、纤维老化，又能提高榨菜产量。这是茬口衔接上苎麻栽培的关键。

（5）栽足榨菜基本苗。当菜苗长到5～6片真叶时，即可移栽。低龄麻园于行间套作榨菜（图6-4），榨菜株距30 cm，每公顷6.6万株基本苗；成龄麻麻蔸满园，榨菜可套种于麻蔸行间、株间，按每公顷6.0万株标准，栽足基本苗，为高产打下基础（图6-5）。

图6-4 低龄麻园于苎麻行间套作榨菜

图6-5 成龄麻园于行间、株间套作榨菜

（6）施足榨菜追肥。榨菜移栽7～10 d菜苗返青成活后，按有机、无机结合，氮磷钾结合的原则施第一次追肥，选用有机质≥10.0%、$N-P_2O_5-K_2O$（13-6-6）的复合肥料，施用量为1 125 kg/hm^2，肥料离菜苗根部10 cm。榨菜瘤茎开始膨大时（图6-6），追施尿素一次，施用量为450 kg/hm^2。

（7）"冒顶"收获。当菜株"冒顶"时即可砍收榨菜，此时青菜头品质好、产量高。所谓"冒顶"，即用手分开2～3片心叶能见淡绿色花蕾（图6-7）。

图 6-6　瘤茎充分膨大的榨菜植株　　　　　图 6-7　剔除叶片后的青菜头

（8）补施苎麻冬肥。榨菜收获后，苎麻即将出苗，应及时补充施肥一次，选用有机质 ≥ 10.0%、N–P$_2$O$_5$–K$_2$O（13–6–6）的复合肥料，施用量为 750 kg/hm^2。此次施肥是套作模式下苎麻头麻高产、全年丰产的关键措施，主要是冬季低温条件下，榨菜根系养分吸收多，麻蔸养分吸收少，土壤留存养分又不能满足苎麻高产需要。

（9）及时施用苎麻氮肥。头麻株高 30 ～ 40 cm，追施尿素一次，施用量为 225 kg/hm^2。头麻、二麻收获后分别施用尿素 150 kg/hm^2、225 kg/hm^2。

（二）适宜区域

主要适宜区域为重庆涪陵、忠县、丰都、南川、武隆等苎麻产区；生态条件相近的四川、湖南等苎麻产区，也适宜套作栽培榨菜。

（三）注意事项

（1）实行订单栽培，做好产销衔接，保障青菜头销路。

（2）不同苎麻产区可根据当地生产、消费习惯，选择套种适销对路、利于茬口衔接的蔬菜种类与品种，如马铃薯、叶用芥菜等。

八、新栽苎麻麻园田间套种技术 *

目前苎麻生产中的新栽麻园，在土地资源的利用上存在着土地闲置期长，新栽麻园土地利用率低等现象。麻苗移栽前，麻农合理利用土地闲置期的目标不明确，除有的麻农种植少量短季蔬菜自产自销或作青饲料外，大部分空闲地基本未加利用，因此，新麻移前有 3 ～ 4 个月的土地空闲期；苎麻移栽后，因植株较小、群体不大，苎麻行间空闲，苎麻无法完全利用行间的土地、光、热、水、肥、气，为杂草生长创造了有利条件，不仅浪费资源，而且因杂草生长、雨水冲刷而增加中耕除草等田间管理成本。

针对这一问题，苎麻新栽麻园可根据栽培季节合理选择间套作种植其他短季经济作

---

* 作者：张中华（达州麻类综合试验站／达州市农业科学研究院）

物，提高土地利用效率和回报率。

（一）技术要点

（1）套种。在苎麻生产中新栽麻园一般是2—3月育苗，4—5月移栽。在新麻移栽前麻园有3～4个月的土地空闲期，该段空闲时间内冬季可种植绿肥，如蚕豆、苜蓿、紫云英等，来提高麻地的土壤肥力，达到用地养地相结合的目的，也可以种冬季短期蔬菜，如萝卜、莴笋等，既可增加种植收入，又可改善苎麻土壤环境。

（2）间作。新栽麻园实行套种后，新麻移栽时间可推迟到5月底6月初，杂交苎麻播种期可延迟到3月底，最适宜苎麻种子发芽和幼苗生长。新栽麻植株小，栽培密度不大，行间空闲地可在新栽麻苗间间作一季经济作物或蔬菜，如秋季新麻园中常间作小麦、蚕豆、萝卜、白菜、大蒜等；春季新麻园中常间作大豆、玉米、高粱等。

（3）选用良种。套种作物应选择早发、耐低温、抗病性强的优良品种；间作作物应选用苗期能耐阴、幼苗叶片上冲、株型紧凑的优良品种；苎麻选择优质良种。

（4）栽前准备。新栽麻园的间套种植，套种前麻地为净地，间作作物和苎麻种植前，要深耕炕土，重施底肥，还应注意杀虫灭菌，为间作作物和苎麻的生长提供丰富的营养与干净的土壤条件。

（5）种植规格。作物的连续间套种植，其种植规格需要从后茬作物间套、田间管理便捷、各季作物生长与产量等方面综合考虑，来确定适宜的种植规格。

（6）因地制宜。根据麻园所在地的特点，灵活选用间套种模式。玉米籽粒、马铃薯鲜薯用途广泛，也耐储藏，因此"马铃薯—玉米—苎麻"或"玉米—苎麻"间套种模式适宜于所有麻区。从农民的生产习惯，在平坝区以推广"玉米—苎麻"间套为主，山区以推广"马铃薯—玉米—苎麻"间套种植为主。而多数蔬菜的耐藏性较差，春季莴笋、萝卜等的适宜收期较短。因此"蔬菜—玉米—苎麻"间套种植适宜城郊麻园或临近蔬菜区的麻园推广。

（二）适宜区域

适于我国苎麻主产区推广应用。

（三）注意事项

以苎麻为主，兼顾间套种作物；间套种作物应选择适宜的品种；套种作物要早播、早收，尽量少影响新苎麻生长；协调好间套作作物与苎麻共生期间的矛盾，实现平稳增产增收。

九、饲用苎麻循环收获技术 *

与纤维用苎麻不同，饲用苎麻是以收获青绿茎、叶等营养体为目的，在适宜的生育

---

* 作者：朱四元、王延周（苎麻生理与栽培岗位/中国农业科学院麻类研究所）

期或株高下进行多年多次刈割的优质高产饲草。饲用苎麻具有生长势旺，较强的分蘖力和再生能力，根系发达，耐刈性好，叶茎比高，营养价值丰富，适口性好，饲用价值高，抗性强，适应广等特性。

饲用苎麻一般在旺长期的初期进行刈割，植株处于快速生长，日生长速度快。为了保证饲用苎麻营养品质，苎麻饲用必须在 7 d 左右全部刈割。苎麻饲用的生长期为 30～40 d，刈割期短而集中，难以为养殖场和饲料加工厂持续提供原料。有鉴于此，本团队研究出饲用苎麻循环收获技术，分为不同的刈割区，以留茬技术为主，辅助品种搭配与栽培措施，改变传统的每年刈割 6～8 次饲料的收获方式为不间断收获方式，能够为苎麻饲料加工厂和养殖场不间断提供原料，大大缓解养殖场的加工压力，提高机械使用效率，大大降低苎麻饲用原料的加工成本。如以畜禽需求量进行规划，在苎麻生长期内可以实现无加工压力。以刈割后株高为控制点，减少老化茎秆比例，维持固定叶茎比，保证循环收割过程中原料的营养品质相对稳定。

饲用苎麻循环收获核心技术是留茬技术。通过我们长期研究留茬对川苎 12 号的饲用产量的影响研究表明（表 6-1），随着留茬高度增加，叶产量增加，茎产量减少，总产量略微减少，但叶茎比增加，营养价值增加。尤其是在 4—5 月的第二、三次收割中，由于留茬部分分枝贡献，有效株数显著增加（图 6-8），同时留茬可以有效保护地下茎，饲用苎麻产量提高 20% 以上。在以上研究的基础上，辅助品种搭配与栽培措施，形成饲用苎麻循环收割技术，并获得国家发明专利 1 项（专利号：ZL 2017112788137）。

图 6-8　留茬处理后的植株

表 6-1　不同留茬高度对川苎 12 号产量的影响

	叶产量（kg/亩）			总产（kg/亩）		
	留茬 5 cm	留茬 20 cm	留茬 40 cm	留茬 5 cm	留茬 20 cm	留茬 40 cm
第一次	82.9	77.1	75.3	180.9	152.8	129.2
第二次	64.4	70.5	77.5	103.5	118.4	128.2
第三次	70.7	71.8	82.9	119.1	123.5	140.3
第四次	72.4	71.1	72.7	129.4	121.4	118.1
第五次	86.4	85.7	88.4	154.7	142.1	142.8
第六次	66.7	74.5	74.6	129.7	140.1	131.4
第七次	66.3	71.8	76.1	113.1	117	121.2
合计	509.9	522.5	547.5	930.4	915.2	911.2

（一）技术要点

（1）饲料苎麻种植园分为三大区，分别为提前刈割区、正常刈割区、留茬刈割区；留茬刈割区根据品种不同分为品种 1 区和品种 2 区；每个循环收割顺序依次为提前刈割区、正常刈割区、留茬刈割区品种 1 区、留茬刈割区品种 2 区。

（2）每个小区的面积根据确定养殖场和饲料加工的鲜料日需求量来确定，饲用苎麻的干物质亩产量为 100 ～ 200 kg。产量与刈割株高和季节有关，刈割株高越高，产量越高；光照和温度适宜的季节，产量高。

（3）提前刈割区种植饲用苎麻品种为开春苗期生长快的饲用苎麻品种，如中饲苎 1 号和纤饲兼用品种川苎 12 号。同时通过栽培措施使其快速生长。与其他区相比，在保证常规冬培下，麻蔸的多培土和有机肥。要求培土完全盖蔸，有机肥使用量为 200 ～ 250 kg/ 亩，实现麻蔸的保暖和营养供给。开春后，在出苗前早施氮肥促进发苗，尿素施肥量在 8 ～ 12 kg/ 亩。出苗后株高 20 cm 左右再施肥 6 ～ 10 kg/ 亩。

（4）其他刈割区为正常冬培，施复合肥 20 ～ 30 kg/ 亩，并进行中耕、麻蔸覆盖土壤、清沟等常规的冬培管理。所有刈割区，无特殊要求下，植株高度在 10 ～ 20 cm，施尿素 10 ～ 15 kg/ 亩。但留茬刈割区品种 2 区，第一次收获前不施尿素。

（5）提前刈割区，在株高达到 60 cm 开始收割，平地刈割（留茬高度低于 10 cm），在株高 80 ～ 90 cm 结束刈割，刈割时间跨度为 5 ～ 7 d。

（6）提前刈割区结束后，进入正常刈割区进行收获，在株高 100 cm 左右结束刈割，刈割时间跨度一般为 5 ～ 7 d，该区选择的种植品种与提前收割区相同。

（7）正常刈割区结束后，进入留茬刈割区品种 1 区进行收获，该区种植的品种与提前收割区相同。在苎麻株高 100 cm 左右开始刈割，在株高 150 cm 左右结束刈割，刈割时间跨度一般为 12 ～ 15 d。该区收割以留茬技术为主，实现收获后株高在 90 cm 左右。其中留茬高度根据植株生长速度和有叶茎高两个参数精选确定。留茬高度随着株高的增加而增加，与生长速度基本一致。在有叶茎高大于 90 cm 时，留茬高度增加可以略低于生长速度，保证叶片全部收获。在有叶茎高小于 90 cm 时，并且茎秆老化程度快，留茬高度增加可以略高于生长速度。留茬高度增加或减少范围控制在本次生长高度的 20% 以内。使用联合刈割机刈割时，可以每 2 d 调整一次割台的高度。

（8）刈割区品种 1 区结束后，进入留茬刈割区品种 2 区进行收获，该区种植的品种为生长速度较慢的纤饲兼用苎麻品种或者青叶饲用苎麻，如中苎 2 号或青饲苎 1 号。以实现收获后株高在 90 cm 左右和尽量全部收叶为标准，确定留茬高度。参考提前收获区生长情况，决定此刈割区的时间跨度长短。当提前刈割期的第二次出苗高度达到 60 cm，可以结束此区的刈割，进入第二次循环。

（9）第二次循环到最后一次循环，依次按照"提前刈割区、正常刈割区、留茬刈割区品种 1 区和留茬刈割区品种 2 区"进行刈割。第二次循环中，留茬刈割区，留茬高度应不低于第一次刈割留茬高度进行刈割，避免老化茎秆影响饲用品质。留茬刈割区品种 2 小区的留茬高度刈割后马上进行平茬处理。第三次循环中，留茬刈割区，留茬高度应不低于第二次刈割留茬高度进行刈割。留茬刈割区品种 1 小区刈割后马上进行平茬处理。

第四次循环收割后，所有小区都为平地收割，留茬 10 cm 以下，收割后株高根据叶片情况，控制在 100 cm 以内进行收割，尤其是在高温和干旱条件下，可以在出现大量掉叶前及时收获。

（二）适宜区域

适于我国苎麻主产区推广应用。

（三）注意事项

此循环收获技术适宜苎麻种植第二年开始实施，第一年苎麻如果要循环收割，应在以蓄蔸为主前提下，以收割后株高控制在 80 cm 左右进行破秆或收获。该技术应适宜机械化，进行田间种植布局，如宽窄行种植，实行宽行机耕道。在 6 月开始，所有留茬区的饲用苎麻收获后，都应做平茬处理，此时由于高温和茎秆老化的问题，留茬部分分枝长势较差，没有增产效果，同时分枝过多，生长速度较慢。为了方便后续机械化收割，平茬处理后的废弃秸秆，应及时清理出厢面。

十、一种缓解苎麻连作障碍的栽培方法 *

生产上一般采用单作苎麻的种植方法，然而，种植多年的苎麻会出现产量下降、根系腐烂、根际病原微生物增加等障碍现象，严重影响了苎麻的正常生长，降低了产量和经济效益，影响苎麻产业的发展。因此，如何提供一种缓解苎麻连作障碍、增加苎麻产量、增加经济效益的栽培方法是本领域技术人员亟须解决的问题。

通过多年的研究建立了一种缓解苎麻连作障碍的种植方法：连作苎麻地套种大蒜，在一定程度上能缓解苎麻地的连作障碍。

连作障碍地苎麻和大蒜的套种方法，采用苎麻的叶片、茎秆等作为覆盖物保护大蒜的出苗，苎麻叶片、茎秆腐烂后含有腐殖质和氮等给大蒜做肥料，大蒜的成活率为 99%，增加大蒜产量 200 kg/ 亩。套种后苎麻产量达到每亩 212.52 kg，比连作障碍的苎麻增产约 10%，不但修复了苎麻的连作障碍且获得大蒜的产出，增加了经济效益，改善了土壤微生物群落结构，使土壤 pH 值改善，改良了土壤结构，减少了施肥和覆盖地膜的污染，符合绿色生产的要求。

该种植方法已经在湖南长沙、沅江等地进行大面积的试验验证，取得较好的应用效果。

（一）技术要点

（1）方法步骤（图 6-9、图 6-10）

①按照苎麻的生长周期，通常有三个阶段，分别为 5 月末至 6 月初收获的头麻，7 月下旬收获的二麻和 10 月末至 11 月初收获的三麻，在 10 月末至 11 月初的最后一麻到

---

* 作者：朱四元、王延周（苎麻生理与栽培岗位 / 中国农业科学院麻类研究所）

第二年4月上旬期间，苎麻存在4个多月的冬闲期。第1年根据大蒜的生长周期，10下旬在苎麻的行间撒施复合肥30kg/亩，然后进行耙松，按照行距为15 cm、株距为10 cm的密度在苎麻的行间种植大蒜。

②第2年根据大蒜的生长周期将成熟的大蒜收割；在第2年3月底至4月初苎麻开始发芽慢慢生长，在4月底至5月初收获成熟的大蒜。

③针对大蒜收割后的苎麻连作障碍地进行土地管理，用以保证苎麻的生长。

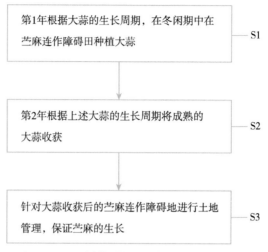

图6-9 一种缓解苎麻连作障碍的种植方法

通过苎麻地重施基肥保证后期苎麻的生长，苎麻二麻、三麻的生长管理按照苎麻正常的田间管理进行，在第2年苎麻的三麻收获后继续种植大蒜，按照图6-9的步骤继续执行本种植方法。

（2）技术特点。该种植方法通过套接大蒜的方式缓解苎麻连作障碍的同时增加了大蒜的种植收益（图6-10）。大蒜属于百合科葱属2年生草本植物，大蒜根系分泌物可对抗或消除莴苣、辣椒、萝卜、黄瓜、白菜和番茄等蔬菜作物的化感作用，除此以外大蒜提取物对许多害虫有较好的拒食、驱避等生物活性。

图6-10 苎麻套接大蒜

第 1 年 10 月下旬苎麻已经停止生产的冬闲期，根据大蒜的生长周期在苎麻连作障碍地的行间撒施钙镁磷肥并把松土后种植大蒜，所以苎麻的冬季培养可以省掉，第 2 年大蒜收获后苎麻地追施尿素 15～20 kg/ 亩，头麻收获后在苎麻行间施复合肥 50 kg/ 亩。在连续 7 d 高温干旱时，抽水灌溉，水至厢面并低至 5 cm 左右时及时排水，减少用水量。在苎麻 30 cm 左右进行防病、防虫一次喷施。在苎麻园无病虫害的初春一次性用除草剂喷施，达到无草害。

该连作障碍地苎麻和大蒜的套种方法，采用苎麻的叶片、茎秆等作为覆盖物保护大蒜出苗，苎麻叶片、茎秆腐烂后含有腐殖质和氮等给大蒜做肥料，大蒜的成活率为 99%，套种后苎麻产量达到每亩 212.52 kg，比正常生长苎麻增产 3%～5%，不但在一定程度上修复了苎麻的连作障碍且获得大蒜的产出，增加了经济效益。除此以外，苎麻连作障碍地得到良好的修复，大蒜收获后，土壤中微生物群落结构变得更加丰富，有益微生物数量增加，有害微生物减少，土壤 pH 值发生改变，从而改变土壤结构，病虫害减少（表6–2）。

表 6–2　N、P、K 的含量在套种前后的比较

样品	土壤 pH 值	土壤脲酶活性 [mg/（kg·h）]	土壤总 N （g/kg）	土壤有效 P （mg/kg）	土壤有效 K （mg/kg）
套种前	5.33	0.51	1.23	25.66	106.88
套种后	6.60	0.62	1.52	29.89	162.60

该技术已经申报了国家发明专利，进入实质审查阶段。

（二）适宜区域

适于我国苎麻主产区推广应用。

（三）注意事项

在种植苎麻时行距适当的宽一点，正常的苎麻种植密度为 2 500 株 / 亩左右，株距 40～50 cm，行距 60～70 cm，建议套种大蒜行距在此基础上适当的宽 10 cm 左右。

在苎麻三麻收获之前适时施入大蒜所需基肥，利于基肥在田间熟化后种植大蒜，不会影响大蒜的出苗；大蒜的种植时间适当提早一点利于后期早点收获，以减少与苎麻头麻生长争夺养分。

第七章　工业大麻

一、云麻 8 号籽糠兼用型高效种植技术 *

籽糠兼用型工业大麻（麻籽和麻糠兼收的种植模式，麻糠归属花叶，指果穗脱粒时剩下的细碎苞片、叶片）高产高效种植技术是工业大麻品种改良团队（云南省农业科学院经济作物研究所）面对云南省工业大麻药食用新兴产业快速发展的背景下，为支持产业研发的高品质麻籽兼顾花叶 CBD 等大麻素含量丰富的新品种及配套技术，其快速推广应用有益于提升云南省工业大麻产业竞争力。目前全球工业大麻产业蓬勃发展，我国工业大麻产业发展较快，正在形成以种植、多层次加工及多用途开发为一体的产业化体系，积极推出符合产业发展方向的新品种及配套高产高效技术是支撑工业大麻特色优势新兴产业的关键。

云麻 8 号籽糠兼用高效种植技术在云南示范推广 2 年，取得了较好的结果，主要体现在以下两个方面。

（1）提升品质。云麻 8 号麻籽含油量 30.6%，蛋白质含量 23.6%。四氢大麻酚（THC）平均含量为 0.07%，CBD 平均含量为 1.33%，CBDA、CBDV、CBC 等有益大麻素含量丰富，在药物利用方面具有很高的价值。籽糠兼用种植的产量及品质表现出优异的特性：籽产量达到 1 500 ～ 2 250 kg/hm²，麻糠的产量 1 800 ～ 2 250 kg/hm²，麻糠 CBD 含量达 2.0% ～ 2.5%。

（2）节本增效。采用地膜覆盖抗旱控草栽培技术，不仅可以在工业大麻种植的关键"出苗关"发挥提高出苗率的作用，而且对苗期的保水、保肥、控草及后期的除草便利都有很好的效用。地膜覆盖与机械除草有机结合可达到抗旱控草及减少人工除草的劳动力成本。每亩地可减少人工除草劳动力 2 ～ 3 个。利用割草机械进行除草，避免了药剂除草对大麻植株的伤害和产品的农药残留，为有机种植、品质提升打下基础。

---

* 作者：杨明（工业大麻品种改良岗位 / 云南省农业科学院经济作物研究所）

（一）技术要点

（1）"三干"播种与育苗移栽有机结合种植技术。依据各地雨水特点因地制宜选择直播配合少量育苗补塘或全田育苗移栽。操作方法:(a)用于对穴播缺塘的补苗,应于直播后第一次降雨时同时用育苗钵进行适量育苗,保证同步出苗。(b)全田移栽方式,育苗的时间需根据当地正常雨季的时间提前 10 d 育苗。雨后及时移栽,苗成活率近 100%。(c)育苗地点可选在易于浇水和搬运的地方。(d)该技术可结合地膜覆盖抗旱栽培技术更为有效,可在移苗前提前进行播种塘覆膜。

（2）地膜覆盖抗旱控草栽培技术。覆膜种植技术在云麻 8 号籽糠兼用型种植上,有明显的保水抗旱、控草增产作用。覆膜种植也给机械除草提供了可能,利用割草机或小型旋耕机进行除草,避免了药剂除草带来的药害和农残问题,为有机种植打下基础。地膜覆盖与机械除草的有机结合可达到抗旱控草及减少人工除草的劳动力成本（图 7-1）。

图 7-1　地膜覆盖栽培

（3）花期管理技术。云麻 8 号雌、雄株应分别收获,在雄株现蕾期,均匀地收割 1/3 雄株,留出更多的空间让雌麻充分生长,在雄麻开花散粉后,通常为 8 月底至 9 月中旬,可以进一步砍去雄株,雄株收割后剔下花叶,及时进行晾晒。当雌株果实 80% 成熟时,便可以开始收获,因种子收获后还有一个后熟期,通常为 11 月上旬至 11 月底。将带叶的果穗收割,晾晒干后进行人工或机械脱粒、分筛,即分别得到麻籽和麻糠。

（二）适宜区域

云麻 8 号具有花叶（麻糠）CBD 含量高,麻籽、麻糠产量高且品质好,麻纤维品质高,植株主茎标直、侧枝与主茎夹角小、耐密植等特点,籽用种植时雌株穗形紧凑紧实。大麻是短日照植物,对其生育期影响最大的因素是日照长度和温度。云麻 8 号属于晚熟型工业大麻品种,与目前生产上主推的云麻 7 号皆为晚熟品种,其纤维工艺成熟期比云麻 7 号早约 10 多天,比云麻 1 号早约 1 周,种子成熟比云麻 7 号早 2～7 d,根据云麻 8 号的特点及多点试验结果分析,该品种在云南适宜种植的海拔为 1 000～3 000 m,最适宜种植海拔为 1 500～2 300 m。

（三）注意事项

（1）由于云麻 8 号较之云麻 1 号、云麻 7 号早熟一些，在播种期方面，云麻 8 号实时早播可以获得更高产量（其他籽糠兼用型的晚熟工业大麻品种可参照该技术方法进行种植）。

（2）在肥力好的地块其生长旺盛植株高大、分枝力强，在肥力差的地块生长势会明显弱。所以，需特别注意肥地宜稀植、瘦地宜密植。

（3）做好田间排水。工业大麻种植忌根部淹水造成烂根，种植地应避开低洼容易积水的土地，平地要提前做好排水沟的开挖工作。

（4）依据《云南省工业大麻种植加工许可规定》进行合法种植。

二、纤维用工业大麻高效栽培技术 [*]

大麻自古以来就是一种很重要的纤维作物，其纤维强度高、密度小，适合用于制作织物、纸张、绳索等。大麻植株的可塑性强，栽培措施对纤维产量和品质的影响大，为提高纤维用工业大麻种植的效益，本团队在广泛调研各地栽培技术措施的基础上，结合大田试验结果，集成纤维用工业大麻高效栽培技术。

（一）技术要点

（1）选地与整地。纤维用工业大麻种植需选用地力肥沃、土层深厚、保水保肥能力强、排灌条件好的沙质壤土或壤土。选地还需考虑地块的轮作换茬因素，前茬以玉米、大豆和蔬菜为好。秋季前茬作物收获后及时深翻耕层 20 ～ 25 cm。春季整地一般在播种前 20 d 左右进行，浅耙 10 ～ 15 cm，做到耙平耙碎，达到土壤平整细碎、无土块、无根茬，增强土壤蓄水保肥能力，便于播种。

（2）播种

①种子处理：种子可经过风选和筛选，除去瘪籽、嫩籽、杂质，做到种子饱满、大小均匀、色泽新鲜且发芽率高。有条件的可做种子发芽试验，统计发芽率作为确定播种量的依据。播种前可用杀菌剂、防虫剂拌种或浸种，减少病虫害发生。本团队研究表明，使用 400 ～ 600 mg/L 的赤霉素浸种 8 h 可提高萌发期的抗旱性，提高春季干旱地区的出苗率。

②播期：适时早播，苗期时间长、根系扎得深，能起到培育壮苗的作用，后期生长旺盛，群体整齐，有效株数高，生物量和出麻率高，纤维产量高。温度是限制北方地区出苗的主要因素，当日平均气温稳定通过 5 ℃，5 ～ 10 cm 土层地温达 8 ～ 12 ℃时即可播种，一般在 4 月中下旬至 5 月上旬播种。云南地区的春季和夏季前期有规律性干旱，水分是限制出苗的主要因素，根据土壤墒情可在 3 月上旬至 5 月下旬播种。在热量和水分充足的地区，播种时间可根据茬口灵活安排。

---

* 作者：汤开磊、杨阳、杜光辉、邓纲、欧阳文静、刘飞虎（工业大麻生理与栽培岗位 / 云南大学）

③播种量及方法：纤维用工业大麻宜密植，但具体种植密度应充分考虑品种特性、种植地点、收获及加工方式等因素。收获期株高在 150 cm 左右的，可以适当密植，设计保苗 200 万～ 300 万株 /hm² 为宜，播种量为 90 ～ 120 kg/hm²；株高在 200 cm 左右的，保苗 150 万～ 250 万株 /hm² 为宜，播种量为 70 ～ 100 kg/hm²；株高在 270 cm 以上的，保苗 100 万～ 150 万株 /hm²，播种量为 50 ～ 70 kg/hm²。需要注意的是，快速生长季降水少的北方地区可适当增加种植密度，快速生长季降水多的南方地区可适当降低种植密度；使用机械播种、收获的，可适当增加播种量，使用人工播种、收获及剥皮的，可适当降低播种量。播种机械见图 7-2。

纤维用工业大麻栽培宜使用条播，行距控制在 20 ～ 30 cm，播深控制在 3 ～ 4 cm。

图 7-2　播种机械

A. 适用于大面积平坦土地的大型播种机；B. 适用于丘陵山区小面积土地的手推式播种机

（3）施肥

①基肥：基肥可以施用有机肥或复合肥。有机肥结合秋耕深施入土壤中，每公顷施用量为 30 ～ 75 t。复合肥在播种前耙地时耙入土壤中，或者播种时作为种肥施入土壤中，但要避免与种子直接接触。每公顷可施用氮磷钾复合肥 450 ～ 600 kg；氮磷钾比例的选择应以当地土壤养分分析结果为依据。

②追肥：追肥可与间苗、中耕和灌溉结合进行，在麻苗进入快速生长期之前施用。追肥量一般为尿素 110 ～ 150 kg/hm²，土壤含钾量低的加施钾肥 150 kg/hm²。追肥时叶表面应无露水或雨水，以免因肥料粘在叶面上导致灼伤。

（4）田间管理

①间苗：若出苗数超过目标保苗数，需要进行间苗。间苗在第 3 ～ 4 对真叶展开时进行，拔出密度过高区域的徒长苗、病虫害苗、矮化苗。

②水分管理：我国工业大麻生长季湿润且雨水充沛，出苗后一般不需要灌溉，但要注意保持田间排水通畅，防止涝害发生。如遇干旱需要灌溉，应采用沟灌，让水自然渗透到畦面土壤，但不能淹没畦面。

③病虫草害防治：纤维用工业大麻种植中容易发生跳甲危害，成虫喜欢啃食幼嫩的心叶，形成很多小孔，减少叶片光合面积，严重的造成叶片枯萎，影响植株生长发育（图 7-3）。跳甲的防治主要包括：收获后及时清除田间残株落叶，集中烧毁；在苗

期、开花结实期喷洒 90% 晶体敌百虫 800 倍液或 50% 辛硫磷乳油 1 000 倍液；用氰戊菊酯乳油 3 000 倍液或 25% 杀虫双水剂 500 倍液灌浇麻蔸，防治幼虫。

图 7-3　跳甲危害的工业大麻植株

纤维用工业大麻的苗期生长速度慢，容易发生草害，可选择适宜除草剂在播种后出苗前进行土表喷施以封闭除草，也可在株高 5～10 cm 时喷施除草剂进行除草，但要注意筛选适宜除草剂，防止伤害麻苗。若出苗后单子叶杂草较多，可以喷施精喹禾灵和烯草酮进行防控；若出苗后双子叶杂草较多，可进行中耕除草。

（5）收获。当麻田中雄株叶片变为黄绿色，下部 1/3 麻叶脱落时为最适宜收获期。在条件好的地区，可以采用机械收割，割倒后平铺于地面进行晾晒并利用雨露沤麻，晾晒和雨露沤麻过程中需要翻动 2～3 次，使麻秆的干燥程度和沤制程度均匀。在不具备机械收割条件的地区，可采用镰刀齐地割麻，去除分枝和叶片，将麻茎按粗细长短分类，用皮秆分离机械进行鲜茎剥皮，鲜皮晒干贮藏；也可麻秆捆成小捆，每捆直径不宜超过 25 cm，竖立田间，干燥后再剥取麻皮（图 7-4）。

机械割倒后平铺于地面进行晾晒并利用雨露沤麻　　　人工砍倒后捆成小捆竖立于田间晾晒

图 7-4　收获后的晾晒方式

（二）适宜区域

适于我国工业大麻主产区推广应用。

（三）注意事项

我国各地对纤维用工业大麻种植的管理制度存在差异，种植户应在制订种植计划前向当地公安机关咨询相关监管政策。

本技术方案是针对我国不同区域纤维用工业大麻种植技术要点的概述，由于不同地区的品种资源、气候条件、土地条件、耕作制度等方面存在差异，各地在根据本方案进行纤维用工业大麻种植时，应开展小规模的田间试验，确定最适的种植密度、肥料种类及用量等技术参数。

三、黑龙江纤维用工业大麻轻简化高效栽培技术 *

近年来黑龙江省工业大麻种植面积迅速增大，生产上的传统种植存在着栽培技术不规范、机械化程度低、种植成本高等问题，制约着工业大麻产业的发展。鉴于此，针对黑龙江省生态特点和纤维用工业大麻发育特性，系统研究了纤维用工业大麻全程机械化的高效轻简化栽培技术（图7-5），通过机械化整地、施肥播种、苗前封闭除草、收割、鲜茎雨露沤制、翻麻、捡拾打捆等环节，实现工业大麻种植的全程机械化、轻简化。对指导黑龙江省纤维用大麻种植，促进工业大麻产业的高效、可持续快速发展将具有重要的现实意义。

该成果通过农机农艺相结合技术，集成了纤维用工业大麻播种前准备、品种选择、种子处理、播种、田间管理、病虫害防治、收获、鲜茎雨露沤制、打捆等各项机械化种植技术，极大地提高了工业大麻的种植生产水平，显著提高工业大麻的产量和品质，减少了劳动力成本投入，有效降低了种植生产成本。

该成果在孙吴、肇州、青冈、讷河、宁安、逊克等地累计推广面积40万亩以上，该技术的实施与应用可使大麻原茎增产19.8%，纤维增产18.9%，每亩节约成本150元，实现了工业大麻种植的全程机械化、轻简化。

（一）技术要点

（1）播前准备

①选地、选茬：选择土层深厚、耕层疏松、土质肥沃、透气渗水性良好、中性或轻酸轻碱的平地或漫坡地，不应选择前茬施用磺酰脲类、咪唑啉酮类等高残留除草剂和玉米螟发生较重的地块。选择玉米、大豆、马铃薯和小麦茬口，不宜选择甜菜、向日葵、谷糜茬口。

②整地：整地前进行秸秆根茬处理，捡净秸秆，然后利用圆盘耙、旋耕机、灭茬犁等进行浅耕灭茬。秋季整地深翻20～25 cm，立垡晒土蓄墒。伏、秋翻的地块在播种前用轻耙进行交叉耙地，没有来得及伏、秋翻的地块要在春季土壤化冻2～3 cm及时进行灭茬，然后重耙16～18 cm两遍，轻耙一遍，耙时带碎土碾压碎土块。整地后及时采用

---

* 作者：李泽宇（大庆工业大麻试验站／黑龙江省农业科学院大庆分院）

机械整地

机械播种

机械施药

机械收割

雨露沤制

机械翻麻

捡拾打捆

图 7-5　纤维用工业大麻轻简化高效栽培技术

镇压器进行镇压，以利保水保墒。

③施肥：根据测土配方施肥原则进行科学合理施肥，施肥在播种时随播种机一次性施足底肥，后期不追肥，底肥推荐施肥量为 225 ～ 375 kg/hm²。

④品种选择与种子处理：选择通过黑龙江省登记的纤维用大麻品种，如庆大麻 1 号、龙大麻 3 号等。宜选择在比种植地低 2 ～ 3 个纬度区域繁殖的种子种植，利于纤维增产。播种前用分级清选机选出籽粒饱满、大小均匀的种子，利于一播全苗。

（2）播种。纤维用工业大麻应适时抢墒早播，黑龙江省纤维用大麻播种应在 4 月 5—25 日进行。播种采用 48 行谷物播种机播种，行距 7.5 cm，播深 3 ～ 4 cm。播种量 500 万粒 / hm²。播种后根据墒情适时镇压。

（3）田间管理。大麻播种后 3 d 内用除草剂进行机械化封闭除草，除草剂选择异丙甲草胺，按推荐剂量施用。大麻田间管理粗放，后期不进行除草、间定苗和中耕处理。大麻生长期内，如遇特殊干旱少雨要及时灌水。遇强降水和持续降雨应及时将低洼地块的积水排出。

（4）病虫害防治。大麻病害主要有猝倒病和立枯病，可通过种子包衣预防发生，也可在发病初期叶面喷洒50%多菌灵可湿性粉剂1 000倍液；或用72.2%普力克水剂600～800倍液和50%福美双可湿性粉剂的混合液喷施防治。可采用喷药罐机械化喷施或无人机施药。

大麻的主要虫害是大麻跳甲和玉米螟，当发生时可采用触杀、胃毒性杀虫剂进行防治。也可采用喷药罐机械化喷施或无人机施药。

（5）机械收获。大麻达到工艺成熟期的标准应及时收获，收割时间应集中，避免因收割时间过长，导致纤维成熟度不一致的问题。采用割晒机收割，根据大麻株高选择不同割幅的割麻机，禁止麻头压麻尾，留茬高度不超过5 cm，麻铺整齐，有斜放现象的要人工整理均匀、根部对齐。

（6）鲜茎雨露沤制与翻麻。大麻收割后放置田间进行雨露沤制，时间一般为20～30 d。期间当麻铺表面布满褐色斑点达到70%左右，接近银灰色时翻麻1次。如遇连续降雨，应及时机械翻麻。当95%以上的大麻茎秆变成银灰色或深灰色，有银亮光泽，麻表皮有细小的黑色斑点，沤制结束。

（7）捡拾打捆与储存。大麻茎秆沤制结束，及时进行机械化捡拾打捆，并上垛储存。

（二）适宜区域

适于我国北方工业大麻主产区推广应用。

（三）注意事项

（1）工业大麻耐旱不耐涝，种植不宜选择低洼排水不畅的地块，种植过程中遇强降雨或内涝积水，要及时排出田间积水。

（2）大麻苗期跳甲易对大麻幼苗造成较大危害，应提前预防，并及时关注麻田病虫害发生情况，进行相应的防治。

（3）雨露沤制应注意沤制终点的判断，准确及时地进行翻麻、打捆，过早或过晚均影响纤维产量和品质。

四、花叶用工业大麻育苗栽培技术 *

工业大麻花叶中含有100多种有益大麻素。其中，大麻二酚（cannabidiol，CBD）具有抗炎、镇痛、抗忧虑、抗痉挛、抗肿瘤等多种功效，在医药、美容、保健等多个领域有广泛的应用前景。近年来，以提取CBD为目的的工业大麻种植规模在以云南为代表的一些省区迅速扩大，但花叶用工业大麻种植发展时间短、技术积累不足，大多沿用传统的纤用或籽用工业大麻栽培方法，致使花叶产量、质量不高且不稳定，不仅影响种植户的经济效益和积极性，也影响花叶加工企业的效益，不利于产业发展。因此，工业大

---

* 作者：汤开磊、杜光辉、杨阳、邓纲、欧阳文静、刘飞虎（工业大麻生理与栽培岗位 / 云南大学）

麻生理与栽培岗位联合试验站及相关企业，基于多年的反复试验和示范应用结果，创新集成花叶用工业大麻育苗栽培技术。与传统的工业大麻栽培技术相比，本技术改全层施基肥、撒施追肥为深施穴施肥料，改常规露地条播为地膜覆盖穴播，改种子直播为营养袋育苗移栽，改密植为稀植。在云南曲靖、楚雄等多地的示范结果表明本技术能够节本增效15%以上。

（一）技术要点

（1）土壤准备。选择不易渍水、排灌方便的地块，以土层深厚、土质疏松肥沃的沙质壤土为宜。

整地包括深翻、耙地、拢墒、打塘、施基肥、盖地膜等（图7-6）。深翻在入冬前进行，深度要求20～30 cm。耙地于播种前20 d进行，做到土壤松、碎、平，无杂草、石块。耙平地后即可垄墒，要求墒距1.2～1.8 m，垄高15～20 cm，垄面宽60 cm。拢好墒后在墒面打塘，要求塘距在0.8～1.5 m，塘面宽大于20 cm，塘深10～15 cm。塘内施有机肥、复合肥或农家肥作基肥，复合肥选用高氮低磷中低钾的品类，每塘30～40 g，基肥入塘后与土混匀再盖3 cm厚的细土。施入基肥后在垄面覆盖黑色地膜，以达到控草、保温、保墒的目的。地膜边缘用细土压紧压实，防止被风吹开。

图7-6　土地整理
A.翻耕后的土壤；B.垄面打塘；C.塘内施基肥；D.垄面覆盖黑色地膜

（2）育苗移栽

①种子处理：种子可经过风选和筛选，除去瘪籽、嫩籽、杂质，做到种子饱满、大小均匀、色泽新鲜且发芽率高。有条件的可做种子发芽试验，统计发芽率作为确定播种

量的依据。播种前可用杀菌剂、防虫剂拌种或浸种，减少病虫害发生。

②育苗：在移栽前 20 ~ 25 d，使用 200 孔育苗盘或上口直径 5 ~ 7 cm 的迷你营养袋加烟草育苗基质或蔬菜育苗基质育苗。每个营养袋点入 4 ~ 5 粒种子，深度约 1 cm。点种后，覆盖松碎谷壳或土粪以利于保水。第一次浇水要浇透，以后根据天气情况每天或隔天浇一次水，保持杯内营养土水分在土壤最大持水量的 50% ~ 60%。点种后一般 5 ~ 7 d 出苗，出苗后适当控水以利于根系生长，不要过多浇水以免造成幼苗徒长，形成高脚苗。如发现麻苗叶色偏黄，可叶面喷施尿素，浓度为重量的 0.4%。

③移栽：4 月下旬至 5 月，待幼苗生长至二叶一心或 15 cm 高度时即可移栽。移栽时，取苗带土 / 基质，撕掉营养袋后破膜栽入提前打好的塘内。移栽后及时浇足定根水（图 7-7）。

图 7-7　育苗移栽
A. 适合移栽的幼苗；B. 移栽；C. 移栽后浇定根水

（3）田间管理

①间苗和定苗：移栽 10 d 后，检查移栽苗成活率，发现死苗、病苗及时使用备用苗重新移栽，并浇足定根水。苗高 50 ~ 60 cm 时拔除徒长苗、矮化苗和病虫苗，每塘定苗 2 ~ 3 株。

②追肥：整个生长季需追肥 2 ~ 3 次，以尿素为主，第 1 次每塘 10 g，第 2 次或第 3 次每塘 15 g，绕播种塘环状施肥与土混匀并盖土；第 1 次在苗高 50 ~ 60 cm 时定苗后进行，第 2 次在苗高 100 ~ 150 cm 时进行，第 3 次在砍雄麻后进行。

③病虫防治：出苗期注意地蚕（地老虎）等危害幼苗，可清晨人工捕捉或药剂毒杀；生长期注意跳甲、蟓虫等危害；雨季要注意检视田间，及时清沟排水，防止渍水涝害，并可减少病害发生。

（4）收获

①砍雄麻：8 月中旬开始，雄麻陆续现蕾，在能够辨认雄麻时及时砍掉雄麻，花叶可以收集晒干保存；砍雄麻务必做到及时（一定要在雄麻开花前）、彻底、干净，因此需要多次田间检视，及时发现，及时砍雄麻。

②砍雌麻：雌麻在麻籽灌浆充实（麻籽变硬）前一次性收获。如果雄麻砍收彻底（干净），雌麻没有授粉（种子不会发育）则雌花序可以继续生长 6 ~ 8 周后收获，这样产量可以大大提高，品质也更好。砍麻时，用镰刀将主花序及分枝砍下，扎成把，直接挂在麻秆上进行晾晒干燥（图 7-8）。

③花叶除杂及质量控制：挂麻秆上晾晒至 7 ～ 8 成干燥的花叶及时运输至晒场，二次晾晒后剔除枝梗、籽粒、薄膜、泥土、树叶等杂质后即可交售给花叶加工企业。交售的花叶应做到无杂质（花叶以外的异物，如麻枝梗、麻籽、薄膜、泥土、树叶、杂草、石子等），含水量 10% 以下，气味颜色正常，无霉变、腐烂、异味。

图 7-8　收获
A. 可以收获的雌株；B. 收获后扎把挂于麻秆上晾晒；C. 可以交售的花叶

（二）适宜区域

适于云南工业大麻主产区推广应用。

（三）注意事项

我国花叶用工业大麻种植有严格的管理规定，农户应在取得种植许可后在公安机关的监管下进行种植。

本技术推荐使用育苗移栽方式进行种植，但农户也可以采用直播方式。与育苗移栽相比，直播种植容易因种子或天气因素导致缺塘，为了保证田间有效苗数以及麻苗的整齐、均匀一致，在大田播种的同时，可采用营养袋育苗的方法，与播种期同期培育部分麻苗，用于移栽补缺，这样移栽苗与直播苗就可生长均匀一致。

本技术所推荐的种植密度适用于云麻 7 号等营养生长期长、单株生物量大的品种。如开花期早、单株生物量少的品种，应适当增加植株密度。

五、籽用工业大麻高效栽培技术 *

大麻的籽粒（又称火麻籽）营养价值高，是优质的食品原料。麻籽中含有 25% ～ 35% 的油脂，其中饱和脂肪酸含量很低，仅为 10% 左右，多不饱和脂肪酸含量则高达 80% 以上。更重要的是，麻籽中的亚油酸和亚麻酸的比例接近 3∶1，是人体正常代谢所需的最佳比例。有研究表明，经常食用麻籽油有预防冠心病、延缓衰老的作用。我国的西北、西南和广西等许多地区一直有将大麻籽作为食品的习惯，以收获麻籽为目

* 作者：汤开磊、刘飞虎、杜光辉、杨阳、邓纲（工业大麻生理与栽培岗位 / 云南大学）

的的大麻种植分布广泛。本团队在广泛调研各地栽培技术措施的基础上，结合大田实验结果，集成籽用工业大麻高效栽培技术。

（一）技术要点

（1）选地与整地。籽用工业大麻种植优先选用地力肥沃、土层深厚、保水保肥能力强、排灌条件好的沙质壤土或壤土。选地还需考虑地块的轮作换茬因素，前茬以玉米、大豆和蔬菜为好。秋季前茬作物收获后及时深翻耕层 20～25 cm，要求深度一致，不漏耕，垡片翻扣严密。春季整地一般在播种前 20 d 左右进行，浅耙 10～15 cm，做到耙平耙碎，达到土壤平整细碎、无土块、无根茬，增强土壤蓄水保肥能力，便于播种。

（2）播种

①种子处理：种子可经过风选和筛选，除去瘪籽、嫩籽、杂质，做到种子饱满、大小均匀、色泽新鲜且发芽率高。有条件的可做种子发芽试验，统计发芽率作为确定播种量的依据。播种前可用杀菌剂、防虫剂拌种或浸种，减少病虫害发生。本团队研究表明，使用 400～600 mg/L 的赤霉素浸种 8 h 可提高萌发期的抗旱性，提高春季干旱地区的出苗率。

②播期：适时早播，苗期时间长、根系扎得深，能起到培育壮苗的作用，有利于增加开花前干物质积累，延长开花后籽粒成熟期，提高籽粒产量。北方地区春季温度低，温度是限制出苗的主要因素，当日平均气温稳定通过 5 ℃，5～10 cm 土层地温达 8～12 ℃时即可播种，一般在 4 月中下旬至 5 月上旬播种。云南地区冬季干旱，水分是限制出苗的主要因素，根据土壤墒情可在 3 月上旬至 5 月下旬播种。在热量和水分充足的地区，播种时间可根据茬口灵活安排。

③播种量及方法：籽用工业大麻宜稀植，以求多分枝、多结籽，一般每公顷的播种量为 1～1.5 kg，每公顷保苗 2 万～5 万株。但具体种植密度应充分考虑品种特性、播种时间等因素。开花期晚、植株个体高大的品种可适当稀播，开花期早、植株个体矮小的品种可适当密植。早播的宜稀，晚播的宜密。

籽用工业大麻可采用点播，行距 50～100 cm，播种深度 3～5 cm，播种后盖土要均匀，以利于出苗整齐。有条件的地方可以起垄、覆膜种植。

（3）施肥

①基肥：基肥可以施用有机肥或复合肥。有机肥结合秋耕深施入土壤中，每公顷施用量为 30～75 t。复合肥在播种时作为种肥施入土壤中，但要减少与种子直接接触。每公顷可施用高氮、低磷、中钾的复合肥 450～600 kg。

②追肥：追肥可与间苗、中耕和灌溉结合进行，在麻苗进入快速生长期之前施用。追肥量一般为尿素 110～150 kg/hm^2，土壤含钾量低的加施钾肥 150 kg/hm^2。

（4）田间管理

①间苗：若出苗数超过目标保苗数，需要进行间苗。间苗在第 3～4 对真叶展开时进行，拔除密度过高区域的徒长苗、病虫害苗、矮化苗。

②排水灌溉：我国工业大麻生长季湿润且雨水充沛，一般不需要灌溉，但要注意保持田间排水通畅，防止涝害发生。如遇干旱需要灌溉，应采用沟灌，让水自然渗透到畦

面土壤，但不能淹没畦面。

③病虫草害防治：籽用工业大麻种植容易发生跳甲危害，成虫喜欢啃食幼嫩的心叶，形成很多小孔，减少叶片光合面积，严重的造成叶片枯萎，影响植株生长发育。跳甲的防治主要包括：（a）收获后及时清除田间残株落叶，集中烧毁；（b）在苗期、开花结实期喷洒 90% 晶体敌百虫 800 倍液或 50% 辛硫磷乳油 1 000 倍液；（c）用氰戊菊酯乳油 3 000 倍液或 25% 杀虫双水剂 500 倍液灌浇麻苑，防治幼虫。除一般病虫害之外，鸟类和老鼠在种子成熟时期的危害对产量影响大。对于鸟害一般是在田间放置稻草人或者在田地四周设置防鸟网；对于老鼠可以用老鼠喜欢的食物拌药毒杀，或采用捕鼠笼捕杀。

籽用工业大麻的苗期生长速度慢，株行距大，封行时间晚，容易发生草害，可选择适宜除草剂在播种后出苗前进行土表喷施以封闭除草，也可在株高 5～10 cm 时喷施除草剂进行除草，但要注意筛选适宜除草剂，防止伤害麻苗。若出苗后单子叶杂草较多，可以喷施精喹禾灵和烯草酮进行防控；若出苗后双子叶杂草较多，可进行中耕除草。

（5）收获。当观察到 30%～50% 的籽粒苞片变为褐色时，便可以开始收获。收获时，可使用镰刀先割下穗枝，然后集中到场院内干燥，使梢部种子完成后熟作用，再行脱粒、晒干、风净和贮藏。对于种植密度高、个体矮小、籽粒密集度高的地块，可以试行机械收获，减少人工投入和劳动强度。

（二）适宜区域

适于我国工业大麻主产区推广应用。

（三）注意事项

我国各地对籽用工业大麻种植的管理制度存在差异，种植户应在制订种植计划前向当地公安机关咨询相关监管政策。

本技术方案是针对我国不同区域籽用工业大麻种植技术要点的概述，由于不同地区的品种资源、气候条件、土地条件、耕作制度等方面存在差异，各地在根据本方案进行籽用工业大麻种植时，应开展小规模的试验，确定最适的种植密度、肥料种类及用量等技术参数。

六、籽用工业大麻旱作高产栽培技术 *

工业大麻又名火麻，山西传统种植作物，山西晋中的榆社、和顺、左权、寿阳，吕梁的交口、石楼、方山、岚县，晋城的陵川、沁水、阳城，忻州的偏关、岢岚、五寨，大同的左云，朔州的右玉等县市均有种植，历年籽用工业大麻种植面积达 10 万亩以上。

汾阳工业大麻试验站针对山西工业大麻产业发展形势及山西特殊的地理气候特征，立足山区优势，扬长避短，突出"特"字，发展山区现代特色农业。创新性地研制出适合当地生态条件的籽用工业大麻旱作高产栽培技术，解决了山区春季少雨、捉苗难的问

---

* 作者：康红梅（汾阳工业大麻试验站 / 山西农业大学经济作物研究所）

题，同时节地省工，推动山区工业大麻提质增效。

（一）技术要点

（1）**合理轮作，精细整地。**大麻重茬和迎茬易造成大麻病害、虫害加重和养分严重失衡。大麻可与蔬菜、瓜类、薯类、烟草及小麦等进行轮作，同时大麻本身又是其他作物的良好前茬。一般轮作方式为3年二头麻。大麻种植的大田要精细整地，多耕多耙，使耕作层疏松肥沃，有利于麻根伸长和吸收养料水分。同时，大麻种子细小，整地不良会影响幼苗出土。应在秋收后立冬前后进行冬耕，深度要求18～20 cm，次年早春于惊蛰前后进行春耕，深度10～15 cm。播种前再进行细耙，使土壤细碎均匀、上松下实，为种子发芽创造良好的土壤环境。

（2）**选择良种，抢墒播种。**根据当地气候及生产条件，选择通过当地认定的丰产抗病的籽用工业大麻品种。如晋麻3号、汾麻3号等；苗齐苗全苗匀苗壮是大麻高产的关键。建议雨前抢播或雨后趁墒播种，墒情不足时可造墒播种或播后喷灌补墒。西北产籽区适宜播种期为5月中旬至6月上中旬。亩播量1～1.5 kg为宜。

（3）**采用适宜的栽培技术和种植模式。**采用穴播、行播等大麻抗旱高产栽培技术，也可采用间作套种等种植模式提高种植效益，主要有大麻套种大豆、马铃薯、蔬菜等模式。

（4）**科学施肥，合理灌水。**以基肥为主、追肥为辅，按照"基肥足、追肥早"的原则进行施肥。基肥亩施农家肥2 000～3 000 kg，最好结合秋翻地深施；或亩施高含P的N、P、K三元复合肥30～35 kg，播前整地时作基肥一次施入；追肥要早，可结合苗期头次灌水或自然降雨亩追施尿素5～10 kg。

（5）**适时间苗、定苗、中耕除草。**在苗高5 cm、1～2对真叶时进行第一次间苗，在3～4对真叶时要及时定苗，高水肥区亩留苗2 500～3 000株；中等水肥区亩留苗3 000～3 500株，行距为60 cm。结合间、定苗可进行1～2次中耕，以松土透气，清除杂草。

（6）**科学施药，统防统治。**工业大麻麻苗对多数除草剂敏感，药剂选择要十分慎重！芽前除草可使用96%精异丙甲草胺乳油（960 g/L精异丙甲草胺乳油，金都尔）80 mL/亩，对田间杂草防效达80%以上。一般情况下低洼地不推荐使用，用量根据土壤有机质含量的升高而适当增加用药量。在播种前或播种后即施药进行土壤处理，防治禾本科杂草及部分阔叶杂草。

茎叶喷雾药剂及用量：

① 10.8%高效盖草能（高效氟吡甲禾灵）乳油：25～35 mL，于禾本科杂草3～5叶期施药，防治各种一年生禾本科杂草。

② 15%精稳杀得（精吡氟禾草灵）乳油：50～65 mL，于禾本科杂草3～5叶期施药，防治各种一年生禾本科杂草。

③ 5%精禾草克乳油：50～65 mL，在禾本科杂草3～5叶期施药，防治各种一年生禾本科杂草。

④ 24%烯草酮乳油：30～40 mL，于禾本科杂草3～5叶期进行茎叶处理，防除禾

本科杂草。

⑤混剂：现混现用，80% 溴苯腈可溶性粉剂 18.75 g + 10% 精喹禾灵乳油 40 mL，兑水 30 ~ 50 kg，定向喷雾，可防治工业大麻田阔叶杂草和禾本科杂草。

⑥混剂：现混现用，56% 二甲四氯钠可湿性粉剂 20 g + 240 g/L 烯草酮乳油 13 mL，兑水 30 ~ 50 kg，定向喷雾，可防治工业大麻田阔叶杂草和禾本科杂草。

麻跳甲在我国各地麻区均有发生，它喜欢聚集在幼嫩的心叶上危害，把麻叶食成很多小孔，严重的造成麻叶枯萎。

防治方法：收获后及时清除田间残株落叶，集中烧毁，可减轻下年受害。发病期喷洒甲维盐氯氰 500 倍液，一周后再喷一次。

（7）及时收获。雄花开花授粉完成后及时去除雄株；雌花花序中部种子成熟时及时收割雌株，防止鸟吃。

（二）适宜区域

适宜山西省晋中、吕梁、晋城、长治、忻州、太原，以及陕西、内蒙古、甘肃等大麻产籽区。

（三）注意事项

（1）大麻对除草剂十分敏感，对前茬作物使用的除草剂一定要了解清楚。有除草剂残留（如玉米除草剂）的地块不宜种植大麻。

（2）大麻耐旱不耐涝，低洼易积水地块不宜种植大麻。

七、云南工业大麻坡耕地高产栽培技术[*]

选地：选择土层深厚、土壤疏松、肥沃、光照充足、排灌方便的台地或缓坡地。

整地：按 1.8 m 开厢，墒面宽 1.5 m，沟宽 30 cm，沟深 30 cm，做到墒面平整、土垡细碎，坡地挖排水沟，防止雨水冲刷，造成水土流失。

施肥：底肥用 45%（15∶15∶15）复合肥 30 kg/亩、有机肥 100 kg/亩（混合后均匀撒播到条播沟内，塘播的可放在种子旁边）。追肥用 15 kg 尿素分两次施用，第一次在麻苗 5 ~ 6 对叶时追施 5 kg/亩，第二次在快速生长期 80 ~ 100 cm10 kg/亩。

播种：最佳播种时间 4 月 20 日至 5 月 20 日，最晚不能超过 6 月 10 日。在雨水来临前进行"三干"播种（土干、肥干、种子干）。其中：纤维用型，播种方式以条播为主，种植沟行距 30 cm，沟深 10 cm，播幅 6 ~ 10 cm，每亩播种量 2 ~ 2.5 kg。籽用型，播种方式以塘播为主，行距按 80 ~ 100 cm，株距 50 cm，可采用地膜覆盖，每塘播种 5 ~ 7 粒种子。条播和塘播播种时底肥覆薄土后再播种子；播种后盖细土 2 ~ 3 cm，以种子不外露为宜。

---

* 作者：孙涛（西双版纳工业大麻试验站 / 西双版纳傣族自治州农业科学研究所）

田间管理：

①及时间苗、定苗：纤维型，在麻苗生长至 5～6 对真叶时进行间苗，原则是去小苗、弱苗、病苗，留整齐苗，间苗后株距在 6～8 cm，基本苗控制在 2 万～2.5 万株 / 亩（37 株 /m²）。籽用型，在苗高 10 cm 时间苗，定苗原则去徒长苗、过矮苗和病虫危害苗，每塘留苗 2～3 株。间苗后进行第一次追肥。

②中耕除草：视田间杂草的长势情况，在工业大麻未封行前进行行间中耕除草。

主要病虫害防治：

①病害：顶枯病，每亩用"劲丰"健壮素 60 mL 加 0.2 kg 磷酸二氢钾作叶面肥喷施；霜霉病用 58% 甲霜锰锌 600 倍液喷雾防治 1～2 次。线虫病危害严重时用艾根多微生物肥稀释 150 倍灌根或者喷雾根部。

②虫害：黄守瓜选用 20% 氰戊菊酯乳油 20～40 mL，兑水喷雾，防治成虫；发现幼虫危害根部，用上述药剂灌根，毒杀幼虫。防治地下害虫如蛴螬、蝼蛄等时用辛硫磷颗粒剂 2 kg/ 亩（随底肥施入）。

适时收获：

①纤维用型：工业大麻纤维型生长到 90～110 d（雄株全部现蕾），进行适时收获，采用鲜茎皮秆分离机进行分离。

②籽用型：采用雌雄株分期收获。第一次在雄株花谢时收割雄株。当雌株种子成熟时，将麻田中的雌株全部收割，削下结籽部分，摊晒、脱粒、扬净、晒干即可。

第八章 亚 麻

一、亚麻籽粒高产种植技术 *

亚麻是人类最早种植的作物之一，其纤维可以作为纺织原料，种子富含油分和蛋白而被食用。相对于其他大田作物而言，亚麻种植效益相对较低。一般作为一种轮作倒茬作物，在干旱低产田上种植，种植管理粗放，籽粒产量长期在亩产 80 kg 左右徘徊。国内虽然在种植技术方面进行了大量探索，但种植技术规模化复制存在很大障碍。

针对油用亚麻生产存在的关键问题。在总结种植技术的基础上，经过多年试验示范，集成了便于操作的轻简化种植技术，使油用亚麻籽粒亩产达到 180 ~ 200 kg。比传统种植模式亩产提高 1.25 ~ 1.5 倍，明显提高了种植效益。亚麻的生长表现见图 8-1。

该技术集成了品种选择与种植管理技术，亩产由 80 kg 提高到 200 kg，提高了 1.5 倍，有效增加了农民收入，亩收入由 100 元提高到 400 元，提高 3 倍。为农民增收和乡村振兴提供了有效途径。

该成果在新疆尼勒克县、新源县、特克斯县、巩留县、察布查尔县累计示范推广 5 万亩，降低生产成本 28.6%，亩效益增加 300%。

（一）技术要点

（1）选择品种。选择伊犁州农业科学研究所自育的伊亚 4 号，目前已成为主栽品种，占伊犁河谷油用亚麻种植面积的 90% 以上。该品种单株粒重 1.0 g，籽粒千粒重 8.0 g，含油量 40.5% ~ 42%。籽粒大小适中，有利于灌浆成熟，形成有效产量。

（2）播种。亩播种密度 50 万有效粒（每亩 4.0 kg），比传统种植密度 60 万 ~ 80 万降低 16.7% ~ 37.5%，不能太密，否则会降低单株粒重，生产用种必须经过精选。

（3）合理施肥。传统观念认为亚麻种植仅需要每亩施 20 kg 磷酸二铵作底肥，施用

---

* 作者：张正（伊犁亚麻试验站 / 伊犁州农业科学研究所）

苗期　　　　　　　　　　　　　　　花期

籽粒灌浆　　　　　　　　　　　　　成熟期

图 8-1　亚麻的生长表现

氮肥会倒伏。亚麻提高籽粒产量需要充足的氮肥，氮磷配比 1∶2 较适宜。氮肥（常用尿素），每亩 10 kg，一半与磷肥一起施入土壤中作底肥，另一半在浇第一水前作追肥施入，可促进苗期生长。

（4）杂草防控。亚麻植株高 5 ～ 8 cm 时进行化学防控，亩用 40% 二甲溴苯氰 60 mL、10% 高效盖草能 100 mL，兑水 30 kg 进行叶面喷洒防除阔叶杂草和单子叶杂草，不得重复喷洒，以免产生药害。

（5）化学调控。为防止倒伏，在喷洒除草剂时配合使用矮壮素每亩有效含量 5 g 进行化控，降低株高，增强植株抗倒伏能力。

（6）水分调控。生长期间，现蕾期前 5 天、开花期、籽粒灌浆期是需水关键期，要保证水分充足。

（二）适宜区域

适于我国亚麻主产区推广应用。

（三）注意事项

亚麻是一种种植成本较低的作物，种植管理措施到位，仍然能取得较高收益。在生产过程中，应该克服传统观念的束缚。应选用籽粒适中的品种，一味追求大籽粒的品种会造成籽粒灌浆不饱满，影响单株产量；播量的减少是农户难以克服的障碍，"有钱买种，无钱买苗"是农户的普遍心理，随意加大播量，降低单株产量，容易导致产量维持原状或减产的风险。此风险可以通过提高整地质量和适时播种改变；为避免倒伏，不使用氮肥的隐患依然会在一定范围内存在；用加大除草剂用量代替植物生长调节剂控制亚麻生长存在一定风险。

二、亚麻抗倒伏高产高效栽培技术 *

亚麻是我国主要的纤维及油料作物，是重要的麻纺工业原料之一。我国纤维亚麻种植面积最高时有 300 多万亩，分布在黑龙江、新疆、内蒙古、云南、吉林、湖南、湖北、浙江、甘肃、宁夏等省区，种植十分广泛。由于国际金融危机的影响，种植面积萎缩。目前我国纤维亚麻主要分布在新疆、黑龙江、甘肃、云南等地，全国亚麻纺纱能力约为 70 万锭，年需亚麻纤维 20 多万 t。据中国海关数据，2021 年亚麻原料累计进口数量 20.43 万 t，同比增长 25.11%。其中，打成麻进口数量为 14.47 万 t，同比增长 27.38%，创历史新高；短麻进口数量为 5.89 万 t，同比增长 35.09%。我国亚麻纤维对外依存度达到了 90%。造成这一窘境的主要原因是国外通过高补贴政策打压我国国内种植，进而垄断市场获利，导致国内亚麻生产比较效益偏低。为了提高亚麻的经济效益，根据亚麻纤维需求及亚麻生产状况，本岗位开展了纤维亚麻抗倒伏高产高效栽培技术研究（图8-2），并取得一些研究成果，在品种、肥、水等主要栽培因子优化的情况下，在云南获得了最高原茎亩产 1 032 kg 的产量。该处理与其他处理差异达到极显著水平，并比世界亚麻栽培最先进国家法国的原茎产量（500～700 kg/ 亩）高出 47%～106%，达到了世界顶尖水平（图 8-3）。小区最高原茎产量 1 032 kg/ 亩，纤维产量 216 kg/ 亩，麻屑 505 kg/ 亩，亚麻籽产量最高达到 116 kg/ 亩。超过亚麻高产种植"255"工程的指标，实现了重大突破。通过数据分析发现，亚麻播种密度对亚麻原茎产量有影响，但在一定范围内影响不显著；播种密度 2 300～3 000 粒 /m² 均可实现高产；考虑到出麻率、纤维质量及云南当地气候情况，推荐使用较大种植密度。试验获得了最佳栽培模式：亚麻品种为 5F069，亩施尿素 18 kg，过磷酸钙 32 kg，氯化钾 19 kg，密度为 2 650 粒 /m²。亚麻抗倒伏高产高效栽培要通过综合的农艺技术措施来实现。下面对该技术的主要技术要点进行介绍。

图 8-2 亚麻高产栽培试验

图 8-3 试验田亚麻长势

---

* 作者：邱财生、王玉富（亚麻生理与栽培岗位 / 中国农业科学院麻类研究所）

（一）技术要点

亚麻倒伏受水分、养分、光照等外界因素的影响，一般情况下，水分多，氮肥过多，光照弱的地区亚麻容易倒伏。同时与品种内在的抗倒伏性也密切相关。所以提高亚麻的抗倒伏性应采取综合的农艺措施：首先选择抗倒伏性相对好的品种。亚麻品种的抗倒伏性差异比较大，但总体来说是植株高的抗倒伏性比较差，植株矮的抗倒伏性比较强。种植亚麻应根据当地的情况选择适宜高度的抗倒伏品种。其次还要采取适当的农艺措施。在多雨地区种植亚麻选择地势比较高，排水良好的田地种植亚麻。还要注意：少施氮肥，增施磷、钾肥，补充钙镁磷肥。现蕾后避免使用氮肥。主要技术要点如下。

（1）选用适宜本地种植的抗倒伏优质高产品种。每个品种都有其特性及适应区域，在不同的地区种植，就要选择适宜当地种植的不同生态类型的亚麻品种。

在选择适宜本地种植的品种的同时还要选择良种，注重种子的繁育，保证种子的纯度、发芽率，使用合格的良种。

（2）选地整地。选择地势平坦、土层深厚、土壤肥沃、排水良好的土地（图8-4）。前茬以小麦、玉米、大豆茬为好。播种前要求精细整地，北方可以选用翻、耙、压连续作业，防止水分流失。南方要进行开沟理墒，使墒面表土疏松细碎，做到田平、土细、沟直，墒沟、腰沟、围沟配套。一般以2 m开墒，沟深10～20 cm，宽20～30 cm为宜。

图8-4　整地

（3）适时播种

①播种时期：亚麻是一种喜欢冷凉的作物，各个生育期要求的气温较低。在我国北方，一般当平均气温稳定在7～8 ℃时就可以播种。播种过早会影响出苗率及产量。播种过晚，亚麻生长季节气温高、雨水多，生长速度快，不利于纤维的积累，出麻率显著下降，贪青、晚熟、倒伏严重，造成严重减产，种子产量也会受到严重影响。在黑龙江的南部地区一般在4月中旬，北部一般在5月上中旬播种。新疆的适宜播种期为3月下旬到4月中旬。在我国南方一般为秋、冬季播种。我国南方确定亚麻播种期除考虑温度因素以外还应考虑轮作的问题。一般可以在10月中、下旬到11月上、中旬播种。在不影响下季作物播种的情况下可以适当推迟播种，有利于提高纤维品质。

②种子处理：播种前晒种1～2 d，用炭疽福美、多菌灵或甲基硫菌灵等杀菌剂拌种，预防苗期病害。

③播种方式：纤维用亚麻播种方式主要有两种：一是机械条播；二是人工撒播。

北方种麻地块的面积较大，机械化程度比较高，土壤疏松适宜机械作业，所以北方均采用机械条播（图8-5）。使用的机械主要有48行或10行的谷物播种机，行距15～20 cm，播种深度以3～4 cm为宜。在南方，麻田的土地面积比较小，机械化程度比较低，同时土壤黏重，不太适宜机械作业，所以南方在没有播种机的情况下可以采用人工撒播，播种时要求落籽均匀。一般种子入土2～3 cm，土壤疏松且干旱的地区可以覆土深一点，土壤黏重、水分充足的地区可以覆土浅一点。覆土厚度要一致，土壤疏松且干旱的地区播后适当镇压。

图8-5 播种

①播种量：纤维用亚麻一般情况下播种量为每平方米2 000～3 000粒，南方撒播的地区播种量根据土壤情况适当加大。北方一般为每亩8 kg左右，中南部一般每亩6～7 kg，西南一般为每亩9 kg左右。具体播种量要根据土壤墒情、灌溉条件、种子千粒重和发芽率等因素而定。土壤墒情和灌溉条件较好，种子千粒重低、发芽率高的宜减少播种量；土壤墒情和灌溉条件较差，种子千粒重高、发芽率低的宜增加播种量。

（4）科学施肥。必须根据其需肥特点，平衡地供应各种营养，才能达到亚麻优质、高产的目的。

①增施有机肥料：最好是从前茬培肥地力入手。每公顷可以使用有机肥10～15 t。也可在秋整地之前施入，做到秋翻施基肥，也可以结合整地施用。

②合理施用化肥：化肥的施用应做到氮、磷、钾配合施用，在不同土壤类型上氮、磷、钾的使用比例应有所不同，轻碱土类型以1：3：1高磷配比，白浆土缺氮土壤类型以2：1：1高氮和1：1：2高钾配比，黑土类型1：1：1配比，黑黏土类型以1：2：1高磷配比增产效果显著。可根据当地的土壤微量元素的含量，适量使用钙、硼、锌、锰、铜等微肥。

北方土壤基础肥力比较好，施肥量不宜过多，以防止亚麻徒长倒伏，一般每亩施磷酸二铵5～10 kg，硫酸钾3～4 kg或每亩施三元复合肥6～7 kg，结合整地一次性施入；南方土壤肥力比较低，施肥量可以适当加大，亩施尿素20～30 kg，过磷酸钙30～40 kg，氯化钾20～25 kg，磷、钾肥和氮肥的50%可以结合整地施于5～8 cm耕层作基肥；在枞形期用氮肥总量的30%、快速生长期用氮肥总量的20%进行追施。

（5）化学除草。在亚麻苗高10～15 cm、杂草3～4叶期，杂草基本出齐时，每亩选用56%二甲四氯钠盐50～70 g+10%精喹禾灵乳油30～40 mL，兑水20～40 kg进行叶面喷雾除草。

（6）灌水。根据土壤墒情和亚麻生长状况，于播种后2 d内、枞形期、快速生长期、开花期、成熟期酌情辅以人工灌溉，保持土壤田间持水量在65%～75%为宜。

（7）防止倒伏技术措施。品种优选和调控栽培技术同步进行的抗倒伏研究策略，易发生倒伏的地区应选择抗倒伏优良亚麻品种，配合物理手段结合植物生长调节剂调控亚麻花果及枝梢降低植株重心，再结合播期、水肥控制、耕作方式等手段调控亚麻茎秆强度，集成建立了一套亚麻抗倒伏栽培技术（图8-6、图8-7）。在试验基地开展的抗倒伏试验中，亚麻植株倒伏率由70%以上下降到5%左右，大幅降低了亚麻倒伏率，农户在参观试验田时表达了对该技术的很大兴趣，肯定了技术效果。该技术的熟化推广将对我国亚麻种植业的发展起到重要的推进作用。围绕亚麻抗倒伏栽培技术已获得国家发明专利授权多项（图 8-8）。

①防止徒长：亚麻表观倒伏率与株高、工艺长度和单株茎重呈显著正相关，与种子产量呈显著负相关。雨水较多的地区，在现蕾初期喷施烯效唑 37.5 g/hm² 可以有效提高亚麻的抗倒伏性，并对原茎产量有明显的增产作用。在亚麻快速生长期每亩喷洒 200 ～ 400 g 有效成分的矮壮素可以显著减弱株高生长，促使开花，增加种子产量，在一些情况下对产量有一定影响，但能改善纤维品质。亚麻快速生长期喷施 100 mg/L 多效唑可在不影响其产量的前提下减轻倒伏，是较好的抗倒伏稳产栽培措施。

②防雨防倒：快速生长期遭遇风雨，次日天晴可等待其自行恢复，若不能则可在风雨后用竹竿等扶起；生长后期如遇大雨造成倒伏，容易贪青晚熟或倒青，这种情况下亚麻茎秆很难变黄，应该及时早收，防止霉烂或倒青造成进一步的损失。预防倒伏技术措施：在绿熟期，预报大风大雨到来之前，可紧急使用机械打顶措施，将有分枝部位打掉 1/3 ～ 1/2，重点是去掉蒴果，减轻梢部重量，降低重心从而提高亚麻抗倒伏能力；在经过第二次开花结果后，待蒴果有 60% 以上膨大到成果大小时，整株喷施乙烯利溶液落花并催熟，乙烯利溶液的浓度为 0.1%，该处理措施抗倒伏效果良好。

图 8-6　顶端调控时期　　　　图 8-7　抗倒伏调控效果（人立处为调控区，近处为对照）

图 8-8　发明专利证书

（8）适时收获。当亚麻处于黄熟期时，全田有 1/3 的蒴果呈黄褐色，1/3 的麻茎呈浅黄色，麻茎下部 1/3 的叶片脱落即达工艺成熟期（图 8-9），是收获的最佳时期。达到工艺成熟期应及时收获。可以采用机械化收获（图 8-10、图 8-11），降低生产成本。

图 8-9　亚麻工艺成熟期

图 8-10　单行自走拔麻机

图 8-11　双行自走拔麻机收获

（二）适宜区域

该技术适宜我国主要纤维亚麻产区。

（三）注意事项

使用化学除草剂防除阔叶杂草时应严格控制除草剂的用量，以免造成药害。

三、重金属污染耕地亚麻替代种植技术模式 *

近年来，麻类作物在重金属修复中的作用逐渐被挖掘出来，尤其是亚麻和红麻等一年生草本植物，具有生长速度快、生物量大、抗逆性好的特点，在大面积的重金属污染农田修复中具有广阔的应用前景。

在麻类作物中红麻和亚麻均为土壤重金属修复的理想植物，并且亚麻可以连根一起收获，有效避免了重金属在土壤中的残留。利用亚麻和红麻对重金属元素的高富集作用，将重金属转移到麻类植物体内，再将麻的地上部分移除，根据麻的用途将麻的地上移除部分加以开发利用，结合麻类植物产业化的需求，合理处理麻的地上移除部分，这样既可以通过植物移除的模式达到减少土壤中镉含量的目的，又可以充分发挥麻类植物的经济效益。本团队近几年筛选出了一批重金属吸收能力比较强的品种，建立了多套利用红

* 作者：郭媛（亚麻生理与栽培岗位 / 中国农业科学院麻类研究所）

麻和亚麻等作物的重金属污染农田植物修复技术体系。利用植物修复技术体系，可以对重金属污染农田进行有效的修复，并可达到高效修复重金属污染土壤的目的。并且，利用麻类作物对重金属污染农田进行修复可以边利用边修复，是农产品安全生产及农业可持续发展的重要保障。

亚麻和红麻等韧皮纤维作物具有栽培适应性广泛的特点，属于多用途、多功能的作物，可同时为传统和创新型的工业产业提供纤维类生物质原材料。并可间接性地促进麻类作物种植产业、加工产业、建筑材料产业、生物纤维板材料产业和相关环保产业的发展。

目前亚麻和红麻的替代种植技术已在湖南省湘潭市、醴陵市左权镇花桥村、株洲市渌口镇花园村、浏阳市礁溪镇和七宝山镇等地进行了田间示范。图 8-12、图 8-13 为田间示范作物长势。

图 8-12 亚麻田间示范长势

图 8-13 红麻田间示范长势

目前中国是世界上最主要的木质板材出口国家之一，随着我国政府加强对森林木材砍伐的管控，国内的人造板企业均遇到木材原料的供应瓶颈，生产成本越来越高。对于富集重金属的亚麻和红麻秸秆及纤维进行加工再利用，以生物质纤维原料代替木质原料，一方面实现了废弃资源再利用，另一方面减轻了木材原料压力。亚麻和红麻轮作种植若得到大面积推广，将扩大农业环境保护的社会认知水平，并可解决当地大批劳动力的就业问题，有利于重金属污染农田安全生产且社会效益巨大。

（一）技术要点

亚麻与红麻轮作种植，冬季种植亚麻、夏季种植红麻，实现一年双收，连根拔出，提高修复效率。每年 10—11 月种植亚麻，次年 4 月收获。亚麻收获后红麻 5 月种植，10 月收获。红麻收获后实现红麻和亚麻的无缝对接，连续种植。

（1）亚麻种植技术。在播种前 10 d 左右整地，整地时每公顷可以使用有机肥 10 ～ 15 t，如在矿区周围严重污染农田有机肥的施入量可适当增加。待草籽萌发或出苗以后再播种，可以防除大部分杂草。亚麻播种采用机械条播，也可以采用人工撒播。播种深度以 3 ～ 4 cm 为宜。化肥的施用应做到氮、磷、钾配合施用，亚麻田中严格控制尿素的施用量，或不使用尿素，并适量使用微肥，如寡糖等作为叶面肥进行喷施。亚麻从出苗到成熟期均有可能感染病害，目前常见的病害主要有白粉病、立枯病、炭疽病等。

这两种病害的主要防治方法是在播种前用种子重量 0.3% 的 50% 多菌灵可湿性粉剂或 80% 炭疽福美可湿性粉剂进行拌种。在选用良种的基础上，加强施肥、灌水、除草等田间管理，结合使用化学药剂才能取得很好的防治效果。亚麻适时收获，是保证丰产丰收和提高纤维品质的关键。亚麻工艺成熟期的主要特征：一是亚麻田中全部植物的蒴果有 1/3 变成黄褐色；二是麻茎有 1/3 变为黄色；三是麻茎下部 1/3 叶片脱落。种子呈棕黄色，即纤维成熟期。达到工艺成熟期时最好在 2～3 d 完成收获。

（2）红麻种植技术。每年 5 月 31 日前进行红麻播种，5 月进行抢晴翻耕，深度 15～20 cm。播种时酌施少量种肥，对促进幼苗生长有良好作用。红麻在播种后发芽前，可喷施化学除草剂扑草净，可使麻地减少中耕次数而减轻杂草危害，只在旺长初期追肥时中耕一次，即能达到较好效果。耕后及时疏通排灌沟渠，每亩播种量为 2 kg。红麻种子发芽出土后，一个月左右是蹲苗发根阶段，加强田间管理，实行深中耕以利保水、保肥和防倒。红麻苗期耐渍性差，对水反应十分敏感，幼苗受渍，土壤缺氧，根系呼吸受阻发育慢，养分吸收能力减弱，生长不良，应注意排水防渍。红麻生长较正常，但长势不旺，一般在收获前 50～60 d 时施氮钾赶梢肥。在长江流域麻区，一般在 7 月底或 8 月初施下，每亩用尿素 2.5～4 kg 加氯化钾 7.5～15 kg 或每亩用草木灰 100～150 kg。这样可促进红麻稳长稳发，增强抗风抗倒能力，有利于茎秆与纤维发育。立枯病苗期危害较重，用 40% 托福灵可湿性粉剂按种子重量 0.5% 拌种，除能杀死种子上的病原菌外，还对麻苗有保护作用。红麻适时收获是决定纤维品质好坏，实现丰产丰收的最后一关。红麻收获过早，纤维发育不充分，皮薄产量低；收获过迟，纤维木质化程度增加，品质差。湖南地区适宜收获期为 10 月上旬。

对收获的亚麻和红麻秸秆等植物体中镉等重金属含量进行检测，根据不同重金属含量的状况，对秸秆根据收获地以及收获秸秆的部分进行分类、分部位处理，分别对轻度重金属含量及中度、重度含量的废弃物进行不同用途的评估。

（1）纤维利用。亚麻和红麻以收获纤维为主，主要产品仍然是纤维，对于轻度重金属含量的收获物，进行沤制脱胶，经检测后，对其纤维进行安全利用，按照其重金属含量用于生产不同的产品。一般低污染地区麻类作物收获后经过脱胶，其纤维中的重金属不会超标，可用于纺织品的生产。

（2）红麻生产生物碳。对于中高度污染区收获的麻类作物经评估后，其重金属含量超标的红麻植株可以开展废弃物转化为不同生物碳材料，通过对不同生物碳材料进行功能化改性（如磁化改性，表面电荷结构改性），开发重金属吸附剂、土壤调理剂、育苗基质材料等不同高附加值功能材料，对不同产品的生产工艺进行优化。对中度或重度镉、砷含量的废弃物，通过水解催化或直接液化技术的开发，实现重金属镉、砷的分离，水解液或液化液开发植物生长调节剂、土壤调理剂、生物油等不同高附加值产品，对不同产品的生产工艺进行优化。根据湖南地区不同土壤条件及不同作物种植类型，对转化的镉砷重金属吸附剂、土壤调理剂、育苗基质材料、植物生长调节剂、生物油等不同产品进行应用性试验，进一步改进生产工艺。对反应过程、反应单元、反应设备等工程进行优化和设计，实现二次污染防控、秸秆的无害化资源化利用，建设重金属超标秸秆、农产品等资源化利用生产线。

（3）麻类秸秆生产有机微肥。一些重金属作为植物生长必需的微量元素，适量的可促进植物生长。我国部分河谷冲积土壤一些重金属含量极低，常出现粮食作物不能正常生长的现象，施用有机微肥可显著提高作物的产量和品质，达到既能改善土壤肥力状况，又能高效处置修复植物残体的双重效果。

（4）麻类秸秆合成制备新型建筑材料。将重金属富集植物通过物理化学方法制备成结构性质稳定的新型材料，将重金属离子以稳定态固定在材料基体中，安全运用于建筑、污染治理等领域，实现资源化利用，实现麻类收获物中重金属的固化利用。

（5）麻类秸秆用于清洁能源。将重金属富集植物在一定的热解条件下制备生物燃油、生物碳及合成气等。调节制备条件可控制重金属的转化途径，且产物中的重金属可以通过后续处理技术如萃取法等方法去除，以实现安全无害化利用。

（二）适宜区域

本种植模式适宜在湖南的中度和重度重金属污染耕地，或矿区周边复合重金属污染土壤中进行推广种植。

（三）注意事项

本模式特别要注意对收获的亚麻和红麻秸秆等植物体中镉等重金属含量进行检测，根据不同重金属含量的状况，对秸秆根据收获地以及收获秸秆的部分进行分类，以便进行后续的安全利用。

四、亚麻复种秋菜和牧草增效技术[*]

亚麻在我国东北地区属于早春作物，4月下旬到5月初播种，7月下旬到8月初收获，从播种到纤维工艺成熟期一般要求有效积温1 500～1 700 ℃，生育期较短。亚麻收获后，我国东北除黑龙江北部，其余地区剩余有效积温600～1 500 ℃，可以满足秋菜、牧草和绿肥作物等的生长需求。轮作技术可充分利用水、光、热以及土地资源，提高农业系统的生产力，进而提高农业系统的生产效率，抑制农田杂草发生的同时可减少土壤中杂草种子数量，提高土地利用率，降低化肥用量。也可提高麻农和养殖户的经济收入，并解决农区大力发展草食畜牧业饲草不足、缺少放牧场地等人畜争地、人畜争粮等大农业发展中的突出问题。目前还未有成熟的秋菜和牧草可用来作为亚麻收获后高效复种作物。通过秋菜和牧草品种筛选和高效栽培技术，形成一套亚麻复种高效模式，显著提高种植经济效益。

（1）黑龙江亚麻复种秋菜技术。选用早熟抗倒伏品种中亚麻1号于4月下旬播种，7月下旬收获，生育期约90 d。我国东北各地区由于土壤条件、气候条件存在差异，亚麻生长也有一定差异，一般亚麻株高0.9～1.0 m，原茎产量385～450 kg/亩，纤维产量75～89 kg/亩。

---

* 作者：龙松华、王玉富（亚麻生理与栽培岗位/中国农业科学院麻类研究所）

复种的秋菜以生育期短（60～70 d）、生长快的品种为佳，亚麻收获后尽快进行秋菜播种，根据亚麻收获时期的早晚分别于 7 月下旬到 8 月初进行播种，适时收获。充分利用黑龙江呼兰地区夏末秋初的有效积温，保障秋菜的生长。所有 7 月下旬播种的秋菜无论是单株重还是总产量都稍高于 8 月初播种的，但是差距不大。增收效益最大的是苹果芥菜，每亩可达到 2 000 多元的增收，白菜和白萝卜每亩增收均在 1 000 元左右。因此在条件允许的情况下（要么有足够降水，要么有灌水设施）选用早熟亚麻品种，尽早播种，及时收获，利用有利天气条件再及时进行复种短生育期秋菜的技术是可行的，能显著提高种植效益（表 8-1、图 8-14）。

表 8-1　亚麻复种秋菜产量性状及增收情况

品种	播种期	单株净重（kg）	单产（kg/亩）	单价（元/kg）	总价（元）	成本（元）	增收（元）
白菜 586	7 月下旬	3.03	8 304.15	0.4	3 321.66	2 000	1 321.66
	8 月上旬	2.75	7 648.82	0.4	3 059.53	2 000	1 059.53
白菜碧玉	7 月 24 日	3.68	8 782.72	0.4	3 513.09	2 000	1 513.09
	8 月 6 日	3.03	7 115.22	0.4	2 846.09	2 000	846.09
白萝卜	7 月 24 日	1.71	7 398.7	0.55	4 069.29	2 800	1 269.29
	8 月 6 日	1.49	6 958.48	0.55	3 827.16	2 800	1 027.16
苹果芥菜	7 月 24 日	0.97	5 280.97	0.95	5 016.92	2 800	2 216.92
	8 月 6 日	0.87	4 724.03	0.95	4 487.83	2 800	1 687.83

图 8-14　亚麻复种秋菜试验

（2）亚麻复种牧草技术。在亚麻收获前 2～4 d（7月中下旬），将适宜牧草种子均匀撒播在亚麻田中，当亚麻收获时，牧草接近出苗时，将亚麻均匀平铺在地面（厚度约 2 cm），当湿度足够时，牧草陆续出苗。

经过多年多点品种筛选得到适宜的牧草品种，以甜高粱草表现最佳，充分利用黑龙江呼兰地区夏末秋初的有效积温，在较短时间里，株高长到 1.75 m，亩产草鲜重 3.1 t，干重近 1.5 t。其次是高丹草，株高长到 1.83 m，亩产草鲜重 2.5 t，干重 1.4 t。通过复种高产牧草品种，可以为当地养殖业就近提供优质牧草，创造经济效益近 1 000 元（表 8-2、图 8-15）

表 8-2　亚麻复种牧草产量性状

牧草品种	株高（m）	鲜重产量（kg/ 亩）	干重产量（kg/ 亩）
甜高粱草	1.75	3 118.23	1 497.04
高丹草	1.83	2 853.28	1 352.53
苏丹草	1.67	2 490.13	963.44
墨西哥玉米草	1.15	1 845.37	970.86

（一）技术要点

（1）种植区域选择。需要选在有效积温 2 700 ℃以上的地区，除去亚麻从播种到纤维工艺成熟期一般要求有效积温 1 500～1 700 ℃，还剩余 1 000 ℃以上的有效积温。可以让秋菜和牧草生长得到足够的有效积温，实现较高的产量，达成可观的种植效益。

（2）选种和管理。亚麻品种必须选择生育期短，工艺成熟期在 90 d 以内，适应性强、抗倒伏、抗病、耐盐碱、纤维品质好，经济效益佳，如中亚麻 1 号等品种。亚麻于 4 月 20 日尽早播种，复合肥（N：P：K=15：15：15）10 kg/ 亩作基肥一次施入。其他技术与一季亚麻种植技术相同。

图 8-15　亚麻复种牧草试验

（3）复种秋菜。复种的秋菜要求生育期短，以叶菜和球茎菜为佳，不需要经历开花结果，耐寒性好。

①品种选择：复种的秋菜可以选择当地广泛种植且生育期短（60～70 d）的品种，如白菜、白萝卜、红萝卜、苹果芥菜等。

②施肥：播种每亩施尿素 10 kg，结合整地施入；在定苗后，每亩施硫酸钾复合肥

15 ～ 20 kg，于垄两侧开沟施入。

③防虫：跳甲、菜青虫及地下害虫等可用 2.5% 溴氰菊酯 2 000 倍液防治，也可用氯氰菊酯防治；蚜虫可以用 10% 烟碱（康禾林）800 ～ 1 000 倍液、25% 阿克泰 750 ～ 1 500 倍液、3% 啶虫脒 2 000 ～ 3 000 倍液防治；小菜蛾可以在发生初期用生物防治技术——性诱剂诱杀成虫，也可以使用 3% 甲维盐微乳剂 4 000 ～ 6 000 倍液或 2% 阿维菌素 3 000 ～ 5 000 倍液等生物农药防治。

④收获：所选择的秋菜品种耐寒性较好，一般可根据生长状况及市场需求从 9 月下旬到 10 中旬适时收获。

（4）复种牧草。牧草要求生长快、适应性强、种子发芽要求低、适口性好、产量大、耐寒性强。东北地区进入 9 月下旬后，天气变化大，低温天气很可能会提前出现，耐寒的牧草品种即使偶尔经历短暂的低温，也不会对其生长品质带来不利影响。

①品种选择：燕麦、甜高粱草、高丹草、苏丹草、墨西哥玉米草等。

②播种：在 7 月末亚麻拔麻收获前 2 ～ 4 d 将牧草种子 3 ～ 6 kg/ 亩（根据品种差异而定）撒播在亚麻田，亚麻收获后平铺在牧草种子上面进行雨露沤制，沤制完毕后，亚麻干茎打捆移走，牧草继续生长。

③施肥：选择适合天气追施，每亩地施入 15∶15∶15 的氮磷钾复合肥 20 kg、尿素 10 kg。

④收获：一般不耐冻的牧草品种可以于 9 月下旬应用割草机收获，耐冻的品种可以于 10 月中下旬收获。

（二）适宜区域

适于我国亚麻主产区的黑龙江、吉林及新疆伊犁等地区。

（三）注意事项

牧草可以在亚麻收获前播种，在亚麻收获完毕后，平铺 2 cm 厚的亚麻秆，这样的小环境有一定保湿作用，从而促进牧草的出苗，牧草也能充分利用亚麻雨露沤制的这 20 d 左右进行苗期生长，而且能避免亚麻秆与地面直接接触，在降雨过后降低一定的温度，减少亚麻沤制过度从而造成纤维品质的降低。

秋菜种植要求相对较高，需要在亚麻收获后进行重新耕地，不能兼顾秋菜的生长与亚麻雨露沤制。如果需要秋菜得到更多的有效积温，实现高产量，需要在亚麻收获前，用育苗盘及营养基质做好秋菜的育苗工作，再等亚麻雨露沤制结束后择有利天气进行移栽。

五、浙江亚麻高产高效栽培技术 *

选用良种：对国内外 24 个亚麻品种进行多点比较试验，结果表明国外品种阿丽亚娜与国产品种黑亚 12 号比较适于浙江种植，栽培得法时原茎产量均可达 4 500 kg/hm² 以上。阿

---

* 作者：安霞、柳婷婷、李文略、邹丽娜（萧山麻类综合实验站 / 浙江省萧山棉麻研究所）

丽亚娜抗倒、抗寒性较强，黑亚 10 号、黑亚 12 号丰产性较好。因此，在浙江推荐该 3 个品种为当前主栽品种。

适时适量早播：浙江冬播亚麻适种区（钱塘江以南）的水稻田一般以单季晚稻为主，10 月下旬收获。而浙江气温最低在次年 1—2 月，极端低温可达 –7 ℃，若持续时间长可对亚麻造成冻害。据试验观察：11 月上旬播种的亚麻，由于气温较低生长较慢，在 12 月下旬至翌年 1 月上旬可进入最耐寒的枞形期，因此 11 月上旬适时早播有利于亚麻保苗和安全越冬。由于浙江农区的耕作习惯为起垄栽培，土地的实际利用率为 60% ～ 70%（去掉沟），根据两年试验结果，浙江的冬播亚麻播种量掌握在 90 ～ 110 kg/hm² 为宜，春播（2 月下旬）可适当减少，均能达到较理想的出苗率。

免耕覆土栽培：机械或畜力翻耕在种植成本中所占比例较高，而且水稻翻耕整地较为费力，免耕可降低成本。2000 年冬进行了免耕与翻耕的对比试验。从试验结果可以看出免耕对出苗数及苗期对根系的生长均有所影响，尤其是板结田块不利扎根，直接影响到收获株数。但由于亚麻收获的个体数量大、生长过程中自我调节能力较强，免耕对收获时原茎产量的影响不大。在劳力紧张、机械操作不便的冬闲田可以采用免耕。免耕覆土栽培的操作方法是：收获水稻后的田块，先抛施基肥，然后用开沟机在晴天土壤干湿适当时，按连沟 1.5 m 的宽度，尽量深地开沟，使沟中的土翻于两边畦面时能全部覆盖，在覆盖的松土上均匀按播种量撒播种子，再用多齿平耙过一遍，使种子基本上能被松土覆盖，利于保湿、出苗。

适施基肥、快速生长前期看苗施肥：亚麻每生产 100 kg 原茎需从土壤中吸收氮 470 g、磷 70 g、钾 420 g。氮素吸收量以枞形期为最高，以后逐渐减少，到工艺成熟期有所增加。磷素的吸收以开花期为最高，工艺成熟期次之。钾素的吸收则以快速生长期和开花期为主。根据亚麻的需肥规律和三年的栽培试验结果，浙江的冬播亚麻，应在播前施复合肥 150 ～ 225 kg/hm²，快速生长前期看苗补施复合肥 150 kg/hm²、钾肥 75 kg/hm² 为宜，土壤肥沃、有机质含量高、亚麻生长势强的田块可少施。反之，适当多施。2002 年冬至 2003 年春，在前两年试验的基础上，进行品种、播种量、肥料三因素三水平的正交试验，试验结果表明，每公顷土地的肥料用量为 N 75.0 kg、P_2O_5 112.5 kg、K_2O 150 kg 时的产量最高，达 6 352.5 kg/hm²。因此，冬播亚麻的施肥原则为控氮、适磷、增钾，注意看苗施肥，以免施肥过少影响生长，过多引起倒伏。

二次化学除草：亚麻产量以群体取胜，苗多，苗与草混在一起很难清除，影响亚麻生长，尤其是水稻前作田块，单子叶草特别多且冬季一些生命力极强的双子叶草混在其中，给除草带来很大困难，经过 2000 年（2000 年冬至 2001 年春）和 2001 年（2001 年冬至 2002 年春）2 年试验，筛选出两个配方效果较好：用 50% 高渗异丙隆 1 275 ～ 1 875 g/hm² 或 60% 丁草胺 750 mL+25% 绿麦隆粉剂 1 500 g/hm² 在播后芽前进行处理，对亚麻没有明显不良影响，除草效果在 80% 左右，完全能达到控制草害的目的，较好地解决了草害问题，目前已在生产上大面积应用。在快速生长前期遇草害，如双子叶草多，可用 17.5% 的快刀乳油 1 050 ～ 1 350 mL/hm² 防除。若单子叶杂草多时可用 10.8% 的高效盖草能乳油 450 mL/hm² 或 5% 金禾草克乳油 750 mL/hm² 喷雾防治。

喷施适量植物生长调节剂，防止倒伏：亚麻茎秆较细，现蕾开花结果后头重脚轻。

此时南方又多风雨，极易造成倒伏，影响品质和产量，这亦是影响南方亚麻优质高产的关键因子。试验结果表明，在亚麻现蕾初期以 20 ～ 50 mg/kg 的烯效唑喷施植株，能增加亚麻茎粗和提高茎秆产量，调节植株上下比例，获得合理的株型，原茎产量比喷清水的对照增加 1.54%，倒伏率降低 75%。

适时收获： 亚麻工艺成熟期的确定直接关系到亚麻的纤维品质。工艺成熟期以三个"三分之一"为标准，即三分之一茎秆变黄，麻茎下部三分之一叶子脱落，麻田三分之一蒴果变黄。据 4 年试验的结果显示，无论冬播还是春播，浙江亚麻的收获适期皆为 5 月下旬至 6 月上旬，正好与中稻茬口相衔接。

六、稻茬纤维用亚麻免耕栽培技术 *

近年来，随着农村劳动力的大量转移，劳动力成本大幅度提高，传统的亚麻种植用工量较大，生产成本较高，比较效益较低，麻农积极性不高。制定和推广"稻茬纤维用亚麻免耕栽培技术"，能充分利用冬闲田、有效挖掘稻茬免耕栽培亚麻的增产潜力，可以节约劳力，节约灌水量，缓解茬口矛盾，降低耕作成本，提高亚麻种植效益。

"稻茬纤维用亚麻免耕栽培技术"在云南省宾川县、永平县、耿马县等水稻—亚麻两熟制地区示范获得成功。

大理州农业科学推广研究院经济作物研究所与国家麻类产业技术体系栽培与土肥研究室亚麻生理与栽培岗位科学家团队协作，在宾川开展亚麻少免耕技术试验研究，结果表明：不同少免耕行播方式的原茎产量在 11 439 ～ 12 540 kg/hm²，与正常翻耕种植的原茎产量无实质性差异，而且运用少免耕行播方式种植亚麻，每公顷节约耕地成本 1 500 ～ 2 250 元。2013—2014 年度，大理工业大麻亚麻试验站与国家麻类产业技术体系栽培与土肥研究室亚麻生理与栽培岗位科学家团队协作，在宾川县金牛镇仁和村基地建立冬季亚麻少耕免耕栽培示范区 1 hm²，2014 年 4 月 3 日通过国家麻类产业技术体系首席科学家办公室组织的专家组测产验收，免耕栽培示范原茎产量达 11 366 kg /hm²（图 8–16 至图 8–18）。

图 8–16 稻茬纤维用亚麻免耕栽培技术试验
（云南省宾川县）

图 8–17 稻茬纤维用亚麻免耕栽培生长情况
（云南省宾川县）

* 作者：朱炫[1]、陈晓艳[1]、邱财生[2]、王玉富[2]、王学明[1]、羊国安[1]、刘翠翠[1]、李建永[1]（1. 大理工业大麻亚麻试验站 / 大理州农业科学推广研究院；2. 亚麻生理与栽培岗位 / 中国农业科学院麻类研究所）

图 8-18 稻茬纤维用亚麻免耕栽培技术示范区田
间长势（云南省宾川县）

根据多年试验示范结果，由大理州农业科学推广研究院经济作物研究所、中国农业科学院麻类研究所和云南省农业科学院经济作物研究所共同协作，总结制定了《稻茬纤维用亚麻免耕栽培技术规程》（DG5329/T 50—2016），该地方规范由云南省质量技术监督局于 2016 年 12 月 16 日发布《云南省地方规范备案公告》（2016 年第 21 号），于 2017 年 2 月 10 日起实施。

（一）技术要点

（1）品种选择。选择适合云南省海拔 1300 ～ 2000 m 耕作区的自然环境和耕作制度及根系生长能力比较强的纤维用亚麻品种。种子质量符合 GB 4407.1 的要求。

（2）大田准备。水稻收获后根据土壤墒情及天气情况及时开挖厢沟、腰沟、围沟，要求做到沟沟相通，排灌方便。水稻收获时间较迟的田块可以在排水晒田时提前开挖。厢宽 2.0 m，厢沟宽 20 ～ 30 cm、深 20 cm，腰沟及围沟宽 20 ～ 30 cm、深 25 ～ 30 cm。低洼田要适当缩小厢宽并增加沟的深度。

（3）肥料使用准则。肥料施用按照 NY/T 496 规定执行。根据土壤肥力、产量目标来确定施肥水平，中等肥力田块，每公顷要获得 7 500 ～ 10 500 kg 的原茎产量，需施有机肥 15 ～ 22.5 t、尿素 450 ～ 600 kg、普通过磷酸钙 375 ～ 675 kg、硫酸钾 225 ～ 375 kg、硼砂 15 ～ 30 kg。氮肥按照底肥：枞形期追肥：快速生长期追肥为 3∶3∶4 进行分配，磷、钾、硼肥全部用作底肥。

（4）农药使用准则。按照 GB 4285、GB/T 8321（所有部分）规定执行。不使用国家明令禁止使用的农药。

（5）栽培管理

①播前除草：水稻收获后及时进行化学除草，清理残茬及杂草。在播种前 5 ～ 8 d，每公顷用 20% 的草铵膦水剂 4500 ～ 6000 mL 兑水 750 ～ 900 L 喷雾防除残茬及杂草。

②底肥：有机底肥应该在水稻收获后及时施入，无机底肥在播种时施入。

③播种

选用良种：选用由种子部门或亚麻生产企业统一提供的种子田上生产的合格良种。新引进的纤维用亚麻品种，原则上其原茎单产应比当地推广品种增产 5% 以上、全麻率在 30% 以上，具有高产、高抗、广适等特性。

种子处理：播种前晒种 1 ～ 2 d，并用种子重量 0.2% ～ 0.3% 的 50% 多菌灵可湿性粉剂或 70% 甲基硫菌灵可湿性粉剂等杀菌剂拌种。

播种时期：播种时期为 9 月下旬至 10 月中旬。

播种方式：播种方式以撒播或机械条播为宜，机械条播沟底间距为 15 ～ 20 cm、沟深为 1 ～ 3 cm，播种时要求落籽均匀。

播种量：每公顷播种量为 135 ～ 150 kg。土壤墒情和灌溉条件差、种子千粒重高、发芽率低宜增加播种量；土壤墒情和灌溉条件好、种子千粒重低、发芽率高宜减少播种量。

基本苗：每公顷基本苗为 1 275 万～ 1 800 万株。

覆草盖籽：人工撒播的田块，播种后应覆盖一层干稻草，干稻草的用量为 0.25 ～ 0.35 kg/m^2。

④灌水保墒：土壤墒情不好的田块，在亚麻播种完成后 2 d 内及时灌水。以厢沟水浸湿厢面为宜，不宜上厢漫灌。根据土壤墒情和亚麻生长状况，于枞形期、快速生长期、开花期、成熟期酌情辅以人工灌溉，保持土壤田间持水量在 65% ～ 75%。

⑤追肥：在枞形期，苗高 8 ～ 12 cm 时，每公顷追施尿素 135 ～ 180 kg；快速生长初期，每公顷追施尿素 180 ～ 240 kg。

⑥苗期除草：在亚麻苗高 10 ～ 15 cm、禾本科杂草 2 ～ 3 叶、阔叶杂草 2 ～ 4 叶期，每公顷用 30% 草除灵悬浮剂 600 mL+20% 精喹禾灵乳油 600 ～ 750 mL 或 56% 二甲四氯钠盐 750 g+20% 精喹禾灵乳油 600 ～ 750 mL 兑水 750 L ～ 900 L 及时进行叶面喷雾。

⑦病虫害防治：主要病虫害防治方法见表 8-3。

表 8-3　主要病虫害及防治方法

病虫害类型		农业防治	化学防治
病害	立枯病	选用抗（耐）病品种；播前清除田间病残组织，选用无病种子，以减少初侵染源合理施肥，氮、磷、钾比例适中，并搭配适当微量元素肥，提高植株抗病能力	在亚麻幼苗期，选用 70% 甲基硫菌灵可湿性粉剂 800 ～ 1 000 倍液、50% 福美双可湿性粉剂 500 ～ 600 倍液或 50% 多菌灵可湿性粉剂 500 ～ 600 倍液等药剂进行喷雾防治 1 ～ 2 次
	炭疽病		在病害初发时，选用 60% 咪鲜·嘧菌酯可湿性粉剂 500 ～ 600 倍液、80% 福美双可湿性粉剂 800 ～ 1 000 倍液、75% 百菌清可湿性粉剂 600 ～ 800 倍液或 70% 甲基硫菌灵可湿性粉剂 800 ～ 1 000 倍液等药剂进行喷雾防治，7 ～ 8 d 喷一次，连续防治 2 ～ 3 次
	白粉病		在病害初发时，选用 40% 氟硅唑乳油 4 000 ～ 5 000 倍液、20% 苯醚甲环唑水分散粒剂 4 000 ～ 5 000 倍液或 25% 三唑酮可湿性粉剂 500 ～ 600 倍液进行喷雾防治，7 ～ 8 d 喷一次，连续防治 2 ～ 3 次
	锈病		在发病初期选用 25% 三唑酮可湿性粉剂 500 ～ 600 倍液或 50% 多菌灵可湿性粉剂 500 ～ 600 倍液进行喷雾防治，7 ～ 8 d 喷一次，连续防治 2 ～ 3 次

病虫害类型		农业防治	化学防治
虫害	夜蛾类、尺蛾类、叶甲类	—	在幼虫 3 龄前，选用 20% 氯虫苯甲酰胺乳油 3 000～4 000 倍液、10% 高效氯氰菊酯乳油 2 000～3 000 倍液或 5% 甲维盐水分散粒剂 3 000～4 000 倍液及时防治
	地下害虫	—	在播种后，灌出苗水前，每公顷用 5% 辛硫磷颗粒剂 15～30 kg 拌土进行撒施，防治地下害虫

（6）收获

①适时收获：当亚麻处于黄熟期时，全田有 1/3 的蒴果呈黄褐色，1/3 的麻茎呈浅黄色，麻茎下部 1/3 的叶片脱落即可收获。

②收获方式：采用机械或人工收获的方式进行收获，在晴天晨露消失后及时进行。人工收获做到分类拔麻，挑净杂草、捋净根土、根墩齐节，按照 GB/T 13833 分级扎把，每把直径 10～15 cm，用毛麻作绕，捆扎于根部上端 7～10 cm 处，铺开于田间晾晒至 8～9 成干时，及时脱粒，晒干销售。

（二）适宜区域

该技术适用于云南省海拔 1300～2000 m 水稻—亚麻两熟制地区的纤维用亚麻免耕栽培，亦可供其他自然环境、耕作栽培条件类似的地区参考。

（三）注意事项

（1）把好播种前和亚麻苗期化学除草关，农药使用应符合 GB 4285、GB/T 8321.1、GB/T 8321.7 及农业农村部相关公告的规定。

（2）播种后注意及时覆盖干稻草，根据土壤墒情灌好出苗水，把好出苗关。

七、纤维用亚麻秋播高产高效栽培技术 *

云南具有得天独厚的气候优势，很多地区从 10 月至次年 4 月的气温、降水量、日照、积温等正好符合亚麻生长需要，冬季有充足的土地资源，种植亚麻产量高、质量好、增产潜力大，尤其是在云南可以实现种子和纤维双高产，成为南方冬季亚麻的最佳生产地区和我国冬季亚麻的主产区，云南省亚麻种植面积曾达 26 666 hm²。"纤维用亚麻秋播高产高效栽培技术"主要内容涉及秋播纤维用亚麻选地、整地、施肥、选种、种子处理、播种、田间管理、病虫害防治、收获技术等。推广该项技术能解决秋播纤维亚麻生产中

* 作者：朱炫[1]、陈晓艳[1]、刘其宁[1]、王学明[1]、羊国安[1]、王玉富[2]、邱财生[2]、刘翠翠[1]、李建永[1]（1. 大理工业大麻亚麻试验站 / 大理州农业科学推广研究院；2. 亚麻生理与栽培岗位 / 中国农业科学院麻类研究所）

土肥水管理技术缺失或不到位，收获时期把握不准确影响纤维亚麻的产量和品质的问题，有利于充分、有效地挖掘秋播亚麻的增产潜力，提高云南省秋播亚麻产量质量水平，促进云南省亚麻产业健康发展，对提高秋播亚麻生产的经济效益、社会效益和生态效益具有重要意义。

"纤维用亚麻秋播高产高效栽培技术"在云南宾川、永平、耿马、腾冲等水稻—亚麻两熟制地区多点示范获得成功。

2016—2020 年，大理工业大麻亚麻试验站与宾川、弥渡、永平、耿马和腾冲等示范县合作建立示范基地，选用中亚麻 4 号、云亚 1 号、华亚 6 号等优质高产新品种，配套"纤维用亚麻秋播高产高效栽培技术"，建立示范区 15 hm²，平均原茎单产达 10 394 kg，比对照增产 18.55%。2013—2014 年度，大理亚麻试验站与国家麻类产业技术体系耕作与栽培研究室亚麻生理与栽培岗位科学家团队共同协作，在宾川示范县金牛镇仁和村基地建立纤维用亚麻秋播高产高效栽培技术示范区 1 hm²，2014 年 4 月 3 日测产验收，示范区平均原茎产量达 11 897 kg/hm²。

根据多年试验示范结果，由大理州农业科学推广研究院、中国农业科学院麻类研究所和云南省农业科学院经济作物研究所共同协作，总结制定了《纤维用亚麻秋播高产栽培技术规程》（DG5329/T 34—2015），该地方规范由云南省质量技术监督局于 2016 年 1 月 11 日发布《云南省地方规范备案公告》（2016 年第 2 号），于 2015 年 12 月 1 日起实施。

（一）技术要点

（1）选地整地。选择地势平坦、土层深厚、土壤肥沃、排灌方便、pH 值在 6.5 ～ 7.0 的沙壤土、鸡粪土为宜。播种前要求精细整地，开沟理墒，使墒面表土疏松细碎，做到田平、土细、沟直，墒沟、腰沟、围沟配套。一般以 200 cm 开墒，沟深 20 cm、宽 30 cm 为宜。

（2）适时播种

①选用良种：选用由种子部门统一提供的合格生产种。云南省生产基地内选用的纤维用亚麻新品种，其原茎单产应比当地推广品种增产 5% 以上、长麻率在 15% 以上、全麻率在 30% 以上，具有高产、高抗、广适等特性。

②种子处理：播种前晒种 1 ～ 2 d，并用种子重量 0.2% ～ 0.3% 的多菌灵或甲基硫菌灵等杀菌剂拌种。

③播种时期：云南省秋播纤维用亚麻在 10 月内播种为宜，以寒露至霜降节令内播种为佳。

④播种方式：纤维用亚麻播种方式以撒播或条播为宜，播种时要求落籽均匀，种子入土 2 ～ 3 cm，且覆土厚度一致，播后适当镇压。

⑤播种量：云南省秋播纤维用亚麻每公顷播种 112 ～ 135 kg 为宜，在一定生产条件下，具体播种量要根据土壤墒情、灌溉条件、种子千粒重和发芽率等因素而定。土壤墒

情和灌溉条件较好，种子千粒重低、发芽率高的宜减少播种量；土壤墒情和灌溉条件较差，种子千粒重高、发芽率低的宜增加播种量。

⑥基本苗：每公顷基本苗为 1 275 万～ 1 800 万株。

（3）科学施肥

①施肥数量：根据土质、产量目标来确定施肥水平，中等肥力田块，每公顷要获得 7 500 ～ 12 000 kg 的原茎产量，需施有机肥 15 ～ 22.5 t、尿素（含 N ≥ 46%）300 ～ 525 kg，普通过磷酸钙（P_2O_5 ≥ 16%）375 ～ 675 kg、硫酸钾（K_2O=50%）225 ～ 375 kg，硼、锌、铜、钼等微量元素肥料适量。

②施肥技术：亚麻施肥应以基肥为主，基肥与追肥相结合，采取"重施底肥和中层肥、足施枞形肥和蕾肥、巧施微肥"的技术。

③施肥方法：将有机肥结合整地翻耕入土作底肥；磷、钾肥总量和氮肥总用量的 50% 均匀混合，结合理墒集中施于 5 ～ 8 cm 耕层作中层肥；在枞形期用氮肥总量的 30%、快速生长期用氮肥总量的 20% 进行追施，其中，快速生长期的追肥应在现蕾前结束。氮素化肥的施用亦可采用中层肥 70%、蕾肥 30% 的方法。在缺素田块上，于枞形期和快速生长期各喷施 0.2% ～ 0.3% 的硼、锌、铜、钼等复合微肥水溶液一次，或每公顷基施上述复合微肥 30 ～ 45 kg。

（4）灌水。根据土壤墒情和亚麻生长状况，于播种后 2 d 内、枞形期、快速生长期、开花期、成熟期酌情辅以人工灌溉，保持土壤田间持水量在 65% ～ 75% 为宜。亚麻灌溉用水质量按 GB 5084 规定执行。

（5）病虫草害防治

①防治原则：贯彻"预防为主，综合防治"的植保方针，农业防治、物理机械防治、生物防治和化学防治相结合。

②植物检疫：禁止检疫性病虫草害从疫区传入，不得从疫区调运种子，一经发现立即销毁。

③化学除草

芽前除草：在亚麻播种结束后 1 ～ 2 d 进行。每公顷可选用 90% 异丙甲草胺 1800 ～ 2250 mL、50% 乙草胺 1500 ～ 1800 mL、50% 丁草胺 1 500 ～ 1 800 mL 等除草剂兑水 900 ～ 1125 L 对湿润的土壤表面进行全面均匀喷雾。

苗期除草：在亚麻苗高 10 ～ 15 cm、禾本科杂草 3 ～ 4 叶、阔叶杂草 2 ～ 4 叶期，杂草基本出齐时，每公顷选用 56% 二甲四氯钠盐 750 g+50% 敌草隆粉剂 750 g 或 56% 二甲四氯钠盐 750 g+20% 精喹禾灵乳油 600 ～ 750 mL 兑水 750 ～ 900 L 及时进行叶面喷雾除草。

④病虫害防治：主要病虫害防治方法见表 8-4。

表 8-4 主要病虫害防治方法

病虫害类型		农业防治	化学防治
病害	立枯病	选用抗（耐）病品种；播前清除田间病残组织，土地深翻，精细整地并选用无病种子，以减少初侵染源	在亚麻幼苗期，选用 70% 甲基硫菌灵可湿性粉剂 800 倍液、50% 福美双可湿性粉剂 500 倍液、50% 多菌灵可湿性粉剂 500 倍液、75% 百菌清可湿性粉剂 800 倍液等药剂进行喷雾防治 1～2 次
	炭疽病		在苗期病害初发时，选用 60% 咪鲜·嘧菌酯可湿性粉剂 500 倍液、80% 福美双可湿性粉剂 800 倍液、50% 多菌灵可湿性粉剂 500 倍液或 70% 甲基硫菌灵可湿性粉剂 800 倍液等药剂进行喷雾防治。不同药剂交替使用，7～8 d 喷一次，连续防治 2～3 次
	白粉病	与禾本科或豆科等作物实行年度轮作，减少病菌在土壤中的积累	在枞形期病害初发时，选用 40% 氟硅唑乳油 4 000 倍液、50% 乙醚酚·醚菌酯·三唑酮可湿性粉剂 800 倍液、70% 甲基硫菌灵可湿性粉剂 1 000 倍液进行喷雾防治。结合其他病害的防控，连续防治 2～3 次
	锈病	合理施肥，氮、磷、钾比例适中，并搭配适当微量元素肥，提高植株抗病能力	在发病初期选用 25% 三唑酮可湿性粉剂 500 倍、75% 百菌清可湿性粉剂 500 倍、50% 多菌灵可湿性粉剂 500 倍进行喷雾防治，结合其他病害的防控，连续防治 2～3 次
虫害	灰条夜蛾、尺蠖、黏虫	—	在幼虫 3 龄前，选用 BT 除虫剂或菊酯类农药及时防治
	跳甲	—	亚麻出苗、虫害出现时，选用高效氯氰菊酯等药剂及时进行喷雾防治

（6）适时收获

①收获适期：当亚麻处于黄熟期时，全田有 1/3 的蒴果呈黄褐色，1/3 的麻茎呈浅黄色，麻茎下部 1/3 的叶片脱落即达工艺成熟期，是收获的最佳时期。

②收获方式：采用机械或人工收获的方式进行收获。人工收获应注意抢晴天，在早上晨露消失后及时进行，做到分类拔麻，挑净杂草、摔净根土、根墩齐节，按照 GB/T 13833 分级扎把，把径 10～15 cm，以毛麻作绕，捆扎于根部上端 7～10 cm 处，铺开于田间晾晒至 8～9 成干时，及时脱粒，晒干销售。

（二）适宜区域

该技术适用于云南省海拔 1300～2000 m 水稻—亚麻两熟制地区的纤维用亚麻秋播栽培（图 8-19），亦可供其他自然环境、耕作栽培条件类似的地区参考。

（三）注意事项

（1）把好化学除草关，农药使用应符合 GB 4285、GB/T 8321.1、GB/T 8321.7 及农业农村部相关公告的规定。

（2）播种后注意根据土壤墒情灌好出苗水，把好出苗关。

图 8-19　纤维用亚麻秋播高产高效栽培技术示范区田间长势（云南省宾川县）

⌐ 第九章　黄/红麻 ⌐

一、菜用黄麻高产栽培技术 *

菜用黄麻是一种营养丰富、古老又新兴的食药兼用型保健蔬菜。由于菜用黄麻嫩茎叶生长速度快，可多次采收（图 9-1），在实践操作中栽培技术显著区别于传统纤维用黄麻的栽培技术，具体栽培技术要点如下。

（一）技术要点

（1）品种选择。菜用黄麻的品种有长果种和圆果种两个品种，在栽培上以长果种为主，广东潮汕一带则以圆果种为主。福建农林大学选育的福农系列菜用黄麻品种，具有富硒高钙高营养价值等特点。品种腋芽发达，叶片长卵圆形，叶色浓绿，生长旺盛，抗病性强，具有适口性好、嫩茎清脆、叶清润滑、风味上佳和营养价值高等特点。全生长期不需施用农药，全生育期 170 ~ 180 d，是绿色、环保、健康的新型蔬菜品种，目前已在全国各地推广种植。

（2）土地选择。菜用黄麻根系发达，喜湿怕涝，不耐干旱，应选择排灌方便、土层深厚且富含有机质的壤土为宜。

（3）整地作畦。由于菜用黄麻是连续采收的且生长期长，对肥料的要求较高，在整地前应施入充足的有机肥作基肥，一般每公顷施腐熟的有机肥 22 500 kg、豆粕 1 500 kg、硫酸钾 300 kg、硫酸镁 225 kg，均匀撒施后进行旋耕，使肥料与土壤充分混合，按畦带沟宽 120 cm 整地作畦，畦高 20 ~ 25 cm。

（4）育苗。菜用黄麻可采用苗床育苗或穴盘育苗两种方式，于 3 月中旬播种，苗床育苗需均匀适量播种，穴盘育苗每穴播一粒种子，播种后要保持土壤或穴盘基质的湿度，确保齐苗，10 ~ 15 d 出苗，苗龄 40 d 左右，每公顷种植地用种量约为 1.5 kg。

———————

* 作者：方平平 [1]、徐建堂 [1]、洪建基 [2]（1. 黄麻品种改良岗位 / 福建农林大学；2. 漳州黄 / 红麻试验站 / 福建省农业科学院）

移栽种植　　　　　　　　　　　　　　育苗

直播种植　　　　　　　　　　　　间苗、培土

采收　　　　　　　　　　　　　　装箱

图 9-1　菜用黄麻种植与采收

（5）定植。当苗长至 15 cm 时即可定植，株行距 20 cm×50 cm，每公顷定植 10 万株，定植后要浇足定根水，确保苗的成活率。

（6）田间管理

中耕除草：菜用黄麻生长期间需进行中耕除草，以保持土壤疏松，促进植株生长。生长前期可结合浅中耕除草 2～3 次，植株封行后主要采用人工拔草，以免破坏根系。

合理排灌：菜用黄麻喜湿怕涝，不耐旱，要合理排灌，田间相对湿度应保持在 70% 左右有利于植株生长。缺水时植株生长慢，叶片小且色淡。水分过多则容易导致植株死亡。

摘心打顶：当菜用黄麻的植株长至高 50～60 cm 时进行摘心，抑制徒长，促进分枝。

追肥：当苗成活后，追施一次提苗肥，每公顷用 150 kg 的三元复合肥兑水浇施，以后每采收一次需追肥一次，每公顷施三元复合肥 300 kg，具体施肥量要根据植株的长势情况而定。植株长势弱，则可适当增加施肥量。

（7）适时采收。当菜用黄麻的植株长至 50 ～ 60 cm 高时进行第一次采摘，后每 10 d 左右采收一次，采收后追施复合肥（见追肥部分），采收至 8 月下旬菜用黄麻现蕾开花为止。菜用黄麻的心叶鲜嫩，应该在早上露水未干前采收或傍晚采收，以避免水分过度蒸发，发生萎蔫。采收后的菜用黄麻要用透气周转筐装，并置于阴凉处。

（二）适宜区域

我国不同纬度区域均可种植菜用黄麻，但是具体播种期要进行适应性试验。

（三）注意事项

本技术适用于福建省及华南地区，全国其他区域使用本技术需要根据当地气候、栽培和采收习惯进行适度调整。

二、纤用黄麻高产栽培技术 *

适时播种：福黄麻系列黄麻新品种大部分属于中晚熟品种，播种至开花时间长，适时早播可提高纤维产量。福建中部以南宜在 4 月初播种为宜。

合理密植：每公顷植 18.0 万～ 22.5 万株，用种量 7.50 ～ 10.0 kg/hm²。

科学施肥：黄麻需肥量大，以氮肥为主，配合一定的磷钾肥。

及时排灌：黄麻苗期耐湿性差、生长慢，要加强田间排水和中耕除草。

纤用黄麻与菜用黄麻栽培比较见表 9-1。

表 9-1　纤用黄麻与菜用黄麻栽培比较

项目 品种	用种量	播种时间	种植密度	收获时间	产量 （kg/hm²）
纤用黄麻	用种量 7.50 ～ 10.0 kg/hm²	4 月中上旬、气温 15 ℃以上	18.0 万 ～ 22.5 万株 /hm²	153 d（工艺生长期）	6 997.5（原麻）
菜用黄麻	用种量 1.5 kg/hm²	4 月中上旬、气温 15 ℃以上	9.0 万 ～ 12.0 万株 /hm²	30 d（株高 50 cm）首次采摘，后每 10 d 采摘 1 次	29 700（嫩茎叶）

三、红麻盐碱地高产栽培技术 **

红麻属于一年生速生纤维作物。它原产于非洲，耐干旱贫瘠、耐盐碱，能在 0.3% ～ 0.5% 的盐碱地生长。红麻出苗快、苗期不耐涝，在地势低洼积水区生长缓慢。

———————————
* 作者：方平平（黄麻品种改良岗位 / 福建农林大学）
** 作者：李建军、李德芳（红麻品种改良 / 中国农业科学院麻类研究所）

盐碱地容易板结结壳，如果没有足够的雨水，导致红麻出苗难。

针对盐碱地的特殊环境，根据当地气候条件，特别是播种时期的降水概率，同时考虑品种、播期、覆盖模式和水肥管理等条件，研究出红麻高产稳产的农艺措施。

该成果在山东东营和潍坊、江苏盐城、新疆阿拉尔等地共计推广 60 余 hm²，实现了红麻生物学产量达到 22.5 kg/hm²，实现红麻全秸秆收获，降低土壤盐分含量，提升地力水平，促进工农业的可持续发展。

（一）技术要点

从播期、栽培模式考虑，先后在 4 月 20 日、5 月 14 日播种，播种方式采用小型机械和大型机械播种，播种密度采用行距为 26 cm、39 cm 的播种方式，控制用种量为 0.9～1.5 kg，种子发芽率在 80%。一般在播种后浇水 2 次，施药 2 次（主要防治蚜虫）。

（1）土地选择。对于山东、新疆等盐碱地土地，将土地厢面整平，厢面宽度适应机械化操作，不需要采用深沟渠形式，以喷灌设备区域作为通风区即可。将基肥翻耕入田地，每公顷施复合肥（15-15-15）50～60 kg。

（2）品种选择。盐碱地要求在有限的时间内快速出苗，盐碱地一遇天晴就容易板结，出现结壳现象。因此杂交种的优势强，出苗快，在较短的时间内能突破表土层，抗逆性强。宜选择中杂红 1701、中杂红 1902、中杂红 368 为主的杂交种作为种植推广品种。不宜采用发芽势较弱的陈种子。

（3）播种。播种时间宜在温度稳定在 15 ℃以上，大约 4 月下旬至 5 月上中旬，一般在雨水来临前 3～5 d 播种。红麻播种量为每亩 1.5～1.8 kg，播种密度采取 26 cm、26 cm、39 cm 的形式，播种深度大约为 3 mm，轻轻覆土即可，不宜播太深。如果盐度在 0.5% 以上，播种行距 26 cm 左右，以机器宽度为准，每机器宽度间隔 50～60 cm。5月上中旬播种不需要覆膜，在播种前 3～5 d 进行除草药剂喷施，确保出苗后 20～30 d 内无草害。

（4）水肥管理。出苗期，遇上干旱时，需要 2～3 d 喷一次水，一般喷 2～3 次，确保齐苗。一般以日常降水即可。遇上特别干旱时，生长期需要每 10～15 d 浇灌 1 次，以漫灌为主。重盐碱地在苗期需要湿润，降低盐分浓度，如果叶色不变淡或发黄，一般不需要追肥。

（5）病虫害防治。北方病虫害防治主要看周边种植的作物，特别对锦葵科作物（如棉花）病虫害在苗期和旺长期要同步防治 2～3 次，主要在苗期注意防治蚜虫和地老虎。在蔬菜重茬地注意防治线虫病。

（6）机械收获。在盛花期或收获前 7～15 d，利用无人机在无风晴朗天气喷洒"白生生"脱叶剂每公顷 300～450 g，乙烯利 1 000～1 500 g，使麻叶脱落，进入收获期，利用机械收获。

（7）技术综合分析。从播期、栽培模式考虑，先后在 4 月 20 日、5 月 14 日播种，播种方式采用小型机械和大型机械播种，播种密度采用行距为 26 cm、39 cm 的播种方式，控制用种量为 0.9～1.5 kg，种子发芽率在 80%。其间在播种后浇水 2 次，施药 2次，主要防治蚜虫（与棉田相邻）。种植行距为 39 cm，容易造成红麻在 2/3 高度处分枝，分枝率在 50% 以上；行距为 26 cm，播种量为 1.5 kg 的种植模式红麻分枝率少，仅为 10% ～ 15%。小机械播种（1.3 hm²/d）和简约化高产栽培模式（20 hm²/d）比较，在播种前有效防除杂草，简约化高产栽培模式产量高、分枝少。从产量看，红麻干茎得率在 28.23% ～ 29.97%，不同播种方式和播种时间差异不明显；品种间干茎得率差异也不明显（表 9-2）。

表 9-2　不同播种方式产量比较　　　　　　　　　　（单位：kg）

栽培方式	试验 I 产量 （鲜重 / 干重）	试验 II 产量 （鲜重 / 干重）	小区产量 （鲜重 / 干重）	干茎得率 （%）	亩产量 （鲜重 / 干重）
覆膜早播	39.05/11	34.80/10.15	36.92/10.57	28.63	5 127/1 468
未覆膜早播	35.1/10.5	27.6/7.2	31.35/8.85	28.23	4 354/1 229
未覆膜迟播	39.15/11.6	30.25/9.2	34.7/10.4	29.97	4 819/1 444
简约化中 18	34.05/10.4	33.9/9.8	33.98/10.1	29.72	4 719/1 403
简约化 H1701	39.75/11.6	38.6/11.5	39.18/11.55	29.48	5 442/1 604

（二）适宜区域

适宜盐碱地浓度小于 0.5% 的全国麻区。

（三）注意事项

适应盐碱地浓度在 0.5% 的地区种植，浓度超过 0.8% 严重影响产量甚至绝收。需要开深沟持续进行清水洗盐和压盐技术。对播种前的盐碱地进行压盐处理，采用起垄的方法，开沟尽量深，播种后湿润出苗，保证齐苗。可以条播或者撒播，每亩播种 1.6 ～ 1.8 kg，前期不间苗，确保有足够的苗数。采用覆膜技术，减少水分蒸发量，降低盐分含量。条件允许的话，灌溉淡水，尽量保持土壤湿润。

四、豫南地区黄 / 红麻高效生产技术 *

由于黄麻和红麻具有类似的用途，在国民经济统计年报中常常习惯于将它们合称为黄 / 红麻，二者无论在中国还是世界范围内占天然纤维类植物的生产和消费总量的比重均排名第二，仅次于棉花，其生长周期短（4 ～ 5 个月）而生物产量大，同时具有极强的二氧化碳吸收能力，被誉为环境友好型作物。

河南省是我国红麻主产区之一，主要分布在信阳的息县、固始、潢川等县区，20 世纪 80 年代种植面积曾达到 11.98 万 hm²，虽然随着时间的推移、各方面因素导致麻类种植面积减少，但信阳麻类综合试验站始终坚持黄 / 红麻种植研究不松懈，现就多年来试验站集成的高效生产技术介绍如下。

---

* 作者：潘兹亮、张丽霞、史鹏飞（信阳麻类综合试验站 / 信阳市农业科学院）

（一）科学播种

（1）播期的确定。总体上坚持"适时早播"的原则，春麻每年 4 月中上旬至 5 月中上旬，夏麻每年 5 月中下旬至 6 月中上旬，最晚不迟于 6 月底。播种时应抓住冷尾暖头抢晴天及时完成。

（2）品种的选择。黄/红麻特性不同，对土地和气候的适应性也不一样，故而要因地制宜选用良种，所选用的高产品种须满足工艺生长日数在 130 d 以上，才能获得高产且优质的纤维。

（3）精选种子。生产实践证明，精选种子是培育早苗、齐苗、壮苗的一项有效措施。播种用的种子要经过风选和筛选，除去瘪籽、嫩籽以及杂质，挑选饱满、大小均匀、色泽新鲜且发芽率高（90% 以上）的种子播种，从而提高出苗率和达到苗全苗齐苗壮的要求（图 9-2）。

图 9-2　黄麻种子（左）、红麻种子（右）

（4）选地与整地。黄/红麻对土地的要求不严格，适宜在 pH 值 6 ～ 8 的土壤中生长，其根系长达 1 m 以上，入土较深，以土层深厚、富含有机质和氮素，排水良好的沙壤土为宜，播前深翻耕、细整地，做到地面平坦，上虚下实，没有坷垃（图 9-3）。整地质量差，播种后不仅出苗慢、不整齐，还容易引起"吊死苗"。

图 9-3　犁地、施基肥

（5）播种量及播种方式。播种量由种子质量决定，发芽率在 90% 及以上的种子，红麻用种量 22.5 kg/hm^2，黄麻用种量 11.5 kg/hm^2，种子发芽率低于 90% 应按比例酌情增加播种量。

播种采用起垄条播，垄上双行，一般行距 30 ～ 40 cm，有条件的地方精播机播种，播深 3 ～ 4 cm。播种时要求下籽均匀，深浅一致，覆土良好，播后轻压（图 9-4）。

图 9-4 机械起畦及精播机播种

（二）科学施肥

黄 / 红麻根系发达，生物产量高，需肥量大，根据其生育期特点科学施肥，有助于高产。

（1）轻施基肥。"苗壮先壮根，壮根苗先发"，壮苗的关键是施好基肥，基肥可以持续不断地供给麻株生长所需的养分，给根群生长创造良好的土壤环境，基肥应一次施足，配合整地均匀施用 N-P$_2$O$_5$-K$_2$O（15-15-15）的三元复合肥 600 ～ 750 kg/hm^2 作基肥，种植越冬绿肥作物（如紫云英、箭筈豌豆、毛叶苕子等）的田块可以适当减少复合肥施用量 20% 左右。

（2）早施、重施旺长肥。黄 / 红麻旺长期群体光能利用率高，对氮磷钾吸收量明显增加，因此旺长期是麻作生育期内吸收养分量最大的时期，施肥要坚持早施、重施的原则，分别施用尿素 75 ～ 112.5 kg/hm^2 和氯化钾 37.5 ～ 75 kg/hm^2，进而满足麻作根系和地上部植株快速生长的需求，施旺长肥时应避免撒施不匀，引起田间麻株相互竞长，造成生长不齐、笨麻增多，出麻率降低等情况。

（3）稳长期施肥。进入稳长期后，株高生长减缓，进入茎粗生长高峰期，此阶段是纤维累积重要时期，后期管理跟不上，就会造成早衰落叶，影响纤维产量，达不到高产的目的。因此，黄 / 红麻后期管理至关重要。在麻作株高 2 m 左右时追施一次壮尾肥，视麻株生长情况，施用尿素 37.5 ～ 45 kg/hm^2 和氯化钾 75 ～ 150 kg/hm^2，有条件的还可配施适量有机肥，防止后期脱肥早衰，促进黄 / 红麻稳长稳发，增强抗风抗倒能力，有利于茎秆与纤维发育。若黄 / 红麻叶片浓绿，可不追施。

（三）田间管理

（1）间苗与定苗。合理控制群体，可以有效调整个体与群体的矛盾，提高光能利用率，因此间苗、定苗是保证密植高产的关键措施之一（图 9-5）。间苗应遵循"去小留大，去密留稀"的原则，以叶不搭叶为标准。

黄/红麻苗期管理重在抓全苗，育壮苗。一般麻苗长到2~3节真叶时，要进行一次间苗。间苗主要是去掉弱苗、病苗、杂苗。4~5片真叶时可根据情况再进行一次间苗。5~6片真叶时定苗。定苗数控制在每公顷22.5万株，后期有效株能达到每公顷18万株为宜。

图9–5　间苗与定苗

（2）中耕与培土。中耕是苗期的重要管理措施，具有松土除草、散湿增温、促下控上、使幼苗主根深扎和较早较快地生长侧根的作用。麻田要早中耕、细中耕，一般中耕两次，除结合间、定苗进行中耕外，在麻田封行前再进行一次中耕。

培土的时期在快速生长期。培土可使幼苗根系深扎，控制旺苗长势，促进弱苗赶上壮苗，以提高麻田群体的整齐度，这样麻株群体在以后能均衡生长、减少弱株，以防后期倒伏。如在8月底遇强对流天气造成倒伏，则应紧急人工扶麻。具体做法是，把邻近两行的红麻扎成三角形或"人"字形的红麻束，使其相互支撑，能大大增强抗风能力（图9–6）。

图9–6　麻株扎把防止倒伏

（3）拔除笨麻。后期拔除笨麻也非常重要。笨麻是指那些株高只达正常株高2/3以下的矮小麻株，笨麻麻皮薄、经济价值低，且易招致病虫，又与正常麻株争夺水分、养分，妨碍通风透光。因此，红麻生育后期应拔除笨麻，以改善麻地通风透光条件，利于正常麻株生长，提高品质和产量。

（4）科学管水、以水调肥。黄/红麻苗期生长量小，需水较少，而春季雨水多，应以排渍为主，保持土壤干湿适度，以促进根系发育。

旺长期黄/红麻生长量大，生理代谢旺盛，缺水会影响生长发育，旺长期及时补充水分，还可以达到以水调肥，促进微生物活动和有机物质分解与释放养分。需要注意的是，虽然黄/红麻具有较强耐涝能力，但苗期怕渍涝，积水时间长，便会导致烂根黄叶和死苗，兼之这一时期适逢黄淮流域梅雨季节，所以要经常清理三沟，保证"明水能排，暗渍能滤"，达到雨住田干的效果。

8月中下旬以后，黄/红麻生长后期至收获前，雨水少，天气晴热，日照强，黄/红麻叶面蒸腾量和地面蒸发量大，所以要经常灌水防旱，在傍晚采取沟灌，水不要漫过畦面，使水渗透在畦中，保持畦土湿润不发白。气温较高，强对流天气较多，应注意灌溉和排涝相结合。

五、长江流域麻区黄麻高产高效栽培技术研究 *

因地制宜，选用良种：黄麻品种特性的不同，对土地和气候的适应性也不一样，因此，因地制宜选用黄麻良种是获得黄麻高产的基础。所选用的高产品种必须满足 135～150 d 工艺成熟期所需生长日数的要求，才能获得高产优质的纤维。以选用福黄麻 3 号和中黄麻 4 号为宜。

水旱轮作，防草防病：黄麻连作易导致病虫草害的大发生。水旱轮作可以有效减少病虫草害的大发生，提高黄麻产量。特别是根结线虫病，水旱轮作具有显著预防效果。

深耕细作，施足基肥：黄麻是深根作物，深耕细整是保证一播全苗、实现高产的重要基础，有利于创造疏松深厚的耕作层，保持土壤良好的透气性，促进根系生长。一般播前 15 d 左右，深耕 50 cm 左右，同时深施有机肥料 6 t/hm²，待播。

适时早播，合理密植：要达到较高的生物产量，除了选用迟熟高产品种外，延长生育期（营养生长）是有效措施之一。一般在 4 月中下旬播种。机械起垄、开沟，畦连沟宽 1.3 m。因播种较早，一般墒情不佳，为确保出好苗，不能采用精量播种，应按常规播种 11.25 kg/hm²，播后应踩踏播种沟镇压。如果土壤墒情好，且为黏土，则不必镇压，以免导致土壤板结。播种镇压后面施复合肥 225 kg/hm² 作种肥，再盖籽。为防止草害，减少苗期培管用工，播后芽前用 60% 丁草胺乳油 150 mL 加溴氰菊酯乳油 80 mL（有效成分 25 g/L）兑水 25 kg 倒退喷雾畦面。齐苗后用 50% 多菌灵可湿性粉剂 80 g 加 90% 噁霉灵原粉 5 g 兑水 25 kg 喷雾防病。齐苗后 1 个月左右，及时中耕、除草、间苗，初定密度 3.0 万株/亩。

巧施追肥，以水调肥：黄麻生物量大，需肥量也大，尤其是对钾肥的需求量大于一般的作物，一般要追肥 3 次。第一次追肥在黄麻旺长前期，此时黄麻生长速度快，需水需肥量大，应重施，以利于黄麻的生长；第二次追肥在旺长后期至始蕾期，称之为秆梢肥，以防止早衰，使梢部纤维增厚，增加产量。施肥时，应利用灌溉或雨天来临前施用，以达到以水调肥的效果，利于黄麻的吸收利用。在灌溉方便的地块要保持土壤湿润，使土壤"见黑不见白，见湿不见水"，丘陵旱地尽可能保持干湿交替，以利于根系生长和微

---

* 作者：金关荣（萧山麻类综合试验站/浙江省萧山棉麻研究所）

生物活动。一般于 6 月中旬施旺长肥，施复合肥 150 kg/hm²，尿素 120 kg/hm²；7 月中旬施追肥尿素 60 kg/hm²；8 月中旬施秆梢肥复合肥 300 kg/hm²。

拔除笨麻，通风透光：生长后期，田间荫蔽，不利于黄麻的生长和纤维细胞壁的增厚。因此，要及时拔除笨麻，以利于通风透光。一般于 7 月中旬清理小麻一次。

适时收获，拔根计产：黄麻的收获期以半花半果时收获为佳。一般在 10 月上旬收获。因黄麻基部的纤维层较厚，一般应连根拔起；在难以连根拔起的黏性土壤中，也应尽力砍割麻茎基部，以提高纤维产量。收割后，机械剥皮，以减少用工；并及时将鲜皮置于事先围埂注水的深水田中发酵沤洗。

六、沿海滩涂盐碱地红麻全程机械化生产技术 *

（1）选用植株上下粗细均匀、适于密植、抗倒伏、抗病的红麻品种，如超高产红麻杂交组合 H368。

（2）播前先用通用粉草设备粉碎杂草和枯枝烂叶，然后用施肥机抛施基肥（有机肥或复合肥），通过深翻设备翻入土中作肥料。

（3）对通用机械稍作调整（幅宽）后进行碎土、开沟、作畦（起垄），畦宽 2.4 m 左右。

（4）用通用播种机（玉米、大豆、小麦、油菜）调整好行距，将播种管开口加宽至 4 cm 左右。将精选好的红麻种子按亩出苗 1.8 万株左右的量与复合肥以 1∶10 的比例混匀倒入播种槽内。然后开沟、播种、覆土、镇压一次完成。

（5）播后芽前用除草剂机械喷雾封闭土壤防草，苗高 30 cm 左右，单子叶杂草幼苗期用芽后除草剂喷雾一次杀死杂草。

（6）苗高 60 cm 左右的红麻旺长前期，用机械视苗情酌量追施复合肥一次。

（7）待到 12 月或次年 1 月麻株风干、部分自然脱胶、麻秆变脆时用拖拉机加装收割机头（如黑龙江佳木斯东华收获机械厂生产的 MG-2.2 型）进行收割。

（8）收割后捡拾、打捆、运输、剥制（皮骨分离）、打包、进仓，全部利用通用机械作适用性改进后完成（皮骨分离设备为自制，待改进）。

七、玫瑰茄一年两熟栽培技术 **

玫瑰茄（*Hibiscus sabdariffa* L.）为锦葵科木槿属植物，又名洛神花、山茄子、红桃 K，是一种具有多种营养价值、药用价值和保健功能的热带、亚热带短日照经济作物。玫瑰茄属于典型的短日照作物，在我国适宜栽培地区，无论春季或夏季播种，均要到 9 月进入短日照时才开始开花结果，即玫瑰茄正季为一年一熟即春夏播秋冬收。

针对玫瑰茄典型短日照、光敏感特性，形成传统的"一年一熟"栽培模式，存在生长期长、土地占用时间长、土壤微生物结构平衡易破坏等问题，系统开展了光钝感育种

* 作者：金关荣（萧山麻类综合试验站 / 浙江省萧山棉麻研究所）
** 作者：赵艳红（南宁麻类综合试验站 / 广西壮族自治区农业科学院）

和短日照处理栽培技术研究，率先育成光钝感玫瑰茄品种（品系）和研发了短日照处理诱导开花栽培技术。选用光钝感玫瑰茄品种或短日照处理均能实现玫瑰茄"一年两熟"。

该成果在传统"一年一熟"的"春夏播秋冬收"基础上，增加了玫瑰茄"春播夏收"，实现玫瑰茄"一年两熟"。该技术较"一年一熟"增加了一造夏果（900 kg），提高了复种指数，增加了经济效益。首次实现玫瑰茄鲜果夏季上市，具有明显的价格优势，价格维持在15元/kg，较秋季价格（8元/kg）提高了87.5%，亩产总经济效益提高了3 000元以上，取得良好的经济效益和社会效益。

该成果在桂林永福、南宁武鸣等地推广种植约2万亩，首次实现了光钝感春玫瑰茄种植，实现了玫瑰茄鲜果夏季上市，达到玫瑰茄鲜果错峰上市目的，提高了玫瑰茄种植效益。

（一）技术要点

（1）春玫瑰茄栽培技术

①光钝感春玫瑰茄栽培技术

品种选择：选择光钝感品种（品系）。

制备育苗杯：采用噁霉灵消毒营养土，装入育苗容器中备用。

育苗：3月中旬育苗，将育苗容器内的营养土浇透水后再播种光钝感春玫瑰茄种子，并将育苗容器放置在气温为25～27℃的人工气候室培养。

整地：深耕犁耙后施入基肥，并以0.8 m的行距开沟，最后用噁霉灵喷施整块种植田进行土壤消毒。

大田移栽：当苗长至4片真叶时，选择阴天移栽，移苗时将育苗容器去掉，按株行距0.8 m×0.8 m的规格带土移栽，移栽后浇足定根水。

水肥管理：根据玫瑰茄的长势进行水肥管理，旺长期及时补充水分至田间土壤相对持水量达70%～80%，若遇暴雨积水，及时排水；苗返青后追施三元复合肥（15-15-15）10～20 kg。

主要病虫害防治：玫瑰茄整个生长过程，主要病害有根腐病、茎腐病、白绢病、立枯病、灰霉病、花叶病；主要虫害有介壳虫、叶蝉、卷叶蛾。玫瑰茄主要病虫害的危害症状及防治方法见表9-3。

表9-3　玫瑰茄主要病虫害危害症状及防治方法

病害/虫害	危害症状	防治方法
根腐病	为土传病害，成株主根和侧根病斑褐色，多数须根腐烂，严重时可致全根腐烂，植株凋萎死亡	采用烯酰吗啉或多菌灵或退菌特进行喷雾防治，同时用苯醚甲环唑药液灌根防治
茎腐病	早期茎部出现黑色病斑，病斑向主茎上方、侧枝扩展，底层侧枝叶片发黄、枯萎，侧枝死亡；整个茎部溃烂、叶片变黄、萎缩，植株死亡	初发病区域可用苯醚甲环唑、咪鲜胺进行预防和防治，每7 d左右喷药一次

病害/虫害	危害症状	防治方法
白绢病	为土传病害，主要危害成株茎基部及根部，根部变色、腐烂，叶片褪绿发黄，后期向上侵染主茎；受害茎初生褐色斑点，后变成暗青色水渍状斑块，进而扩展成不规则大斑，其上长出白色绢丝状菌丝体，呈辐射状扩展，病、健交界明显，后期病部菌丝上产生褐色白菜籽状菌核，高温高湿天气茎基部可见到白色菌丝包绕，皮层与木质部发黑干腐，最后植株枝叶枯萎	发病初期拔除发病中心植株；病株可用50%多菌灵或70%甲基硫菌灵800～1 000倍液浇施根部土壤
立枯病	整个生育期均可发生，以苗期为重。玫瑰茄萌发未出土前发病，可造成烂种。幼苗出土后，子叶发病多在中部呈棕褐色不规则病斑，病组织易脱落穿孔。发病幼苗茎基部呈黑褐色腐烂，病斑处缢缩，导致幼苗枯萎。成株期发病，茎基部病斑黑褐色，稍凹陷，严重时病斑绕茎一周，并纵裂露出纤维，部分植株病部痊愈后形成粗糙圆疤，其上长出许多不定根	播种前，用拌种双或稻脚青或退菌特或苯菌灵等杀菌剂拌种。玫瑰茄苗出土后遇阴雨天气或发病初期，可喷洒上述药剂进行防治
灰霉病	植株茎、叶均可受害，叶片发病多从叶尖开始，沿支脉成"楔"形发展，由外至里，初为水浸状，后期呈黄褐色，不规则，病、健组织界限分明。茎部发病，初见水渍状病斑，后变褐色至灰白色，病斑可向四周延伸，环绕茎一周后，其上端枝叶迅速枯死，病部表面密生灰色霉状物。干燥时茎部缢缩变细，叶片干枯，湿度大时易产生鼠灰色绒状霉层	发病初期可用43%腐霉利悬浮剂，或50%啶酰菌胺水分散粒剂或咯菌腈单剂或复配制剂进行防治；7～10 d喷施1次，连续施用2～3次
花叶病	幼苗发病，植株严重矮化并畸形，叶片卷曲皱缩。成株发病，植株新叶出现皱缩、褪绿现象，之后逐渐形成斑驳花叶，并伴有泡斑，严重株叶片畸形，部分为蕨叶形，植株生长减弱	病害发生时，可用病毒病诱抗剂葡聚烯糖或氨基寡糖素来提高植株自身抗性
介壳虫	介壳虫以若虫和雌成虫群集在叶片、果实和枝条上吸食汁液，使枝梢枯萎，甚至全株枯死，可诱发煤烟病	在若虫分散转移期分泌蜡粉前，可用25%喹硫磷乳油1 000～1 500倍液，每15 d左右喷药1次，连续2～3次
叶蝉	每年发生数十代不等，世代重叠严重，主要以成虫、若虫刺吸植株汁液，造成叶片枯卷、褪色，甚至叶片枯死	成虫产卵前，采用4 500倍液菊酯类乳油液喷雾防治
卷叶蛾	孵化出的幼虫卷叶危害，啃食叶肉，将叶子吃成缺刻，幼虫老熟后仍然在卷叶团中化蛹	幼虫出蛰率达30%，且尚未形成卷叶时，可用万灵3 000倍液、灭扫利2 000倍液喷雾

采摘与储藏：7月下旬开始采摘鲜果，鲜果采收后及时去核，并将果核和花萼分开晾晒。

②短日照处理的玫瑰茄栽培技术

制备育苗杯：采用噁霉灵消毒营养土，装入育苗容器中备用。

育苗：3月中旬育苗，将育苗容器内的营养土浇透水后再播种玫瑰茄种子，并将育苗容器放置在气温为25～27 ℃的人工气候室培养。

整地：深耕犁耙后施入基肥，并以 0.8 m 的行距开沟，最后用噁霉灵喷施整块种植田进行土壤消毒。

大田移栽：当苗长至 4 片真叶时，选择阴天移栽，移苗时将育苗容器去掉，按株行距 0.8 m×0.8 m 的规格带土移栽，移栽后浇足定根水。

短日照处理：

人工处理，采用黑色薄膜进行遮光处理。当玫瑰茄返青且长至 5～6 片真叶时，在种植小区上方搭起小拱棚，覆盖黑色薄膜进行遮光处理，使日照时间为 10～11.5 h，遮光处理 20～25 d，直至玫瑰茄现蕾后再揭去黑膜。

非人工处理，采用冬季大棚育苗。选择 12 月初育苗，于翌年 3 月底移栽，南方 12 月至次年 3 月中旬（约 4 个月）处于短日照，玫瑰茄经历了约 4 个月的短日照条件，可满足诱导开花结果且不逆转的生殖生长所需，能实现"夏收"的栽培模式，该技术较遮光短日照处理节约人工遮光成本，操作简单。

水肥管理：根据玫瑰茄的长势进行水肥管理，旺长期及时补充水分至田间土壤相对持水量达 70%～80%，若遇暴雨积水，及时排水；苗返青后追施三元复合肥（15-15-15）10～20 kg；

主要病虫害防治：玫瑰茄主要病虫害的危害症状及防治方法见表 9-3。

采摘与储藏：7 月下旬开始采摘鲜果，鲜果采收后及时去核，并将果核和花萼分开晾晒。

（2）夏玫瑰茄栽培技术

整地：翻耕耙平土地，同时开沟作畦，畦宽 300 cm，行距 80 cm，田块四周开好排水沟。每亩施有机肥 450～500 kg，复合肥（15-15-15）10～15 kg。

播种：5 月初按株行距 0.8 m×0.8 m 的规格进行点播，每穴播 2～3 粒种子。

间苗与定苗：玫瑰茄幼苗高 10～15 cm 时，及时间苗，每穴留一株健壮苗，每亩定苗 1 042 株。

水肥管理：根据玫瑰茄的长势进行水肥管理，旺长期及时补充水分至田间土壤相对持水量达 70%～80%，若遇暴雨积水，及时排水；苗返青后追施三元复合肥（15-15-15）10～20 kg。

主要病虫害防治：玫瑰茄主要病虫害的危害症状及防治方法见表 9-3。

采摘与储藏：10 月上旬开始分批采摘鲜果和鲜花萼；鲜果剪收后及时去核，并将果核和花萼分开晾晒。每间隔一周左右的时间采摘一次，根据玫瑰茄的生长情况，采摘 4 次左右。

（二）适宜区域

适宜我国华南、东南和西南低海拔地区推广应用。

（三）注意事项

玫瑰茄"一年两熟"，增加了一季的产量，首次实现春播夏收，此熟称之为春造玫瑰茄。春造玫瑰茄需要特别注意的是种植品种类型的选择，只有采用光钝感的玫瑰茄品种才能实现春播夏收，若选用光敏感品种将无法在夏季开花结果。

"一年两熟"的人工短日照处理（图 9-7、图 9-8），比较耗人工，因此更倾向于采用光钝感的春玫瑰茄品种或无需人工短日照处理的冬季大棚育苗法。

图 9-7　遮光短日照处理

图 9-8　短日照处理后现蕾开花

第十章 剑 麻

一、石漠化山区剑麻生态栽培技术 *

剑麻是我国热带地区最重要的麻类经济作物，也是我国最具广阔发展前景和巨大出口潜力的特色产业。由于剑麻是景天酸代谢途径植物，叶多肉，表面有蜡层，原生于人迹罕至的荒漠，具有粗生、耐瘠薄、耐旱、适应性强等特点，非常适合在我国滇桂黔石漠化地区种植，兼具良好的生态效益和经济效益。因此，剑麻在石漠化地区生态恢复方面大有可为，既可以固土保水，利于石漠化治理，也是石漠化山区产业扶贫的良好选择。

在中国热带农业科学院环境与植物保护研究所、广西壮族自治区亚热带作物研究所和国家麻类产业技术体系的支持下，石漠化山区剑麻栽培及生态恢复技术已经实现较大范围推广应用，在滇桂的部分石漠化山区，如广西平果市和云南广南县技术示范推广面积2万多亩，产生了良好的生态效益、经济效益和社会效益。

在石漠化山区利用该技术栽培剑麻，植被变化趋势较为稳定且略有增加，石漠化坡地种植剑麻后土壤 pH 值、有机质含量和氮磷钾含量均显著高于裸地，且均未显著低于自然草被，石漠化坡地种植剑麻可有效改善土壤养分状况，并未引起土壤养分流失；水土保持试验表明剑麻种植可降低土壤侵蚀模数 65.2%，说明种植剑麻具有较高的水土保持效益，其中 10° 坡的效果最好，土壤侵蚀模数降低 87.5%，15°坡降低 78.0%，20° 坡降低 30.2%。

利用该技术在石漠化山区栽培剑麻生态效益显著（图 10-1），同时亦得到较好的经济效益，石漠化山区剑麻平均亩

图 10-1 石漠化山区剑麻生产场景

* 作者：易克贤、陈河龙（剑麻生理与栽培岗位 / 中国热带农业科学院环境与植物保护研究所）

产干纤维约 350 kg/ 年，亩产值 2 450 元 / 年。目前剑麻产业已成为石漠化山区生态恢复和脱贫利器。

（一）技术要点

（1）因地制宜，等高种植。根据种植地块的实际情况，在前一年的雨季末提前整地，防止积水，坡地按水平等高种植，平地则采用南北行向。

（2）施足基肥，石灰先行。每亩施用 1 t 有机肥、45 kg 磷肥和 30 kg 钾肥作为基肥，以穴施为主；在下基肥前，每亩撒施石灰 150 kg。

（3）选壮嫩苗，麻头消毒。种苗选用壮嫩苗：苗高 50 ～ 60 cm，叶片粗厚，麻头粗大，无病；用 40% 灭病威 200 倍液和 80% 的疫霜灵 800 倍液均匀喷雾消毒麻头，自然风干 3 d 后种植。

（4）4 月浅种，适度密植。以 4 月种植剑麻为宜，种植要做到"浅、稳、准、正、齐"，根基部入泥土 10 cm 左右。种植密度在 420 ～ 450 株 / 亩以适应较为恶劣的自然条件。

（5）加强田管，穴施补肥。加强田间管理并要注重肥料施用。在离茎基部 30 ～ 50 cm 处挖穴，雨季补肥，施肥后覆土 10 cm，每亩年肥料用量为有机肥 2 t、氮肥 30 kg、钾肥 45 kg、磷肥 45 kg 和石灰 60 kg。

（6）病虫防控，预防为主。剑麻的病虫主要为斑马纹病、茎腐病和粉蚧。病虫害防控主要是预防为主，保持麻园通风透光，防止积水，加强钾钙肥施用以提高植株抵抗力，及时清理病株并消毒病穴；结合药剂治理，斑马纹病防治药剂为 10% 甲霜灵或 58% 甲霜灵·锰锌或 72% 甲霜灵·锰锌可湿性粉剂 50 ～ 100 倍液，茎腐病药剂为 40% 多·硫悬浮剂 150 ～ 200 倍液，麻园病区喷药连续 2 ～ 3 次，7 ～ 10 d 喷 1 次；粉蚧药剂为亩撒施 5% 特丁硫磷 6 ～ 10 kg 或喷施亩旺特 2 800 倍液，交替使用控制粉蚧以控制紫色卷叶病的爆发。

（7）杂草管理，生态优先。只清除麻园中的灌木、高草和恶性杂草，保留低矮杂草覆盖以防冲刷。

（8）科学收割，麻渣还田。每年在冬季或旱季割叶 1 次，每株均匀留叶 30 ～ 35 片；麻渣还田可采用沟施或穴施，沟施在剑麻叶片的滴水线下，穴施在相邻两株剑麻的中间，有条件的话最好能堆沤后还田。

（二）适宜区域

适宜在广西、云南、贵州石漠化山区种植。

（三）注意事项

（1）不能选择低洼地块种植剑麻，严禁在高温多湿的天气定植以及定植过深。

（2）种苗须用无病苗，不得堆放以免发病，雨天不起苗和运苗。

（3）雨天不宜进行伤害叶片的田间作业。

（4）凡是在病区的麻渣不能直接还田，要先加石灰，然后用土封沤 3 个月后才能还田，避免麻渣带病菌传染。

二、更新麻园埋秆换行种植技术 *

剑麻是热区传统特色经济作物，相关研究我国均处于领先地位。当前剑麻更新麻园一般采取将麻茎麻秆挖出集中堆放焚烧等方法进行处理，不仅污染环境，也占用了麻园耕地，具有较大的弊端。

针对传统更新麻园麻茎麻秆处理时间长、污染环境、占用较大耕地等问题，研发了更新麻园埋秆换行种植技术（图 10-2），实现麻园的高效快速复耕，避免连作障碍。

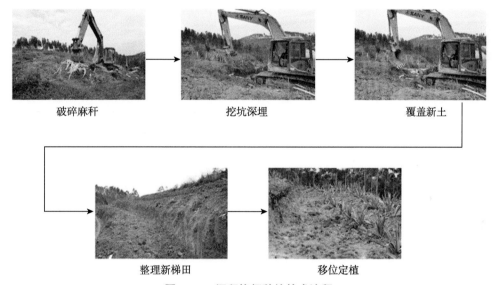

破碎麻秆　　　　　　　挖坑深埋　　　　　　　覆盖新土

整理新梯田　　　　　　移位定植

图 10-2　埋秆换行种植技术流程

该成果集成了土壤改良及减肥减药技术，将利用剑麻茎秆腐熟获得的优质有机肥作为幼龄麻的主要营养之一，减少化肥使用量 30% 以上，有效提高了麻茎麻秆的综合利用率，为剑麻全株资源化利用提供了可靠的技术依据（表 10-1）。

该成果在广西、云南以及国外的缅甸、坦桑尼亚和委内瑞拉等国家麻区共计推广种植 3 万多 hm²，实现了剑麻产业的循环可持续生产，减少场地 35%，降低化肥成本 33.3%，实现剑麻麻茎麻秆的高效循环利用。

（一）技术要点

（1）**麻茎挖掘与粉碎。**将淘汰麻株挖起，敲碎麻秆，深埋 1.5 ～ 2 m，同时将梯田畦面外侧上部的土壤向山脚方向移动，覆盖在低一级的梯田畦面内侧的土壤上，使梯田畦面外侧下部的土壤与低一级梯田畦面内侧覆盖后的土壤形成新的梯田畦面；梯田畦面内

---

* 作者：陈涛（南宁剑麻试验站 / 广西壮族自治区亚热带作物研究所）

侧的土壤保持不动，被高一级移动下来的梯田畦面外侧上部土壤覆盖，重复以上步骤直至梯田换行完成。

（2）移位定标。在新的梯田畦面上进行定标，确保新的定标种植点已经在新土上，远离原来的种植点。

（3）麻苗定植。在定标点上挖坑，放入基肥，定植麻苗，做到稳、正、实。

（4）麻园管抚。按照剑麻栽培规程进行灭草等作业。

表 10–1　埋秆换行与常规种植方式麻园第 2 年土壤养分对照

种植方式	pH 值	有机质（%）	全氮（%）	全磷（g/kg）	全钾（g/kg）	酸性土壤速效磷（mg/kg）	速效钾（mg/kg）
常规种植	5.22	1.94	0.14	0.30	4.67	97.14	42.42
埋秆换行	4.56	2.24	0.15	0.51	5.17	154.03	55.58

（二）适宜区域

适于我国及世界各剑麻主产区推广应用。

（三）注意事项

近年来该技术在国内外剑麻种植园应用推广，取得较好的成效。但剑麻属于长期作物，投资周期长，成本回收周期较长，而且剑麻产业属外向型，价格受国际政治、经济等环境的影响，会有所波动，有一定的收益风险。

三、一种剑麻、西瓜间种的高效种植模式 *

剑麻是我国传统热带特色经济作物，属于长期作物，生长周期可达 10 ～ 13 年。在剑麻标准化种植过程中，幼龄苗定植后一般需要经历 2 ～ 3 年才能收获，在此期间种植户处于零收入的状态。此外，根据现行剑麻栽培技术规程（NY/T 222—2004）要求，麻苗大行距为 3.8 ～ 4.0 m，小行距为 1.0 ～ 1.2 m，株距为 0.9 ～ 1.0 m，这使得幼龄麻园的土地长时间暴露，易受雨水冲刷或滋生大量杂草，引起土壤沙化、营养流失或过度使用除草剂等环境问题。目前国内缺乏幼龄剑麻大行距标准化间种经济作物的相关报道，针对此问题，系统研究了幼龄麻园间作经济作物与剑麻苗生长互作机制，选用趴地生长的藤本作物西瓜与剑麻幼苗进行间种，利用两者间存在的高矮互补优势及种植、收获存在时间差，提高幼龄剑麻园光、温、水、土等资源利用率，减少除草剂使用的同时提升农户在剑麻非生产期的收入。经过长时间实践总结了适宜我国麻区操作的幼龄麻园间作西瓜的高效栽培技术，技术内容涵盖剑麻与西瓜间作种植规范、间作条件下麻园环境及麻园管理要点。

---

* 作者：陈涛（南宁剑麻试验站／广西壮族自治区亚热带作物研究所）

该技术成果将幼龄剑麻非生产期转变为生产期，与传统种植麻园相比，缩短投资回收期，减少除草剂等生产投入，有效地提高了耕地利用率，取得了良好的经济效益和生态效益，为构建麻园高效生产技术体系提供了有效的途径（表10-2、表10-3）。该成果在武鸣、扶绥、陆川、宾阳、广南等5地共计推广6 000多 hm²，实现了剑麻非生产期收入高效增长，缩短投资回收期3年以上，整体成本降低30%以上。

表 10-2 西瓜间种和非间种的土样检测

种植方式	含水量（%）	容重（g/cm³）	速效氮（mg/kg）	速效磷（mg/kg）	速效钾（mg/kg）
间种西瓜	13.9	1.4	51.32	13.41	122.38
不间种	13.8	1.4	52.02	14.12	123.51

表 10-3 幼龄剑麻园间种西瓜投资收益表

种植投入、产出	间种西瓜
种苗投入（元/hm²）	945
机耕投入（元/hm²）	2 235
人工投入（元/hm²）	8 865
肥料投入（元/hm²）	4 635
地膜投入（元/hm²）	630
农药水费、机车油费投入（元/hm²）	1 800
总投入（元/hm²）	19 110
产量（kg/hm²）	31 425
亩产值（元/hm²）	40 935
纯收入（元/hm²）	21 825

注：西瓜收获后批发均价 1.30 元/kg

（一）技术要点

（1）间作西瓜地块选择。标准化双行种植的幼龄剑麻园，大行距宽 3.8 ~ 4.0 m（图10-3）。选择轻壤土或壤土、耕作层厚度大于50 cm、排灌方便的地块。

（2）种植温度。于每年1月下旬，气温稳定通过15℃时进行西瓜苗种植。

（3）种植前整地施肥。1月初开始整地，在不伤害剑麻苗根部的前提下，在大行距间起垄，每亩施腐熟有机肥 6 000 kg、饼肥150 kg、磷酸二铵 20 kg、45% 硫酸钾复合肥

图 10-3 标准化双行种植的幼龄剑麻园

40 kg，及时洇地造墒。

（4）西瓜间种规格。300 cm 为一个种植带，西瓜在麻园大行间种植，西瓜株距 40 ~ 50 cm，亩留苗 1 100 ~ 1 200 株（图 10-4、图 10-5）。

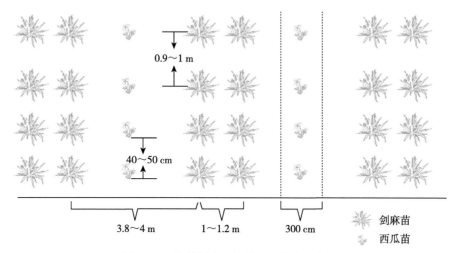

0.9 ~ 1 m

40 ~ 50 cm

3.8 ~ 4 m　　1 ~ 1.2 m　　300 cm

剑麻苗

西瓜苗

图 10-4　幼龄剑麻园间种西瓜模式示意图

图 10-5　幼龄剑麻园间种西瓜模式

（5）西瓜种植及田间管理。选择优质、高产、抗病、早熟的西瓜品种，一般在 2 月中旬打孔将西瓜苗定植。采取双蔓整枝法，在主蔓选留一健壮蔓为侧蔓，其余全部去掉，坐瓜后一般不需要再进行整枝打杈。伸蔓后要及时引蔓和压蔓，引蔓时，使瓜蔓离开麻行；压蔓时，先在膜面上铺上一层土，然后用土块明压。人工授粉，选留主蔓上第二或第三雌花所结的瓜。坐果后的管理，一般在瓜上部留 13 ~ 15 片叶，同时将侧蔓生长点摘除。授粉后在瓜下垫土，抬高坐瓜节位 15 ~ 20 cm。成熟前 10 d 将瓜面翻转，使其受光均匀。

（6）水肥管理。当主蔓长到 2 cm 时，每亩追尿素 5 kg，当 50% 植株坐住瓜时，每亩追硫酸钾三元复合肥 15 kg，追肥与浇水同时进行，伸蔓水要小，膨瓜水要足，结瓜后期停止浇水。开花后 30 d 左右成熟，及时采收。

（7）病虫害防治。

西瓜炭疽病，用 0.5% 氨基寡糖素水剂 600 ~ 800 倍液或 10% 世高水分散粒剂（噁醚唑）2 000 倍液或 40% 百可得可湿性粉剂 700 倍液或 25% 使百克乳油 1 000 倍液或 50% 施保功乳油 1 000 倍液。间隔 7 ～ 10 d，连续防治 2 ～ 3 次。

西瓜枯萎病，用 50% 氯溴异氰尿酸可溶粉剂 750 ～ 1 500 倍液 + 营养液（全质性的），摘掉小喷片，灌根 2 ～ 3 次。发病初期 1 500 ～ 2 000 倍液，重病田 750 倍液。

（8）剑麻田间管理。根据剑麻栽培技术规程（NY/T 222—2004）要求执行。

（二）适宜区域

适于我国剑麻主产区推广应用。

（三）注意事项

剑麻高效间作技术已在广西、云南以及国外的缅甸等地进行长期试验示范，并取得了良好的效果。但西瓜等间作作物受天气、市场的影响，价格会有一定的波动，对于投入较大的种植企业来说，要保障长期、稳定的收益，还有一定的风险。

四、剑麻轻简高质高效栽培技术 *

剑麻是我国热带地区重要出口创汇产品，是我国热区特色产业和优势产业，产品开发潜力大，全身是宝。剑麻纤维及制品与副产品经济价值大、用途广，是国防、工业、森林和渔业等部门的重要物资。

随着我国加入 WTO 后，国内外形势对剑麻产业形成巨大的压力，剑麻的市场竞争日益激烈，尤其国内西部大开发，剑麻的种植、管理、收获属劳动强度大的工种，致劳力缺乏，迫切需要发展机械化作业，达到轻简、省力、减轻劳动强度、提高效率，解放生产力，降低作业成本，促进规模化、标准化生产。剑麻轻简高质高效栽培是我国剑麻产业持续发展的根本出路。

国家麻类产业技术体系湛江试验站经过多年的科研攻关，开展剑麻智能化全程化现代机械装备研发，开发宽窄行宜机化、智能化机械化田管技术，提高工效 30 ～ 80 倍，减少用工 60% 以上。麻农经营规模得到了大幅度提高，且产量不断提升，剑麻栽培及田管实现了轻简高质高效，促进了剑麻农业技术提升。

（一）技术要点

（1）宜机化剑麻栽培设计。麻园实行双行种植，大行距 3.8 ～ 4.0 m，小行距 1.0 ～ 1.2 m，株距 0.9 ～ 1.2 m（具体规格要结合地力调整），机械化作业程度高的大行距要求 4 m，标准化种植，留足运输通道，平地或缓坡地麻园地头设置 7 m 宽的运输道路，非麻园地头设置 6 ～ 7 m 宽（含排水沟）的车辆行走、运输道路；田块内 80 ～ 100 m 处设置中间路，路宽 6 ～ 7 m，方便车辆运输。

（2）剑麻种植。施足基肥，基肥以有机肥为主，适当加磷、钾、钙肥进行穴施或沟

---

* 作者：张曼其、黄标、毛丽君（湛江剑麻试验站 / 广东省湛江农垦科学研究所）

施，施肥后覆土 10 ~ 15 cm。定标应根据地形，按前款株行距定标，平地采用南北行向，坡地按水平等高定标。定标后起畦，畦高 20 ~ 30 cm，畦宽 2 ~ 2.2 m，畦面应呈龟背形。坡地以及排水良好的地或降水量少、土壤含沙量高和无斑马纹病的地区可低起畦种植，畦高不少于 15 cm；坡地起穴种植，穴堆高不少于 25 cm。9 月至次年 4 月种植，以春季种植为好，严禁高温多雨天气定植，依据种苗大小分区定植，覆土深不超过绿白交界处 2 cm。

（3）间种。剑麻定植后，在剑麻大行间套种豆科等矮秆绿肥作物控草。以套种满地黄金（假花生）为例，在距离剑麻滴水线 0.8 ~ 1.0 m 的大行间按株行距为 0.3 m×0.4 m 的标准套种，亩植约 5 558 株，加强管理后约 1 年可以实现全面覆盖，防止杂草生长。

（4）机械化田间管理。

①施用石灰：使用石灰撒施机械撒施石灰，确保石灰（或钙镁磷肥、钙镁硅肥）撒施均匀（图 10-6、图 10-7），有效中和土壤酸性、补充植株钙含量，提高了剑麻的抗性、产量及效益。

图 10-6　麻园机械化撒施钙镁磷肥　　　　图 10-7　麻园机械化撒施石灰或钙镁硅肥

②麻渣还田改土：将纤维提取加工厂麻渣运到堆放地点进行堆放，堆沤时间一般在 3 个月左右。种植一年以上的麻园可在冬季进行剑麻渣还田改土，视麻龄及麻园实际，按 3 ~ 6 t/ 亩进行回田，采用麻渣施用机进行施用，每台机每班作业 25 ~ 30 亩，比人工作业提高工效 7 ~ 8 倍（图 10-8）。

图 10-8　施麻渣（剑麻加工下脚料）机械

③深松、开沟、施肥、覆土：用杂草粉碎机械先粉碎杂草回田，然后用五齿深松犁深松一次（可增强土壤透气性和保水），并使草根枯死后，应用深松、开沟、施肥、覆土一体化机边开沟边施肥覆土（图10-9至图10-11），该机械施肥深度控制在15～30 cm（该深度非常适宜剑麻根系吸收），减少传统施于沟底容易向深层浸透、流失及污染地下水。该机每班作业工效85亩左右，比人工作业提高工效约161倍，亩节约成本160元。此外，改变传统大耕大耙（中耕、开大沟）的做法，减少水土流失等弊端。

图10-9 半年进行一次机械粉碎不同位置的绿肥回田

图10-10 机械施麻渣后，用施
肥兼覆土机械施化肥及覆土

图10-11 多功能机械翻压
绿肥及施肥

先用5齿深松犁深松，将剑麻植株行间的假花生回田，然后用该多功能机械施肥。

④病虫害防治：采用多孔喷药机械进行喷药（图10-12）。该机为牵引式机械，由配套机液压泵输出动力予喷药机械进行喷药。该机装载药液量1 t，设置有升降喷杆装置，即可调节最佳喷药高度，每边喷杆对着单行麻位置设置圆形喷药架，并分4等分，每等分各安装1喷头，即每边喷杆连接的圆形喷药架安装4个喷头，两边共8个喷头，每大行喷2单行（其喷杆平稳。若喷4单行，因麻园地势高低不平致喷杆摇动较大，喷杆不平稳，影响喷药效果），且喷药压力大，雾化效果好，死角少，防虫效果达95%以上，

比飞防的 70% 防效高 25 个百分点，并解决了中老龄麻（植株较高大）人工喷药时农药飞扬致作业人员中毒等问题。该喷药机械每班作业 80～100 亩，比人工喷药提高工效20 倍以上，且每亩降低作业成本 10～14 元。

图 10-12　机械化统防统治剑麻粉蚧虫

⑤杂草清除

机械粉碎杂草：该机械由配套机动力输出轴输送动力给粉碎机械进行粉碎杂草回田，可减少除草剂使用量，减轻环境污染（图 10-13）。

图 10-13　半年进行一次机械粉碎杂草回田

中耕灭草机械：该机械为悬挂式，由配套机带动，对麻园进行中耕，达到灭草作用，可减少除草剂使用量，减轻环境污染。

化学除草：采用多孔喷药机械进行喷药化除。具体如下：剑麻种植后杂草萌发前喷土壤（封闭）防控禾本科及阔叶杂草，使用莠灭净或莠去津＋乙草胺，但要控制莠灭净、莠去津的用量（这两种药对剑麻均有药害）；防控麻园茅草、硬骨草等禾本科恶草，使用10.8% 高效氯吡甲禾灵有特效，且对剑麻安全；防控麻园阔叶杂草，使用 20% 氯氟吡氧乙酸或 28.8% 刹它隆（氯氟吡氧乙酸异辛酯）有特效，对剑麻较安全。

该机每班作业 80～100 亩，比人工喷药提高工效 20 倍以上，且每亩降低作业成本10 元。

（二）适宜区域

适于我国华南（广西、广东主产区）地区土地平整连片规模化种植区域。

（三）注意事项

该技术需用到多种农机具，麻农或个体经营户在应用时应根据产业效益、购机成本等进行综合测算。一些剑麻种植集聚区的种植户或规模化经营的国有农场，可以采取委托当地农机公司作业的方式进行技术应用。本技术宜结合当地或单位实际进行应用。

第三篇
有害生物防控

第十一章 病 害

一、苎麻根腐线虫病综合防控技术*

苎麻根腐线虫病是严重危害苎麻生产的一种主要病害，在我国苎麻种植区均有发生，以长江流域和滨湖地区发生最重。特别是老龄麻园，有随麻龄增加而加重的趋势，发病率可高达80%以上，通常造成苎麻减产20%～30%，重者减产50%以上，甚至绝收。

苎麻根腐线虫病由短体属线虫危害引起，病原线虫主要有2种，为垫刃目（Tylenchida）短体科（Pratylenchidae）短体属（*Pratylenchus*）的咖啡短体线虫（*P. caffeae*）和穿刺短体线虫（*P. penetrans*）（图11-1、图11-2）。

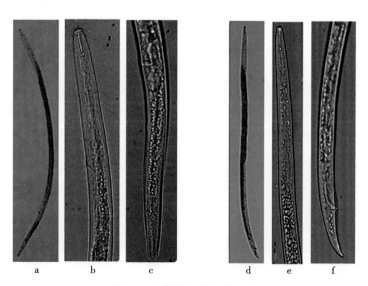

图11-1 咖啡短体线虫形态

（a：雌虫；b：雌虫头部；c：雌虫尾部；d：雄虫；e：雄虫头部；f：雄虫尾部）

---

* 作者：张德咏（病毒与线虫防控岗位/湖南省植物保护研究所）

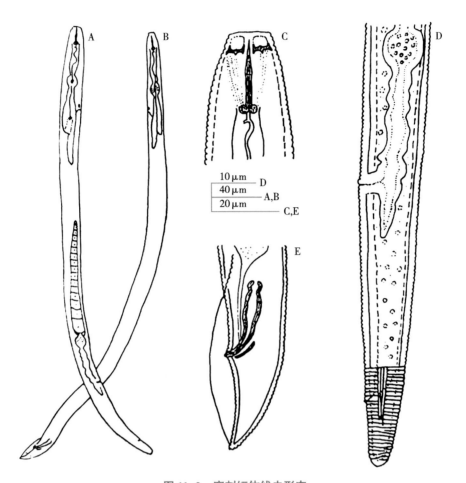

图 11-2　穿刺短体线虫形态

（A：雌虫；B：雄虫；C：雌虫尾部；D：雌虫后部；E：雄虫尾部）（摘自刘维志主编的《植物线虫志》）

受害麻株初期，根常出现黑褐色不规则病斑，稍凹陷，后渐扩大为黑褐色大病斑，并深入木质部使之变黑褐色海绵状朽腐，质地疏松似糠状，病灶交界处常见黑绿色病变。而被害麻苑地上部分常常表现出麻株减少且矮小，叶片发黄，干旱时凋萎。发病严重时整根腐烂，麻株枯死（图 11-3）。

图 11-3　危害症状（左：地上部分症状；右：受害的根）

苎麻根腐线虫病的防治以预防为主，重视农业措施，合理使用农药，进行综合防治。

（一）技术要点

（1）农业防控

①应选择抗性强的品种，如独山圆麻、牛耳青、华苎4号、中苎1号、湘苎2号，以及川苎8号、11号、16号等。

②采用无病土育苗或基质育苗，并进行苗床消毒。选用健康壮苗。

③新建麻园栽培前施有机肥500 ～ 1 000 kg/亩，并每年冬季进行培土、施有机肥500 kg/亩。

④高垄栽培，适时开沟排水，降低地下水位。

⑤注意田园卫生，在定植前，结合整地，应及时中耕除草，拔除病株，清除病残体，并带出田外，集中无害化处理。

⑥重病田应与水稻等禾本科非寄主作物进行轮作。

（2）生物防控。可利用生物农药或微生物菌剂等防控苎麻根腐线虫病。如阿维菌素（乳油或颗粒剂）、淡紫拟青霉、氨基寡糖素、厚孢轮枝菌、光合细菌嗜硫小红卵菌（*Rhodovulum sulfidophilum*）等。在苎麻头麻幼苗期，头麻、二麻收获后，拌土，沟施于麻蔸旁。

（3）化学防控。对重病麻园进行化学药剂防治。选用噻唑膦、异硫氰酸烯丙酯、三唑磷、辛硫磷、氯唑磷、氰氨化钙等化学农药。

（二）适宜区域

湖南、湖北、四川、江西、重庆等苎麻典型种植区。

（三）注意事项

苎麻种植多年地区和老苎麻田发生比较普遍，要及时注意苎麻的生长情况，监测苎麻根腐线虫的发生。调查苎麻根腐线虫发生情况，定期对田间发病情况进行调查，取田间土壤进行苎麻根腐线虫病原检测，对病害进行早期诊断与预测预报。并根据发病情况及土壤中线虫种群密度，选择合理的防治方法。

二、苎麻花叶病综合防控技术 *

苎麻作为我国的重要经济作物，种植历史悠久，距今已有4 700年以上，野生苎麻和家麻的种植区域均非常广泛，且在自然环境下生活能力极强，苎麻花叶病毒一直威胁着苎麻生产。

苎麻花叶病是由苎麻花叶病毒（Ramie Mosaic virus，RaMoV）引起的，危害苎麻地上部的一种病毒病害，是苎麻种植区多种种植品种的重要病害之一。根据多年观察，苎

---

* 作者：张德咏（病毒与线虫防控岗位／湖南省植物保护研究所）

麻花叶病症状有3种类型，第一种为花叶型，叶上呈现相同褪绿或黄绿斑驳，严重时产生疮斑；第二种为络缩型，叶片络缩不平，叶片短小，叶缘微上卷；第三种是畸形，叶片扭曲，形成一缺刻或叶片变窄（图11-4）。上述3种类型均表现为系统症状，以顶部嫩叶和腋芽抽生的叶片症状表现最明显，且植株矮小，其中以花叶型最普遍。苎麻花叶病毒隶属于双生病毒科（Geminiviridae）菜豆金色花叶病毒属（*Begomoviruses*），由烟粉虱以持久非增殖型方式进行传播，属于双组分双生病毒，也称为粉虱传双生病毒。

1. 花叶型　　　　　　　　2. 络缩型　　　　　　　　3. 畸形

图11-4　苎麻花叶病毒病症状识别图

苎麻花叶病在各麻区都有发生，尤其在长江流域麻区危害较重，病害由湖南扩展到浙江、江苏和江西，严重影响苎麻的产量和品质。有研究表明，病株高度、粗度、叶面积及产量均比健株低，损失率达28.5%。

根据此前系统调查，头、二、三麻均有花叶病发生，头、二麻重于三麻，其发病程度与苎麻生育期密切相关。各季麻出土后即可显症，发病盛期头麻在4月中旬至5月上旬；二麻在6月下旬至7月上旬；三麻在8月中旬。以后随着植株的增高，病情逐渐减轻，一般株高70 cm以后病情减轻，至收获时，症状几乎消失。结合气象资料分析，此病6.6～32 ℃均可发病，但以15～26 ℃症状最明显，28 ℃以上开始隐症，35 ℃以上基本不表现症状。

（一）技术要点

（1）农业防控

①取苎麻种植品种无病种苋繁殖。

②在田间认真挑选无病嫩梢进行扦插繁殖，移栽前严格剔除病苗。选取变异小、产量高、品质优的良种进行种子繁殖，可杜绝新区的初侵染来源和减轻幼龄麻受害。

（2）化学防控。防治病害从治虫入手，选择安全、经济、有效的农药供生产上治虫防病应用。在新扩麻园连续5年采用噻虫胺、呋虫胺、吡蚜酮、螺虫乙酯、甲氨基阿维菌素苯甲酸盐、噻嗪酮、噻虫嗪、矿物油、氟吡呋喃酮、烯啶虫胺、溴氰虫酰胺、双丙环虫酯、金龟子绿僵菌、球孢白僵菌等农药于二、三麻防治传毒媒介。

（二）适宜区域

湖南、湖北、四川、江西、重庆等苎麻种植区。

（三）注意事项

注意监测传播媒介烟粉虱的发生情况，重在治虫防病。

三、工业大麻线虫病综合防控技术 *

工业大麻线虫病是大麻上的一种常见病害，对大麻生产造成严重危害。近年来在我国局部地区有工业大麻根结线虫病的发生。

工业大麻线虫病的主要病原为根结属（*Meloidogyne*）或茎线虫属（*Ditylenchus*）线虫。到目前为止，报道南方根结线虫（*M. incognita*）、爪哇根结线虫（*M. javanica*）、北方根结线虫（*M. hapla*）和起绒草茎线虫（*D. dispsaci*）能侵染大麻。其危害引起工业大麻出现叶片变黄、落叶（图 11-5），导致剥皮难度加大，严重阻碍了工业大麻的生产。

图 11-5　田间大麻受根结线虫危害（左：地上部分，右：根部症状）

（一）技术要点

（1）农业防控

①选择抗性品种，是大麻线虫病害防治中最直接有效的方法。云麻 1 号、汾麻 3 号等许多大麻栽培品种对线虫具有较好的抗性。

②移栽前土壤消毒。工业大麻移栽前可以利用化学药剂如棉隆、威白亩等进行土壤消毒处理。

③注意田园卫生。在定植前，结合整地，应及时中耕除草，拔除病株，清除病残体，并带出田外，集中无害化处理。

④重病田应与水稻等禾本科非寄主作物进行轮作。

（2）生物防控。研究表明，可利用生物农药或微生物菌剂抑制工业大麻线虫病的发生。如阿维菌素（乳油或颗粒剂）、淡紫拟青霉、氨基寡糖素、厚孢轮枝菌、嗜硫小红卵菌（*Rhodovulum sulfidophilum*）等。在工业大麻播种期开始用药，7 ~ 10 d 一次，共用药 3 ～ 5 次。

（3）化学防控。对症状严重的田块进行化学药剂防治。选用噻唑膦、异硫氰酸烯丙酯、三唑磷、辛硫磷、氯唑磷、氰氨化钙等化学农药。

（二）适宜区域

工业大麻种植区，特别是连作区域。

（三）注意事项

注意监测土壤中线虫的发生种类变化，监测土壤中工业大麻根结线虫数量的变化。土壤中检测到了线虫就要开始防治。

四、黄 / 红麻根结线虫病综合防控技术 *

黄 / 红麻根结线虫病是由根结线虫属线虫（*Meloidogyne* sp.）引起。其病原主要为南方根结线虫（*M. incognjita*），少数为花生根结线虫（*M. arenaria*）和爪哇根结线虫（*M. javanica*）。黄 / 红麻的幼苗及成株期根系均能受害。该病危害根部，产生大小不等的根结，或呈饼状，导致叶黄、株矮，生长发育不良（图 11-6），并易导致病菌如镰刀菌属（*Pusiarium*）及丝核菌属（*Rhizoctonia*）等真菌的侵染，促使根系加速腐烂，植株提早枯死。国内外主要麻区都有发生，我国主要分布于长江、珠江流域，黄淮海的局部地区也有发生。特别是在湖南、湖北、广东、广西、浙江和河南等红 / 黄麻主产区危害严重，一般减产 20% ～ 30%，严重者达 50%，甚至绝收。

图 11-6　黄 / 红麻根结线虫危害症状（左：地上部分症状；右：根部根结）

---

* 作者：张德咏（病毒与线虫防控岗位 / 湖南省植物保护研究所）

（一）技术要点

防治上应采取以合理轮作倒茬，及时清除病残体，改良土壤，加强水肥管理，种植抗性品种等农业防治措施为主、化学农药防治为辅的综合防治策略。

（1）农业防控

①选择抗性品种。

②移栽前土壤消毒，黄/红麻移栽前可以利用化学药剂如威百亩等进行土壤消毒处理。

③注意田园卫生，在定植前，结合整地，应及时中耕除草，拔除病株，清除病残体，并带出田外，集中无害化处理。

④进行深耕土壤或淹水以及合理施肥与灌溉等田间管理对抑制病害也非常重要，如施用氯化钾及锰、硼、铜、锌、钼等微量元素肥料，以促进麻株生长发育，增强植株抗病性。

⑤重病田应与水稻等禾本科非寄主作物进行轮作。

（2）生物防控。研究表明，可利用生物农药或微生物菌剂抑制黄/红麻线虫病的发生。如阿维菌素（乳油或颗粒剂）、淡紫拟青霉、氨基寡糖素、厚孢轮枝菌、嗜硫小红卵菌（*Rhodovulum sulfidophilum*）等。在红麻播种期开始用药，7～10 d一次，共用药3～5次。

（3）化学防控。对植株发生严重症状的田块有必要进行化学药剂防治。选用噻唑膦、阿维菌素、寡糖、噻唑膦、氟吡菌酰胺、氰氨化钙等农药。

（二）适宜区域

在湖南、湖北、广东、广西、浙江和河南等黄、红麻主产区。

（三）注意事项

注意监测土壤中线虫的发生种类变化，监测土壤中黄/红麻根结线虫数量的变化。土壤中检测到了线虫就要开始防治。

五、黄/红麻主要土传病害防控实用技术 *

黄/红麻是喜温短日照性作物，北方无法留种，必须由南方繁种供长江流域及其以北麻区种植，故广西、广东、福建是黄/红麻良种繁育的三个基地省份。我国是世界上栽培和利用黄麻最早的国家，早在宋朝已有大量栽培。红/黄麻种植仍以粗放管理为主，连年种植是常事，因此几种土传病害的发生相对严重，对红/黄麻的产量造成影响。

黄/红麻的主要土传病害有立枯病、枯萎病和根结线虫病等，均与多年的连作重茬

---

* 作者：王会芳（病虫害防控岗位/海南省农业科学院植物保护研究所）

种植关系巨大。部分土传病害，种植户在种植过程中前期容易忽视病害的发生，到病害表现相关症状时再进行防控，为时已晚，造成难以挽回的经济损失。本团队系统研究了几种主要病害的致害规律及防控技术，研发了一套植前植中科学的防控技术，并在河南信阳、福建漳州、浙江等地进行了示范推广，取得了良好的防控效果。

（一）技术要点

（1）播种前。主要通过栽培措施管理提高麻株抗病性。

①清除病残：麻收获后应清除上茬残体和田间杂草，减少菌源。

②选地整地：红麻对土地的要求不严格，尽量选择富含有机质、疏松、透气性强、排水良好的土壤，采用非寄主作物如玉米、水稻、高粱、棉花或水稻进行轮作一年以上，耕作层要求深耕且复耕浅翻，做到土地平坦，保持土壤上松下实。阳光充足的、光合作用旺盛的地区麻株的纤维产量较高。

③深施基肥：在进行土壤翻耕时，向深层的土壤施加适量的有机肥、土杂肥或菌肥。

（2）播种时。主要进行种子处理，防止种子带病。

①选用抗病优质品种。选择适合当地的优质品种进行种植，如红麻722，福红2号，福红952，中红麻10、11、13号等均为抗性较好的品种。

②种子筛选：为确保全苗，在播种前要对种子进行筛选，将霉变、干瘪的种子进行去除，并将筛选好的种子晾晒2～4 d，也可对种子的发芽率进行测定。

③种子消毒：可用精甲·咯·嘧菌种衣剂按100 kg种子25～50 g的用量进行拌种，或用多菌灵、甲基硫菌灵按0.3%质量比与种子混合进行拌种处理，拌种后可将种子密封5～10 d再进行播种。

④预防红麻根结线虫病：于播种前用阿维菌素或噻唑膦颗粒剂混沙进行畦面撒施，给土壤消毒。

⑤适时播种：红麻是喜温作物，在暖和的晴天播种有利于发芽和出苗。而早播可以延长红麻的生育期，可以使产量增加，因此在土温13 ℃以上进行播种，避免过早播种，造成烂种、烂苗现象。

（3）苗期。重点防控立枯病及立枯菌和镰刀菌混合侵染造成的茎基腐烂。

对于上述病害的防控，主要采取的是化学防治。发病初期，可用噁霉灵加适量生根剂进行灌根，或者用嘧菌酯或咪鲜胺或苯醚甲环唑进行茎基部喷雾，或者用枯草芽孢杆菌（根必康：20亿孢子粉剂）微生物菌剂进行喷雾或灌根。每隔7～10 d灌/喷施1次，连续施用1～2次。

（4）生长期。重点防控茎基腐烂病、炭疽病、立枯病、根结线虫病。

茎基腐烂按照苗期防治方法，仍然采取灌根或茎基喷雾的方法。应坚持"预防为主，防治结合"，病害流行前（7月中旬开始）即开始进行预防性防治。

其他茎叶部病害的防控，在病害发生前进行预防性施药，可选用百菌清提前1～2周进行喷施1～2次。

炭疽病发病初期用苯醚甲环唑进行叶面喷施。每隔7～10 d喷施一次，视病情连续施用2～3次。

红麻立枯病发病初期，用咪鲜胺或噁霉灵进行茎基部喷雾防治。

在根结线虫发病严重的地块，生长中期可用噻唑膦或氟吡菌酰胺进行灌根。

（二）适宜区域

适于我国黄/红麻主产区推广应用。

（三）注意事项

黄/红麻炭疽病、枯萎病发生和流行都与湿度关系密切，在梅雨季节深翻犁田，增施有机肥，合理追施氮、磷、钾肥，排灌设施良好的麻田发病较轻。采用水旱轮作的耕作模式栽培也可以有效减轻病害。合理密植能充分利用光能，增加麻类纤维产量。可根据播种量及种子发芽率来调节栽培密度。红麻顶土能力较差，播种后应经常查看出苗情况。红麻苗期耐涝能力较差，因此苗期要及时排水防涝，多雨季节应开沟排水。及时进行中耕除草，避免杂草与作物争抢空间、光照及养分等。改良根系环境。种植过程中雨水冲刷，会使土地发生不同程度的板结现象，因此需经常松动土层，使板结现象得以改变，使得作物的根系正常生长。肥水调节，适时追肥。在苗期、旺长期和稳长期进行合理追肥，能提高土壤的供养水平。施用充分腐熟的有机肥，增施氮、磷、钾肥。在干旱的季节或者根据土壤及作物情况进行浇水灌溉，保持土壤湿度。

六、红麻炭疽病防治技术 *

红麻炭疽病是红麻生产上危害最严重的一种病害，是国内检疫对象，在全世界种植红麻的国家和地区均有发生。我国 1912 年在台湾省首次发现该病，1950 年该病在中国、古巴和美国麻区开始大流行。1953 年我国华北、东北大部分麻区的红麻因该病的危害而停种，南方麻区改种黄麻。该病的流行给我国造成了极为严重的影响。直到 1975 年前后，我国采取了种植抗病品种及种子消毒、轮流换茬等防治措施，使得该病得到了控制。

红麻炭疽病在红麻整个生育期间均能发病，其幼芽、幼苗、嫩叶、顶芽、花蕾、嫩果等均能受害。带菌的种子萌发后，胚轴组织上产生黄褐色斑点，严重时可导致腐烂。幼苗染病后，茎基部产生水渍状病斑，病斑呈长圆形或梭形，边缘褐色，中间黑色凹陷。在苗高 17～20 cm 以后，顶芽常变黑腐烂，引起"烂头"，发病严重时横枝顶芽枯死。在成株期发病，病斑最初呈水渍状小斑点，以后逐渐扩大呈紫红色圆斑，最后中央呈浅灰色（图 11-7）。病斑多沿叶脉发生，使叶片皱缩变形，当病斑相互合并后呈不规则形，最后病斑腐烂脱落形成穿孔。花蕾被害，可致腐烂，不能开花结实。蒴果受害，初呈圆形或椭圆形暗红色斑点，中央浅红色，严重时不能结实或种子表面产生污白色菌丝。该病严重时可引起红麻茎部折断或引起病部以上组织枯死。在高温高湿的环境下，病斑表面产生带红色黏质状的小黑点，为病原菌的分生孢子盘和分生孢子。

---

* 作者：曾向萍（病虫害防控岗位/海南省农业科学院植物保护研究所）

红麻炭疽病病原有两种，分别是木槿刺盘孢 *Colletotrichum hibisci*、黑线炭疽菌 *Colletotrichum dematium*。两种病原菌均属半知菌亚门腔孢纲黑盘孢目炭疽菌属。病原菌以菌丝体或分生孢子的形式潜伏于种皮和病残组织中越冬而成为翌年初侵染源。播种带菌种子造成烂种或死苗所产生的分生孢子和越冬菌一起，借风雨或昆虫感染其他健康植株。病部产生大量分生孢子进行再侵染。可从胚轴、叶片的自然孔口侵入或直接穿越表皮侵入。病原菌在种子内可存活 21 ～ 31 个月，在病残组织内可存活几个月至 1 年左右。带病种子是远距离传播的主要媒介。

图 11-7　红麻炭疽病田间发病图片（左：叶片；右：茎秆）

（一）技术要点

该技术依据"预防为主，综合防治"的植保方针，集农业防治、物理防治和化学防治为一体，科学地减少了炭疽病的发生和危害，为红麻种植户挽回经济损失。

（1）切断病原传播途径。因地制宜地选择抗病品种，如红麻品种中杂红 105、福红四号、红引 135 等及长果粒黄麻，这些抗病品种可在重病区种植；播种前进行种子消毒，可用硫菌灵＋百菌清可湿性粉剂（1∶1）进行拌种，密封半个月后播种。

（2）利用各种措施，加强栽培管理。轮作换茬。发病严重的麻地改种其他非寄主作物 1 ～ 2 年，可大大减轻苗期该病的发生。种植前对土壤深翻暴晒进行消毒。合理密植，加强田间管理。施足基肥，增施磷肥、钾肥。做好田间排灌，提高麻田防涝抗旱能力。

（3）统一开展预防性防治。提早喷药，做好预防保护。极端天气来临前可叶面喷施氨基寡糖素、寡糖链蛋白等提高植株免疫力。在常发病区，在苗期或本病发生前喷施保护性药剂如硫菌灵、百菌清或代森锰锌。

（4）实施区域化病情预警。根据各地气候因素，于雨季及病害流行季节适时到田间调查，及时通过预警系统进行预警。

（5）适时开展应急防治。若发现该病发生，并有蔓延的趋势，应及时采取措施进行处理。对于局部发病的麻地，应及时拔除发病严重的植株，带出田地进行焚烧等措施防止病源蔓延，并在晴天午后对麻株喷药保护。可喷施咪鲜胺或甲基硫菌灵或苯醚甲环唑等，用药间隔 7 ～ 10 d，交替施用。

（二）适宜区域

适于我国红／黄麻主产区推广应用。

（三）注意事项

对于红／黄麻病害提倡播种前采用栽培措施管理提高其抗病性；红／黄麻苗期主要病害有立枯病、炭疽病、枯萎病、苗枯病，重点防控立枯病、炭疽病或两者的混合侵染。

七、亚麻病虫草害防治技术 *

亚麻病虫草害防治技术是亚麻种植管理，实现亚麻产量目标的重要措施。国内多家亚麻研究单位结合当地的实际进行过研究，提出了一系列防控技术措施。该成果在针对本区域病虫草害发生特点的基础上，结合生产实际和我国绿色防控药剂名录，根据亚麻生长不同时期病虫草害发生情况，经过多年的试验示范，集成了适宜亚麻产区的绿色防治技术，在生产中取得良好效果。亚麻主要病虫草害见图11-8。

（一）技术要点

（1）播种期

①主要病害防治：选择抗当地主要病害的优良品种。根据当地经常发生的病害种类，应符合NY/T 393的要求，选择50%多菌灵可湿性粉剂种子量的0.3%进行干拌种处理，预防立枯病、枯萎病发生。

②主要虫害防治：应符合NY/T 393的要求，选用35%氯虫苯甲酰胺微囊悬浮剂5～10 mL与适量土壤、细沙拌匀沟施或拌入底肥中，防治地老虎、金针虫等地下害虫。

③主要草害防治

物理防治：利用物理机械设备、工具结合机械整地、田间管理清除杂草。

化学防治：应符合NY/T 1997的要求，播前可选用90%乙草胺乳油剂120～150 mL/亩土壤表面喷雾，施药后浅耙土处理；可选用72%异丙甲草胺乳油150～200 mL/亩播种后苗前土壤表面喷雾；40%野麦畏乳油剂150～200 mL/亩，在亚麻播种后出苗前均匀喷施于土壤表面。

（2）苗期至枞形期

①主要病害防治：应符合NY/T 393的要求，选用98%噁霉灵可溶粉剂2 000～2 400倍液防治立枯病，选用10%苯醚甲环唑2 000～2 500倍液或70%甲基硫菌灵可湿粉剂800倍液防治枯萎病。

---

* 作者：张正（伊犁亚麻试验站／伊犁州农业科学研究所）

棉铃虫危害亚麻　　　　　　　亚麻短纹卷蛾

白粉病　　　　　　　　　　立枯病

杂草灰藜　　　　　　　　　杂草卷茎蓼

图 11-8　亚麻主要病虫草害

②主要虫害防治

生物防治：保护利用瓢虫、食蚜蝇、草蛉等天敌进行生物防控。应符合 NY/T 393 的要求，使用生物药剂防治病虫的发生、繁殖减轻其危害。

化学防治：应符合 NY/T 393 的要求，选用 70% 吡虫啉水分散粒剂 5 ～ 10 g/ 亩或 70% 啶虫脒水分散粒剂 5 ～ 10 g/ 亩喷雾防治亚麻蚜虫；选用 12.6% 噻虫嗪微胶囊悬浮剂 10 mL/ 亩喷雾防治亚麻短纹卷蛾。

③主要草害防治

物理防治：采用机械设备进行中耕、人工中耕锄草等防治杂草。

化学防治：应符合 NY/T 1997 的要求，阔叶杂草可选用 48% 灭草松水剂 80 ～ 100 mL/ 亩茎叶喷雾，或选用 30% 二氯吡啶酸水剂 100 ～ 120 mL/ 亩茎叶喷雾；禾本科杂草可选用 10% 高效氟吡甲禾灵 30 ~ 40 mL/ 亩茎叶喷雾，或选用 24% 烯草酮乳油 50 mL/ 亩进行茎叶喷雾。

（3）现蕾期至成熟期

①主要病害防治：应符合 GB/T 8321 的要求，选用 12.5% 烯唑醇可湿性粉剂 50 g/ 亩或 40% 腈菌唑可湿性粉剂 7.5 ~ 10 g/ 亩进行茎叶喷雾防治白粉病；选用 10% 苯醚甲环唑 2 000 ~ 2 500 倍液或 70% 甲基硫菌灵可湿粉剂 800 倍液茎叶喷雾防治枯萎病。

②主要虫害防治：应符合 NY/T 393 的要求，选用 12.6% 噻虫嗪微胶囊悬浮剂 10 mL/ 亩，喷雾防治亚麻短纹卷蛾等鳞翅目害虫。

（二）适宜区域

适于我国亚麻主产区推广应用。

（三）注意事项

使用化学防控药剂应符合国家绿色药剂的要求，该成果中的药剂应严格按照国家标准使用；使用化学防控过程中，不得饮食，以免误食误饮；施药后，在施药的亚麻田做好醒目的提示，避免牲畜食用后中毒；需要增加药剂用量或改变药剂的亚麻田应先进行小面积试验，确认无误后再大面积使用，以免产生药害；用过废弃的药剂包装物要集中处理，不得随意丢弃污染环境。

八、亚麻顶萎（枯）病综合防控技术要点 [*]

选地整地：尽量选择疏松、肥沃、透气性强的沙质土壤，实行 4 ~ 5 年轮作，耕作层要求深耕且复耕浅翻，保持土壤上松下实。

种子处理：选用适合当地生产且具有一定抗病性的品种，如吉亚 2 号、吉亚 3 号、吉亚 4 号；对种子进行筛选，去除瘪籽、发霉变质的种子，筛选好的种子播种前晾晒 2 ~ 4 d；化学药剂拌种处理，播种前用 50% 多菌灵可湿性粉剂，或 77% 硫酸铜钙（多宁）WP，或 70% 甲基硫菌灵可湿性粉剂按种子重量的 0.3% 拌种。

肥水调控：播种前施足基肥并根据亚麻生长需求及时进行追肥，施用充分腐熟的有机肥，增施氮、磷、钾肥；根据土壤墒情及时进行浇水灌溉及排水，保持土壤适当湿度。

农业措施：合理密植，种子用量 120 ~ 135 kg/hm²，保证每公顷有基本苗 2.4 万 ~ 2.7 万株；及时进行除草，合理使用化学除草剂，保持通风透气；雨季及时排涝，防止湿气滞留，降低田间湿度；加强栽培管理，及时清理病株。

化学防控：

①病害的防控：病害发生前进行预防性施药，可选用 75% 百菌清可湿性粉剂 1.65 ~ 3.00 kg/hm² 提前 1 ~ 2 周进行喷施 1 ~ 2 次。发病初期，使用 25% 咪鲜胺乳油 900 ~ 1 350 mL/hm² 或 50% 甲基硫菌灵可湿性粉剂 750 ~ 900 g/hm²，兑水 60 kg 进行叶

---

* 作者：安霞（萧山麻类综合试验站 / 浙江省萧山棉麻研究所）

面喷雾，每隔 7 d 喷施 1 次，连续用药 2～3 次；在发病重的田块，使用 25% 咪鲜胺乳油 1 350 mL/hm²，10% 苯醚甲环唑水分散粒剂 675 g/hm² 或 43% 戊唑醇悬浮剂 135 mL/hm² 兑水 60 kg 进行叶面喷雾，7～10 d 喷施 1 次，连续用药 2～3 次。

不同防治方案对白粉病防治效果：试验采用 0.5% 壳寡糖拌种，喷施 15% 粉锈灵、30% 特富灵和清水对照，结果表明，这三种方法均有一定的效果，其中 30% 特富灵效果最好，防效达到 82.69%，其次是 15% 粉锈灵，防效为 78.0%，拌种 0.05% 的壳寡糖防效也达到了 61.7%，但是壳寡糖处理组在后期有加重趋势。

②虫害的防控

不同防治方案对黏虫防治效果：试验采用 0.05% 壳寡糖拌种，喷施 12% 甲维氟酰胺、40% 乐果乳油和清水对照，由于壳寡糖主要是趋避作用，调查了百株虫量，以及喷施药剂后防效。结果显示，0.05% 壳寡糖拌种后，对黏虫的防效达 57.5%，而化学农药 40% 乐果乳油和 12% 甲维氟酰胺的防治效果分别达 94% 和 96.9%。

九、剑麻紫色卷叶病绿色防控技术 *

剑麻紫色卷叶病由新菠萝灰粉蚧（简称剑麻粉蚧或粉蚧虫，下同）作为传播媒介引起的病害（病原未有明确结论，大概率为病毒）。1998 年剑麻粉蚧先入侵海南麻区，2000 年该麻区暴发紫色卷叶病；2006 年该粉蚧蔓延至广东雷州北和镇地方麻区及湛江地区徐海垦区的麻区，2007 年湛江徐海麻区大面积暴发紫色卷叶病，然后该病虫又迅速蔓延至广东廉江及揭阳、广西浦北等麻区。该病造成的减产达 30% 以上，甚至失收，损失惨重，仅海南、广东麻区因该病危害已淘汰剑麻面积 ≥ 7000 hm²，该病已构成严重制约我国剑麻产业发展的瓶颈问题。

剑麻紫色卷叶病病害多数集中出现在老叶和成熟叶的叶片先端，病叶边缘呈紫色，叶缘两边向中卷曲。初期在植株顶部叶片的叶尖叶缘变紫色或紫红色，叶尖向内卷曲，并向下扩展至叶片中部，并逐渐干枯。叶片表面伴生有大量的褪绿黄褐色病斑，初期呈黄豆大小，后扩展为花生仁大小或连片，边缘紫红色，后期干枯变黑，根系大部分枯死。而后 70% 以上的病株并发心腐，病组织初期灰黑色，叶肉叶汁被消耗，仅余表皮和纤维。后期叶片变白色，并在病健交界处断落（图 11-9 至图 11-15）。

图 11-9　剑麻粉蚧虫在叶片基部及心轴危害情况

---

* 作者：黄标、张曼其、毛丽居（湛江剑麻试验站 / 广东省湛江农垦科学研究所）

图 11-10 粉蚧虫危害后分泌的蜜露招
引煤烟病危害

图 11-11 剑麻粉蚧虫雨季转移到走茎苗
头部 2 ~ 3 cm 的表土层危害根部

图 11-12 剑麻粉蚧虫危害后引起的紫
色卷叶病症状

图 11-13 剑麻紫色卷叶病危害苗圃情况

图 11-14 剑麻紫色卷叶病危害幼龄麻
田情况

图 11-15 剑麻紫色卷叶病致损失惨重、
被迫淘汰

为进一步探明剑麻紫色卷叶病的发病机理，解决好紫色卷叶病综合防治难题。2008
年以来，系统开展发病机理、传播媒介、抗病种苗研发等研究，成功筛选出剑麻抗病种
苗，研发出新菠萝灰粉蚧低毒高效防治药物，提出了平衡施肥方法，形成了紫色卷叶病
绿色高效防控技术。

该技术成果已在广东湛江、揭阳，广西玉林、钦州等地市累计推广应用面积达 10 万
多亩，有效解决了紫色卷叶病防控难题，实现了紫色卷叶病大田绿色防控技术规模化应
用，促进了麻农增收。

（一）技术要点

（1）使用剑麻抗性苗。推广抗性健壮原种苗作疏植及抗性原种苗作母株钻心扩繁优质抗病腋芽苗。种苗不足的情况下，抗性苗在当地种植后至收获叶片（开割一刀麻）前其走茎苗可采作疏植苗。

（2）平衡施肥。抗性苗也须注重平衡施肥，施肥以有机肥为主。追施肥中应控氮增钾避免徒长，在保障植株正常生长的基础上，提高抗粉蚧能力，规避紫色卷叶病风险。

（3）合理防治粉蚧。在剑麻粉蚧危害严重的冬春季防治 1～2 次。根据不同的危害程度，采取不同的药剂喷杀方式，可选择 48% 毒死蜱乳油，或 40% 速扑杀乳油，或 3% 啶虫脒乳油，喷药时叶片正反面都要喷湿喷透。夏秋季节，在剑麻叶芯撒施毒死蜱颗粒剂 1～2 次，预防粉蚧发生。

（二）适宜区域

剑麻病虫害防控措施适宜我国华南地区（广西、广东主产区）。

（三）注意事项

剑麻抗紫色卷叶病苗非遗传变异，不能获得稳定的抗病性，在生产上，宜用抗性原种苗进行种植和作母株扩繁。在扩繁方式上，宜选择钻心法繁育腋芽苗，以获取母株高抗性。组培苗、收获叶片后其麻园长出的走茎苗、疏植苗起苗后余下的老茎长出的走茎苗抗性下降，不宜采用。

<h1 align="center">第十二章 虫 害</h1>

一、苎麻赤蛱蝶防控技术 *

苎麻赤蛱蝶是近年来我国苎麻生产上危害严重的一种虫害，英文名 Indian painted lady，异名大红蛱蝶，学名 *Vanessa indica* Herbst，异名 *Pyrameis indica* Herbst，属鳞翅目，蛱蝶科，危害苎麻、黄麻、大麻、荨麻、榆树等。该虫为苎麻的重要害虫。国外分布于朝鲜、日本、俄罗斯、菲律宾、缅甸、印度、斯里兰卡、印度尼西亚、新西兰及克什米尔地区。危害苎麻时，幼虫吐丝将麻叶卷起，取食叶肉，叶面吃成网状叶脉；残留白色叶背，被害麻田因叶片包卷，成为一片白色。以枝梢生长点及嫩叶受害最重（图12-1），严重影响产量和品质。我国麻区均有发生。以成虫在田埂、杂草丛、树林或屋檐等处隐蔽越冬。

针对近年来我国苎麻麻区苎麻赤蛱蝶发生普遍、繁殖速度快、对苎麻幼苗期或生长中期危害严重的问题，本团队结合其发生危害规律进行了防控技术的研发，并在宜春、张家界等典型区域进行了示范，效果良好，害虫防控率达85%以上，显著降低了苎麻赤蛱蝶对苎麻的危害。

图 12-1 苎麻赤蛱蝶的形态

---

* 作者：林珠凤、王会芳（病虫害防控岗位 / 海南省农业科学院植物保护研究所）

（一）技术要点

（1）利用各种措施，减少虫口量。秋冬季收麻后及时进行秋耕，清理田园，挖除麻根，可有效杀死幼虫，网捕成虫或食饵诱杀，减少越冬虫口基数。

（2）实施区域化病情预警。因各地气候因素不同，应于雨季及虫害流行季节适时到田间调查，及时通过预警系统进行预警。

（3）适时开展应急防治。田间虫口密度低于 0.5 头 / 蔸时，人工摘除或用木板拍杀卷叶中的幼虫和蛹；当田间发生卷叶危害时，于早晨 8：00—10：00 时或傍晚 16：00—18：00 时幼虫爬出虫苞时喷药防治，可用敌百虫、氯虫苯甲酰胺或氯氰·毒死蜱喷雾，此时幼虫较为活跃，均可达到较好的防治效果。

（二）适宜区域

适于我国苎麻主产区推广应用。

（三）注意事项

在头、二麻收割时，留下一些麻株诱集幼虫，集中消灭同样可达到很好的防治效果。

二、苎麻夜蛾综合防治技术 *

苎麻夜蛾（*Cocytodes coerulea* Guenee）俗称为"摇头虫""麻虫""红脑壳虫"，属鳞翅目，夜蛾科，是一种暴食性害虫，寄主以苎麻为主，也能危害黄麻、荨麻、蓖麻、亚麻、大豆、榆树等。该虫分布广泛，全国各地均有发生，主要危害苎麻叶片，取食麻叶，使麻叶呈网纹状或缺刻状，仅剩叶柄及叶脉（图 12-2），导致麻株生长停滞，植株矮小，多生侧枝，纤维加速老化，严重影响苎麻的品质和产量，严重时导致绝收，给农民造成严重的经济损失。成虫白天多隐蔽在麻莨中或麻田附近灌木丛中，黄昏和黎明前活动旺盛，多在麻株叶片背面产卵，有集中产卵习性和趋光性。卵经 6 d 左右孵化，幼虫共 6 龄。初孵幼虫群集顶部叶背危害，把叶肉食成筛状小孔，幼虫活跃，受惊后吐丝下垂或以腹足、尾足紧抱叶片左右摆头，口吐黄绿色汁液。3 龄后分散危害，5 龄后食量剧增，每天食 3～5 片叶。幼虫期 16～26 d，老熟后爬至附近枯枝、落叶或表土中化蛹。一年发生 2～4 代，以成虫在麻田、草丛、土缝或灌木丛中越冬，气温高、湿度大的年份或时晴时雨有利于其发生。

近年来我国苎麻麻区苎麻夜蛾发生普遍，繁殖速度快，稍有不慎便会给苎麻生产带来巨大损失，本团队结合其发生危害规律进行了防控技术的研发，并在宜春、张家界等区域进行了示范，效果良好，害虫防控率达 85% 以上，显著降低了苎麻夜蛾对苎麻的危害。

---

* 作者：潘飞、王会芳（病虫害防控岗位 / 海南省农业科学院植物保护研究所）

图 12-2 苎麻夜蛾与危害状

（一）技术要点

以"预防为主，综合防治"为指导方针，以绿色植保为理念，在加强田间预测预报基础上，集成以多种措施相结合的综合防控技术。

（1）**农业措施**。合理轮作，苎麻夜蛾发生严重地块，选择玉米、水稻、红薯等与苎麻轮作，最好一年一换。清洁田园，及时清除田间的残枝落叶、田埂杂草等，集中深埋或沤肥，可减少其栖息及越冬场所。合理施肥，增施有机肥，增强苎麻植株的抗性。品种选择，选择对苎麻夜蛾抗虫性较好的苎麻品种，如：黔桂、海岛等。

（2）**物理措施**。人工摘除卵块，苎麻夜蛾雌虫产卵于植株上部麻叶背面，在产卵盛期，及时查田，人工摘除着卵苎麻叶片，集中处理，深埋或烧毁，人工摘除卵块对苎麻夜蛾幼虫发生量有明显的控制效果。人工挑治幼虫，依据苎麻夜蛾幼虫 3 龄前聚集危害的特点，及时摘除低龄幼虫群聚的叶片，然后局部施药防治，避免高龄幼虫的扩散危害。灯光诱杀，利用频振杀虫灯或太阳能黑光灯诱杀苎麻夜蛾成虫，有利于减少卵源基数。诱虫灯的布局采取棋盘状，同时要经常清洗高压触杀网和清理接虫袋。草把诱杀，利用幼虫群聚和趋暖越冬习性，在幼虫向越冬场所转移前插置一定数量的草把，诱到大量幼虫后，集中烧毁。头麻收割时，留下几棵麻株，诱集幼虫，集中杀灭。

（3）**化学防治**。经常检查田园，在苎麻夜蛾 3 龄幼虫前，选用 16 000 IU/mg 苏云金杆菌、虫螨腈、2.6% 甲维·高氯氟等高效安全药剂或水杨酸、几丁寡糖、壳寡糖等诱抗剂进行防治（图 12-3）。根据苎麻夜蛾昼伏夜出的生活习性，傍晚施药效果最佳，同时为延缓该虫产生抗药性，要轮换使用药剂，每种药剂在一个生长季节使用次数不要超过2 次。

（二）适宜区域

适于我国苎麻主产区推广应用。

图 12-3　调查与喷洒药剂

（三）注意事项

苎麻夜蛾是我国苎麻生产上的主要害虫之一，成虫有集中产卵和趋光性，低龄幼虫聚集危害，在生产上应抓住防治该虫的关键时期，诱杀成虫、集中消灭卵块和 3 龄前幼虫。化学防治一直以来是苎麻害虫种群控制的主要手段，生产上应严格控制施药次数，轮换用药，避免抗药性的急剧上升，以免对人畜健康和自然环境造成不良的影响。

三、剑麻地红火蚁防控技术 *

红火蚁被列为全球 100 种最具威胁的入侵物种之一。当受到惊扰时，工蚁迅速出巢以螫针攻击动物、人体。被螫刺后有火灼伤般疼痛感，持续几分钟，其后出现水泡，化脓成小脓包。红火蚁螫针里面的毒液易造成敏感体质人群产生过敏现象，甚至休克、死亡等危险。在我国南方已造成农田弃耕、咬伤家禽、攻击群众，危及敏感人群生命安全等多方面危害，对农业生产安全、公共安全和生态系统造成严重威胁。近年来，部分植被覆盖的剑麻园红火蚁发生较多，造成剑麻减产，一线工人安全受到威胁（图 12-4）。

图 12-4　红火蚁以株建巢

* 作者：林珠凤、王会芳（病虫害防控岗位 / 海南省农业科学院植物保护研究所）

针对上述情况的发生，本单位通过多年的实践经验和技术推广，研发了剑麻地红火蚁防控技术，并在海南的剑麻园进行了实施，防效显著，显著降低了红火蚁的发生率。

（一）技术要点

（1）封锁与检疫处理。严格限制从红火蚁疫区向非疫区转运土壤、草皮、干草、盆栽植物、带土植物、运土设备等，并加强来自疫区的农产品及辅助设施的检疫（图12-5）。

（2）清理红火蚁滋生环境。清理麻田周边的住宅区住房地面及墙角堆放的杂物，清除垃圾残渣等；在坡地杂草丛生不易处理处，可先用除草剂后再采用药剂防治；在剑麻田块需清除杂草灌木，切断蚁道，铲除沟渠侧蚁巢；铲除路边50 m内杂草。

（3）饵剂防治（缓效杀虫剂＋食物引诱剂）。工蚁受饵剂吸引，找到饵剂后带回巢中，通过工蚁预消化后喂食蚁后和幼蚁，最后导致整个红火蚁种群中毒死亡（图12-6）。使用饵剂防治时，二级以下发生区，可采用单个蚁巢处理，二级以上发生区，建议撒施饵剂1个月后针对存活蚁巢进行单蚁巢处理，保证防治效果。

图12-5 进行检疫工作

图12-6 防治红火蚁的主要饵剂

（4）药剂灌巢。在严重危害与中度危害田块以灌药或粉剂、粒剂直接处理可见的蚁丘（图12-7），此种防治方法可以有效防除98%以上的蚁丘。但其明显的缺点是仅能防治可见的蚁丘，但许多新建立的蚁巢是不会产生明显蚁丘，在一些防治管理措施较为密集的地点也不易看见蚁丘，而往往会造成处理上的疏漏。大部分灌药的剂型产品每个蚁巢需要加入 5 ~ 10 L 的药剂才有效果。

图 12-7　药剂灌巢

（二）适宜区域

适于我国剑麻红火蚁发生区及其他红火蚁发生区域推广应用。

（三）注意事项

在使用饵剂防治时应注意：要使用新鲜饵剂；在红火蚁积极觅食的地点或蚁巢周围50 cm 左右放置；禁止将饵剂再混合其他物质，如肥料；使用正确的口径与药量，于干燥的地表状态施用饵剂，饵剂施放后 12 h 内无下雨的状况；施用饵剂时切忌破坏蚁巢。

⌐第十三章　草害与农药安全使用⌐

一、苎麻田杂草综合防控技术 *

新栽苎麻植株较小、群体不大，导致苎麻行间空闲，为杂草生长创造了有利条件。苎麻园内的杂草主要有繁缕、猪殃殃、婆婆纳、小蓟、马齿苋等，如果防除不力，让这些杂草造成恶性循环，不但会掠夺地力营养，还易造成苎麻园早衰与败兜，危害苎麻生长发育。喷施除草剂是当前常用的除草手段，但可能造成土壤残留及环境污染。为有效清除苎麻田间杂草，该技术综合新栽麻覆盖黑地膜控草、新栽麻苗期"戴帽子"除草、苎麻冬季出苗前打除草剂防草 3 个方面进行综合杂草防控，除草效果好，成本低，环境友好，为麻农朋友提供了可行的麻田杂草防控方法。黑地膜覆盖麻地能够控草防效达90% 以上，防止杂草争水争肥，有利于苎麻的良好生长获得新麻高产，效果稳定且大幅度降低成本，而且能提高夜间土壤温度，更能保存土壤热量，对苎麻生长更为有利，可避免极端高温对苎麻生长的不良影响。

（一）技术要点

（1）新栽麻覆盖黑地膜控草。在进行移栽前，对农田进行翻动整地，清理石块、硬土块等杂质，便于后期地膜铺设顺畅，苎麻田地膜覆盖宜采用高垄栽培，垄距80 ～ 120 cm，单垄单行为 80 cm、大垄双行为 120 cm，垄高一般为 25 ～ 30 cm。因此，膜宽可根据地块布局选择适宜宽度，原则上比田块宽 20 ～ 30 cm，保证完全覆盖；将地膜覆盖在厢面上，用土压实地膜边缘，避免地膜覆盖不完全和不牢固；地膜覆盖完成后，再择日在膜上打洞，带土移栽麻苗；后期定期查看农田情况，确保麻地地膜覆盖有效，以及覆膜结束后及时清理残余地膜，确保土壤健康生态环保（图 13-1）。

---

* 作者：崔国贤、佘玮（养分管理岗位 / 湖南农业大学）

图 13-1 新栽麻黑膜覆盖

（2）新栽麻苗期"戴帽子"除草。新栽麻苗期，杂草3～5叶期进行喷雾处理。苎麻田杂草以禾本科杂草为主，因此除草剂选用10%精喹禾灵乳油750 mL/hm²或24%乙氧氟草醚乳油225 mL/hm²。对于阔叶杂草较多的老麻类作物田，可在阔叶杂草较小时用10%草甘膦5 000～6 000 mL/hm²进行定向喷雾。喷雾时，可使用自制的"帽子"，"帽子"为长、宽、高约1 m的木质框架结构，外面覆盖白色塑料膜（图13-2）。

图 13-2 新栽麻"戴帽子"除草
（沅江麻农的发明）

（3）苎麻冬季出苗前打除草剂防草。每年的冬季，在苎麻未出苗前（一般每年的春节前后），将除草剂喷洒于土壤表层，或通过喷洒后混土操作将除草剂拌入土中，建立起一层除草剂封闭层，杀死地面杂草和抑制表土层中杂草种子发芽，出苗前除草剂可选用90%乙草胺乳油675 mL/hm²，或者10%草甘膦5 000～6 000 mL/hm²进行喷施。

（二）适宜区域

适于我国苎麻主产区推广应用。

（三）注意事项

注意除草剂施药后是否降雨。药液需经杂草吸收才能发挥药效，如施药后遇雨可能会影响药效。注意降雨与除草剂施用间隔时间长短对药效的影响。在使用草甘膦等除草剂时，必须将带有防护罩的喷雾器定向喷洒到杂草上。

二、苎麻田草害及绿色防控技术 *

我国苎麻主要分布在长江流域、华南区域和黄河流域，其中长江流域麻区以湖南、湖北、四川、江西、贵州等省种植面积最大，占全国总栽培面积和产量的 90% 以上。苎麻系多年生宿根性草本植物，麻田杂草种类繁多，危害时间长，防控难度大。苎麻地杂草总计达 13 科 40 多种，其中以禾本科杂草最多，菊科居次，其他科如藜科、十字花科、莎草科等杂草数量较少，以稗草、牛筋草、狗尾草等禾本科杂草为优势种群。近十几年来，麻田除草一直以化学除草为主，化学除草较人工除草具有防除效果好、节省劳动力、减轻劳动强度、缩短劳动时间、赢得有利农时、提高单产、改善纤维品质、降低成本、增加收入等优点，在生产上很受欢迎。

该成果集成了农业措施与化学防控技术，将冬季清园与化学除草剂轮用（草铵膦、高效盖草能、羊脂酸异丙胺盐等）相结合，提出了苎麻田杂草绿色防控技术，与传统的单用草甘膦相比，减少麻园杂草发生量 90% 以上（图 13-3、表 13-1）、降低苎麻园败蔸率 20% 以上，节本增效 50～100 元／亩。该成果在涪陵、大竹、宜春等苎麻主产区共计推广应用 2 万余亩。

2甲4氯钠处理

对照：未施药

羊脂酸异丙胺盐处理

对照：未施药

图 13-3　不同除草剂对苎麻田杂草的防除效果

* 作者：柏连阳（杂草与综合防控岗位／湖南省农业生物技术研究所）

表 13-1　各处理对苎麻田杂草的防控效果

处理	15 d		30 d			
	株数	株防效（%）	株数	株防效（%）	鲜重（g）	鲜重防效（%）
综合防控技术	3	94.64	5	93.06	12.1	95.12
草甘膦	10	82.14	14	80.56	32.7	86.81
草铵膦	8	85.71	13	81.94	30.1	87.86
高效盖草能	11	80.36	15	79.17	43.2	82.57
2 甲 4 氯钠	12	78.57	16	77.78	53.8	78.30
CK	56		72		247.9	

（一）技术要点

（1）控早控小。针对苎麻苗床杂草，以杂草种子刚萌发时对药剂最敏感，用药效果最佳。在播种前施用氟乐灵、精异丙甲草胺等药剂可有效防除苗床杂草，具体施用方法为：48% 氟乐灵乳油 1 500 ～ 1 800 mL/hm^2，在麻地整平后播种前进行土壤处理，施药后立即混土，可以防除一年生或多年生禾本科杂草以及部分阔叶杂草。施药后 15 ～ 20 d 再播种苎麻种子。96% 精异丙甲草胺乳油用量：有机质含量 3% 以下沙质土每公顷 750 ～ 900 mL、壤质土 1 050 ～ 1 200 mL、黏质土 1 500 mL；土壤有机质含量 4% 以上沙质土 1 050 mL、壤质土 1 500 mL、黏质土 1 800 ～ 1 950 mL。一般情况下低洼地不推荐使用，用量根据土壤有机质含量的升高而适当增加用药量。在播种前或播种覆土后即施药进行土壤处理，防治禾本科杂草及部分阔叶杂草。

（2）一封二杀。针对老麻园多种杂草，可在杂草种子萌发前施用以上药剂进行封杀；杂草萌发后 3 ～ 5 叶期时，可定向喷雾施用二甲四氯钠（56% WP 840 g/hm^2）+ 烯草酮（120 g/L EC 600 mL/hm^2）防治麻园多种禾本科和阔叶杂草；针对单一的禾本科杂草，每公顷可用 10.8% 高效盖草能（高效氟吡甲禾灵）乳油 375 ～ 525 mL、15% 精稳杀得（精吡氟禾草灵）乳油 750 ～ 975 mL、5% 精禾草克乳油 750 ～ 975 mL、24% 烯草酮乳油 450 ～ 600 mL 等于禾本科杂草 3 ～ 5 叶期施药；针对单一的阔叶杂草，可用 56% 2 甲 4 氯钠可湿性粉剂 975 ～ 1 350 g/hm^2 定向喷雾。此外，针对苎麻田埂或麻园周边的一年生、多年生杂草（可增加麻田杂草种子库数量），可用 10% 草甘膦水剂 5 250 ～ 6 000 mL/hm^2 或 30% 草铵膦可溶液剂 3 000 ～ 3 750 mL/hm^2 定向均匀喷雾。

（3）及时清园。三麻收获后要及时砍桩清园，清除田间杂草，减少田间杂草种子库数量，并疏通麻园的主沟、围沟和厢沟，防止冬季积水，造成渍害。

（4）药剂替换或轮用。以上药剂一年只能施用一次，可轮换施用不同类型的除草剂。

（5）除草剂药害及其应对措施。药后遇低温（≤ 10 ℃）或高温（≥ 35 ℃）天气，苎麻易发生药害。药害的缓解措施有：对遇碱性物质易分解的除草剂，可用 0.2% 的生石灰或 0.2% 的碳酸钠清水稀释液喷洗，减少叶面药剂残留量。结合浇水，增施有机肥，促进根系发育和再生，恢复受害农作物的生理机能，缓解药害；加强中耕松土，增强土壤的透气性，提高地温，增强根系对养分和水分的吸收能力，使植株尽快恢复生长发育，降低药害损失。喷施叶面肥：药害出现后，要及时喷施叶面肥，一般 5 ～ 7 d 喷 1 次，连喷 2 ～ 3 次，可选用 1% ～ 2% 的尿素溶液、0.3% 的磷酸二氢钾溶液，天达 211、活力素、天丰素或惠满丰 800 ～ 1 000 倍液等喷施。

（6）预防杂草抗性。根据近五年的监测，湖南麻区小飞蓬、牛筋草和马唐对草甘膦和高效氟吡甲禾灵暂未产生抗药性，为了预防苎麻田杂草对化学药剂产生抗性，建议同一类型除草剂在同一田块一年只施用一次，可选用不同种类除草剂轮流交替施用。

（二）适宜区域

适于我国苎麻主产区推广应用。

（三）注意事项

（1）苎麻属多年生作物，田间杂草种类、发生趋势与一年生麻类作物田杂草有差异。要根据杂草种类选择合适的药剂，尤其是空心莲子草等多年生杂草，用草甘膦、草铵膦药剂进行防控时，不能连续多年多频次使用。

（2）不要盲目与其他农药混用，特别注意酸性农药不要与碱性农药混用，但可有选择地混用，如乙草胺与阿特拉津混用，以扩大除草谱。

（3）喷药要均匀喷洒，既不要漏喷也不能重喷；在田间缺水时宜推迟施用，足水时要抢墒施用；不能影响相邻田块的作物。

三、一年生麻类作物田草害及绿色防控技术 *

亚麻、黄 / 红麻、工业大麻属于一年生麻类作物，分布于我国不同地区。北方麻类作物田杂草主要为禾本科和阔叶杂草，其中以菊科蒲公英、苦麦菜（黑龙江、山西），藜科杖藜（山西），苋科反枝苋（黑龙江、山西），禾本科稗、狗尾草（山西）等对工业大麻危害严重。新疆伊犁地区杂草有 9 科 26 种，单子叶杂草狗尾草、稗草、野燕麦，双子叶杂草灰绿藜、卷茎蓼是亚麻和胡麻田优势杂草种群，部分地区列当危害十分严重。南方麻类作物田苎麻地杂草总计达 13 科 40 多种，其中以禾本科杂草最多，菊科居次，其他科如藜科、十字花科等杂草数量较少，以稗草、牛筋草、狗尾草、棒头草等禾本科杂草为优势种群；红 / 黄麻地杂草有 8 个科 20 余种，马唐、千金子、牛筋草、异型莎草、马齿苋、铁苋菜和皱叶酸模为优势种群。云南亚麻和大麻种植区杂草种类有 30 科 120 余种，其中以菊科、禾本科、蓼科、十字花科、莎草科、玄参科和唇形科杂草为主，双子叶杂草占 76% 以上，繁缕、牛膝菊、睫毛牛膝菊、齿果酸模、荠菜、碎米荠、棒头草、

---

* 作者：柏连阳（杂草与综合防控岗位 / 湖南省农业生物技术研究所）

野燕麦、大巢菜、天蓝苜蓿、看麦娘、野油菜、辣蓼等26种杂草为优势种。随着耕作制度的改变，麻田草相也随之变化，增加了麻田杂草防控的难度。

针对亚麻、黄/红麻、工业大麻等一年生麻类作物田杂草发生规律，我们贯彻"预防为主、综合防治"的植保总方针，芽前封杀＋苗后茎叶处理结合，减少土壤中种子库数量，达到控草目的。近年来，我们筛选了一批芽前除草剂、苗后茎叶处理剂及除草剂混用配方，并在黑龙江大庆、山西汾阳、云南西双版纳等工业大麻种植区（图13-4）和新疆伊犁、云南大理等亚麻种植区（图13-5）及萧山红麻种植区（图13-6）进行示范与推广，对杂草株防效和鲜重防效均达85%以上。

960 g/L精异丙甲草胺乳油 60 mL/亩   对照：未施药

56%二甲四氯钠可湿性粉剂20 g +
240 g/L烯草酮乳油13 mL   对照：未施药

80%溴苯腈可溶性粉剂18.75 g +
10%精喹禾灵乳油40 mL   对照：未施药

图13-4 不同药剂对工业大麻田杂草防治效果

80%溴苯腈可溶性粉剂18.75 g +
10%精喹禾灵乳油40 mL

对照：未施药

56%二甲四氯钠可湿性粉剂 20 g+240 g/L烯草酮乳油13 mL

对照：未施药

图 13-5　不同药剂对亚麻田杂草防效效果

溴苯腈+精喹禾灵　　　　　溴苯腈　　　　　精喹禾灵　　　　　　CK

图 13-6　溴苯腈与精喹禾灵混用对红麻田杂草防控效果

（一）技术要点

（1）土壤封闭。主要针对萌发期杂草，在播种前或播种后苗前施用氟乐灵、精异丙甲草胺等药剂可有效防除一年生麻类作物田萌发期杂草。具体施用方法为：（a）48%氟乐灵乳油 1 500 ～ 1800 mL/hm²，在麻地整平后播种前进行土壤处理，施药后立即混土，可以防除一年生或多年生禾本科杂草以及部分阔叶杂草。（b）96% 精异丙甲草胺乳油：有机质含量 3% 以下沙质土每公顷用 750 ～ 900 mL、壤质土 1 050 ～ 1 200 mL、黏质土 1 500 mL；土壤有机质含量 4% 以上沙质土 1 050 mL、壤质土 1 500 mL、黏质土 1 800 ～ 1 950 mL。一般情况下低洼地不推荐使用，用量根据土壤有机质含量的升高而适当增加用药量。在播种前或播种覆土后即施药进行土壤处理，防治工业大麻、亚麻、黄/红麻田禾本科杂草及部分阔叶杂草。（c）48% 拉索（甲草胺）乳油 1 950 ～ 2 700 mL/hm^2，整地播种覆土后进行土壤处理，如遇干旱天气又无灌溉条件，则采用混土施药法，以保证药效的发挥，可以防除各种一年生禾本科杂草及部分阔叶杂草和莎草。

（2）茎叶处理。主要针对幼苗期一年生或多年生杂草，杂草 3 ～ 5 叶期时，用二甲四氯钠（56% WP 840 g/hm^2）+ 烯草酮（120 g/L EC 600 mL/hm^2）、溴苯腈（80% SP 270 ～ 300 g/hm^2）+ 精喹禾灵（10% EC 600 ～ 750 mL/hm^2）定向均匀喷雾防治麻田多种禾本科和阔叶杂草（注意漂移药害）；针对单一的禾本科杂草，每公顷可用 10.8% 高效盖草能（高效氟吡甲禾灵）乳油 375 ～ 525 mL、15% 精稳杀得（精吡氟禾草灵）乳油 750 ～ 975 mL、5% 精禾草克乳油 750 ～ 975 mL、24% 烯草酮乳油 450 ～ 600 mL 等，于禾本科杂草 3 ～ 5 叶期施药；针对单一的阔叶杂草，可用 56% 2 甲 4 氯钠可湿性粉剂 975 ～ 1 350 g/hm^2 定向均匀喷雾。

（3）药剂替换或轮用。以上药剂原则上一年只能施用一次，可轮换施用不同类型的除草剂。

（4）除草剂药害及其应对措施。药后遇低温（≤ 10 ℃）或高温（≥ 35 ℃）天气，工业大麻、亚麻、黄/红麻苗易发生药害。药害的缓解措施有：对遇碱性物质易分解的除草剂，可用 0.2% 的生石灰或 0.2% 的碳酸钠清水稀释液喷洗，减少叶面药剂残留量。结合浇水，增施有机肥，促进根系发育和再生，恢复受害农作物的生理机能，缓解药害；药害严重无法恢复时，及时补种或改种。喷施植物激素或叶面肥：药害出现后，要及时喷施缓解性植物激素或叶面肥，一般 5 ～ 7 d 喷 1 次，连喷 2 ～ 3 次，可选用 1% ～ 2% 的尿素溶液、0.3% 的磷酸二氢钾溶液，赤霉酸、活力素、天丰素或惠满丰 800 ～ 1 000 倍液等喷施。

（二）适宜区域

适于我国工业大麻、亚麻、黄/红麻主产区推广应用。

（三）注意事项

（1）除草剂不要盲目混用，特别注意酸性农药不要与碱性农药混用，但可有选择地混用，如溴苯腈与精喹禾灵、二甲四氯钠与烯草酮混用，以扩大杀草谱。

（2）施药时要均匀喷洒，既不要漏喷也不能重喷；在田间缺水时宜推迟施用，足水时要抢墒施用；不能影响相邻田块的作物。

四、剑麻园杂草高效防控技术 *

杂草的过度生长对幼龄剑麻危害极大，特别是恶性杂草，严重影响剑麻生长、产量

---

* 作者：张曼其、黄标、毛丽君（湛江剑麻试验站 / 广东省湛江农垦科学研究所）

和品质，有些杂草还传播病虫害，需投入大量的人力物力加以防除。广东、广西和海南剑麻园共有杂草 49 科 144 属 200 种，其中禾本科 40 种、菊科 24 种、豆科 20 种、茜草科和莎草科各 10 种；一年生杂草 79 种，二年生杂草 1 种，多年生杂草 100 种，其他生活周期杂草 20 种；种子繁殖杂草 143 种，种子、茎和根茎等繁殖杂草 57 种；外来杂草 68 种，本地杂草 132 种；5 级危害的杂草 3 种（大白茅、铺地黍和香附子），4 级危害的杂草 7 种（牛筋草、短颖马唐、假臭草、阔叶丰花草、加拿大蓬、鬼针草、薇甘菊）。一直以来，国内剑麻园杂草仍以化学防治为主，以草甘膦为主要除草剂。由于长期单一使用除草剂，杂草耐药抗药性增强，危害猖獗，也对土壤环境造成污染，除草已经成为剑麻园生产上支出较大的费用项目。所以高效防控杂草可减少农药用量，有助于剑麻产业的可持续健康发展。

（一）技术要点

（1）科学调整作物布置。适当分块种植经营多种作物，如剑麻、甘蔗或"三高"等，增加生物多样性，改善生态环境。

（2）实行轮作制。严禁连作，以免地力下降、病虫危害严重。

（3）剑麻大行套种。套种大豆、花生等矮秆经济作物控草（图 13-7、图 13-8）。剑麻园大行套种豆科绿肥假花生，进一步保障生物多样性，该绿肥种植半年便可覆盖大行，防治水土流失，冬春保暖保墒，夏季控温，提高 N、P 的利用率，增加有机肥回田（实种面积年生物量达 5 000 ～ 6 000 kg，折合每亩剑麻园回田绿肥 2 500 ～ 3 000 kg），通过机械不同部位粉碎绿肥回田（图 13-9），确保种一次便可延续获益 12 年（剑麻淘汰为止），达到培肥地力，改良土壤团粒结构，增加土壤有益微生物群落，有效控制铺地杂草，减少使用化除药剂量和绿肥根瘤菌固氮而相对减少化肥（氮肥）使用量，以改良生态环境，减少病虫草害，实现绿色防控。

图 13-7　假花生根瘤菌

图 13-8　麻行套种假花生（促进剑麻大幅度增产）

（4）杂草粉碎还田。在宜机操作地块，杂草较多时，可使用旋耕机等机具进行旋耕1～2次，将杂草进行粉碎，可实现杂草还田覆盖，有效防止杂草生长（图13-9）。

图13-9　机械交替粉碎不同位置绿肥回田

（5）剑麻园杂草化学防除

①剑麻种植前化除整地：有白茅、香附子等杂草的地块，可用适量的内吸性较强的除草剂如草甘膦、噁草酮等有针对性化除一次，喷药30 d后整地种植剑麻。

②剑麻种植后封闭处理：杂草萌发前喷土壤封闭处理的除草剂如莠灭净或莠去津＋乙草胺。

③剑麻种植后杂草萌发后喷药处理（图13-10）

剑麻种植（含育苗）后杂草萌发前进行针对性喷土壤（封闭）防控禾本科及阔叶杂草：亩用50%乙草胺250～330 mL+38%莠去津250～400 mL+水60 kg效果理想。

防控麻园茅草、硬骨草等禾本科杂草：亩用10.8%高效氯吡甲禾灵200 mL+水60 kg有特效，且对剑麻安全。

防控麻园阔叶杂草：亩用20%氯氟吡氧乙酸70～125 mL或28.8%刹它隆（氯氟吡氧乙酸异辛酯）70～100 mL+水60 kg有特效，对剑麻较安全。

剑麻苗圃防控香附草：亩用75%氯吡嘧磺隆15 g+水60 kg有特效，对剑麻较安全。

图13-10　机械化统防统治剑麻杂草

（二）适宜区域

适于我国剑麻主产区推广应用。

（三）注意事项

在选用绿肥植株作为剑麻行间覆盖时，除了应考虑绿肥对剑麻生长的影响外，还要考虑其成活率，是否能适合华南地区高温、高湿、耐旱等因素，成活后对行间杂草的抑制效果等。要区分一年生与多年生作物园杂草防治管理的不同策略。药物除草要控制好药物用量，杜绝过量农药的使用，根据杂草种类合理使用农药，有针对性地选用。机械除草应注意机械旋耕时对剑麻本身的损伤，避免损伤剑麻根部及叶片组织。

第四篇

麻类农机具与初加工技术

第十四章　种植机械与技术

一、苎麻机械移栽技术 *

苎麻种子千粒重小，发芽条件要求严格，成苗率低，国内虽有苎麻种子包衣技术的少量研究报道，但一直没有形成相应的成熟栽培技术，在生产过程中很少采用种子直播栽培方式。当前苎麻种植主要采用人工育苗移栽，其劳动强度大，移栽株行距不均，深浅不一，成活率不高，生产效率低，不适宜苎麻的标准化、规模化发展要求。目前，国内外还没有可以直接用于苎麻幼苗移栽的相关机械，苎麻机械移栽技术一直处于空白状态。

针对传统秧苗移栽机如何适应苎麻栽植模式的问题，根据苎麻移栽所需的株行距及栽植深度对山东青州火绒机械制造有限公司生产的 2ZBX-2 型秧苗移栽机，进行了移栽部件的改进，对不同类型、不同规格的苎麻幼苗进行了机械移栽适应性的筛选，形成了苎麻机械移栽的相关技术参数体系，首次实现了苎麻机械化移栽，显著提高了苎麻移栽效率，降低了移栽成本，为实现苎麻生产全程机械化奠定了基础。

该技术初步实现了苎麻机械移栽环节的农机农艺融合，筛选出了适宜机械移栽的苎麻嫩梢水培＋柱状营养块育苗模式，成功解决了普通苎麻幼苗移栽过程中阻苗、漏苗的难题，并制定了田间操作技术规范，使移栽工效达到 24 亩 /d，比人工移栽效率提高 10 倍以上，使缓苗期缩短至 7 d 以内，移栽成活率提高到 90% 以上，降低苎麻移栽成本 50% 以上（表 14-1）。

* 作者：董国云 [1]、喻春明 [2]、陈继康 [3]（1. 张家界苎麻试验站 / 张家界市农业科学技术研究所；2. 苎麻品种改良岗位 / 中国农业科学院麻类研究所；3. 沅江麻类综合试验站 / 中国农业科学院麻类研究所）

表 14-1 苎麻人工移栽与机械化移栽效益比较

项目	人工移栽	机械移栽	机械与人工比较
移栽工效［亩/（d·2人）］	1 亩	16 亩	+15
移栽成本（元/亩）	240	115	-125
成活率（%）	85	92	+7
缓苗期（d）	10	7	-3

该技术在张家界进行试验并取得成功，并于 2020 年 12 月通过专家现场评议。

（一）技术要点

（1）设备准备。移栽设备为山东青州火绒机械制造有限公司生产的 2ZBX-2 型秧苗移栽机，该机主要由牵引架、传动系统、栽植器、苗盘架及减震器等部分组成，可一次性完成开穴、施肥、栽苗、培土、覆膜等工序（图 14-1）。通过移栽部件链轮齿比的改进，该机一次可栽植两行，行距 35～80 cm 可调节，株距 35～65 cm 可调节，栽苗深度 5～18 cm 可调节。该机需要配备 13.6kW 以上的拖拉机牵引作业。

图 14-1 苎麻机械化移栽作业

（2）秧苗制备。利用苎麻品种改良岗位发明的苎麻嫩梢水培工厂化育苗技术所育的幼苗假植于柱状育苗块中，待幼苗在育苗块中扎根之后便可用于移栽，移栽时苗高不宜超过 25 cm，超过部分可剪掉后再移栽（图 14-2）。

（3）田块整理。移栽前要求将田块土壤旋耕耙细耙平，开好围沟、腰沟，在移栽完成后根据排水需要适当开厢沟。田块内要求无石块等杂物，坡度不超过 15°，土壤含水量在 20%～40%。

（4）机械移栽。移栽前需将秧苗搬至移栽机托苗盘内，并根据需要定植的密度调节好株行距及栽苗深度。移栽时需要两名人员坐在移栽机上放置秧苗，每个投苗器每次放置一根秧苗，放苗时不得漏放、倒放、多放，拖拉机牵引速度需控制在 0.5～2.5 km/h。

（5）后期管理。移栽时如遇干旱天气需要及时灌溉，待秧苗返青成活后需对缺苗位置及时进行人工补苗。

图 14-2　苎麻嫩梢水培 + 柱状营养块育苗

（二）适宜区域

适于我国苎麻主产区推广应用。

（三）注意事项

苎麻为多年生作物，一次种植多年受益，不需要重复栽植，移栽机在完成苎麻移栽后如不用于其他作物还会造成闲置，使移栽机的利用率大幅降低，若苎麻移栽面积规模太小则购机成本远大于移栽过程中节省的成本。当前的秧苗移栽机对嫩梢水培 + 柱状育苗块所育的秧苗移栽技术较为成熟，但目前实际生产中仍以种子苗或土壤扦插苗移栽为主，在育苗时如何增加种子育苗和土壤扦插育苗的带土问题，提高普通苎麻幼苗在机械移栽时的通过率，是进一步提高苎麻机械移栽技术推广应用的有效途径。

二、2BMF 型自走式联合播种机 *

针对丘陵山区麻类作物播种人工作业成本高、播种不均匀等问题，中国农业科学院麻类研究所研制出一款用于麻类作物播种施肥联合作业的 2BMF 型自走式联合播种机（图 14-3），适用于红麻、黄麻、工业大麻和亚麻等麻类作物的播种和施肥。该机可一

---

* 作者：吕江南（初加工机械化岗位 / 中国农业科学院麻类研究所）

次完成开种沟、开肥沟、播种、施肥、覆土等五项作业工序，实现自走式播种施肥联合作业。该机不仅可实现播种、施肥、覆土联合作业，也可单独实现麻类作物的中耕施肥作业。

图 14-3　2BMF 型自走式联合播种机

（一）主要技术参数（表 14-2）

表 14-2　2BMF 型自走式联合播种机主要技术参数

技术参数及性能指标	数值
外形尺寸（长 × 宽 × 高）（mm）	2 300×1 400×1 200
配套动力（kW）	6.3
整机重量（kg）	350
工作幅宽（mm）	1 100
播种行数（行）	1～4
开沟播种深度（mm）	0～100
排肥量（kg/hm^2）	150～600
工作效率（hm^2/h）	0.23～0.30

（二）总体结构及工作原理

2BMF 型自走式联合播种机主要由 5 个部分构成：排种施肥系统，包括排种机构、排肥机构；播种覆土系统，包括开沟播种机构、覆土机构和双作用液压缸、换向阀、定量泵、油箱等（图 14-4）；动力底盘系统，包括机架、转向前桥、驱动后桥等；传动系统，包括柴油机、主变速箱等；附件部分，包括驾驶椅、电瓶箱、覆盖件、控制器等。播种机结构紧凑，其操控系统、开沟播种系统、排种施肥系统前后依次布置于机架上。

该机采用后轮驱动式作业。作业时，柴油机将动力输入主变速箱、驱动后桥带动机具作业，并驱动齿轮泵将液压油输入控制阀，控制开沟播种机构下行开出深度适宜的种沟；同时驱动后桥将动力经塔轮变速器输入排种排肥系统带动排种器、排肥器同步转动，种子、肥料经排种排肥机构、开沟播种机构后分别掉入种沟和播撒于表土，最后覆土机构进行覆土作业，保证种子、肥料与土壤紧密接触，一次完成开沟、播种、施肥、覆土联合作业。播种机转向或非工作行走时，液压系统控制播种覆土系统上行，完成开沟深度调节；离合器断开排种施肥系统的输入动力，实现播种量、施肥量调控。

该机可一次完成开种沟、开肥沟、播种、施肥、覆土等五项作业工序，实现条播式播种和施肥。该机配套 6.3 kW 柴油机，自走式作业操作，采用内置钢圈式齿形橡胶轮胎，液压助力方向盘式操作转向，结构紧凑、性能可靠、操作方便安全。

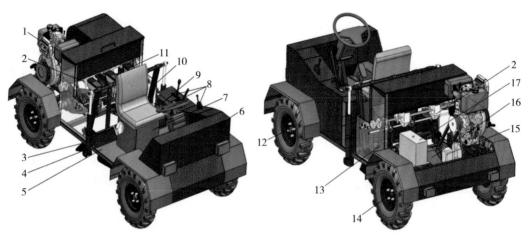

1. 柴油机；2. 排肥机构；3. 覆土机构；4. 液压缸；5. 机架；6. 覆盖件；7. 电瓶箱；8. 控制器；9. 换向阀；10. 开沟播种机构；11. 排种机构；12. 驱动后桥；13. 塔轮变速器；14. 转向前桥；15. 定量泵；16. 主变速箱；17. 油箱

图 14-4　2BMF 型自走式联合播种机结构示意图

（三）适宜区域

适用于黄麻、红麻、工业大麻和亚麻等麻类作物主产区推广应用。

（四）注意事项

（1）操作要求。本机器由 6.3 kW 柴油机驱动，适用于含水率不高于 32% 的旱地施肥和播种。本产品的驾驶、维修人员必须经过专业培训；严格遵守安全操作规定和交通法规。请操作人员认真阅读说明书，了解使用注意事项，掌握操作播种机的技能，发挥播种机的最大效益。

（2）使用前准备

①检查容易松动的紧固件与联接件；检查焊接件是否有脱焊、裂缝现象；检查各传动链是否脱链；各润滑点按规定加润滑油；检查各部件内腔是否有异物，防止打坏机器。

②检查排种排肥装置，对链轮传动轴进行检查，确保其在加种子和肥料之前能够顺畅地转动；对链条张紧轮进行检查，保证链条在无负荷情形下有足够的张紧度；对排种器箱插板进行检查，确保紧定螺钉紧固；检查排种器排肥器与其传动轴固定卡环是否紧固，转动排肥轴调节手轮是否能调节槽轮工作长度；排种排肥管检查是否有异物堵塞，

清理干净确保排种排肥顺畅。

（3）安全注意事项。启动拖拉机（动力）时请不要在挂挡状态下启动；机器工作时，拖拉机前方及机具附近2 m内严禁站人；机器运转时，严禁取下或打开安全防护罩；只有关闭发动机后，方可检查机械故障；在发动机熄火前严禁用手或其他工具进行修理。

（4）维护保养。播种机除在每天工作前作好保养外，经过一个季节的工作后，对整机要作一次大的维护保养，并作好防腐防锈工作；新机工作4 h后应对所有紧固件、联接件进行加固和检查，并对松动件进行紧固处理；工作30 h后必须更换变速箱内润滑油，以后每个作业季节需要更换变速箱内润滑油。

①每班作业结束后必须做到：倾听和观察播种机各工作零部件有无异常现象，如有异响、松动等现象，应立即检修；必须清除干净肥料箱内、排肥器内残留的复合颗粒肥，清除排种肥管端头可能出现的异物；清除干净种子箱内、排种器内剩余的种子，清除排种管端头可能出现的异物；切断蓄电池电源；擦洗和清除机具内、外部的泥土、油污等；夜间或雨天，如露天存放，应盖上遮雨油布；检查各润滑部位是否加注润滑油。

②季节保养与封存保管：清洗变速箱，换上新机油；检查清洗轴、销、链条等活动件，安装时加润滑油；发现故障应及时排除，失效零部件应及时修复或更换；做好防锈防腐工作；每季工作完毕，应对机器进行一次全面的清洗保养；排种链轮轴加机油保养。

三、2BDF-6型工业大麻联合播种机 *

为满足纤用工业大麻"宜机化收获作业"矮化密植的机械化作业需求，中国农业科学院麻类研究所与湖南农业大学联合研制出一款用于工业大麻播种施肥联合作业的2BDF-6型工业大麻联合播种机（图14-5）。该机不仅可实现定条旋耕、开畦沟、播种、施肥和覆土联合作业；也可单独实现开畦沟，成厢起垄、施肥等作业，可用于黄麻、红麻和亚麻的播种、施肥、开沟起垄作业。

图14-5　2BDF-6型工业大麻联合播种机

---

* 作者：吕江南（初加工机械化/中国农业科学院麻类研究所）

（一）主要技术参数（表14-3）

表14-3 2BDF-6型工业大麻联合播种机主要技术参数

技术参数及性能指标	数值
播种方式	条播（每个工作厢面播种6行）
配套动力（kW）	≥ 55
工作厢面（mm）	2 600
排水沟尺寸（上宽×底宽×深）（mm）	400×150×200
耕作深度（mm）	0 ～ 170
工业大麻施肥量（kg/hm²）	75 ～ 825
工业大麻播种量（kg//hm²）	7.5 ～ 120
播种行距（mm）	400
工作效率（hm²/h）	0.53 ～ 0.80

（二）总体结构及工作原理

2BDF—6型工业大麻联合播种机主要由旋耕开沟起垄系统、播种系统、施肥系统、覆土系统、传动系统和机架等组成（图14-6）。其中旋耕开沟起垄系统主要由小前犁、旋耕装置、成厢器等组成；播种系统主要由种子箱、排种装置和排种管等组成，通过调节排种装置的作业参数，可实现不同播种量需求的播种作业；施肥系统主要由肥料箱、排肥装置和排肥管等组成，通过调节施肥装置的作业参数，可实现不同播种量需求的播种作业。

该机配套动力不小于55 kW，通过3点悬挂系统与拖拉机链接，播种

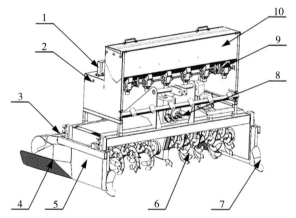

1.种子箱；2.排种装置；3.镇压轮；4.成厢器；5.机架；6.旋耕装置；7.小前犁；8 传动机构；9 排肥装置；10.肥料箱

图14-6 2BDF-6型工业大麻联合播种机结构示意图

机一次行进作业可完成旋耕、除草、开沟、施肥、开种沟、播种、覆土等七项作业工序；实现撒播式施肥覆土，条播式播种，结构紧凑、性能可靠、操作安全。通过调节排种装置的作业参数，该机可适用于黄麻、红麻和亚麻等其他麻类作物的机械化播种作业。

（三）适宜区域

适用于我国云南、黑龙江等工业大麻主产区推广应用，同时也适用于我国湖南、湖北、河南、山东等黄麻、红麻和亚麻主产区推广应用。

（四）注意事项

（1）**操作要求。**本机器由 55 kW 以上拖拉机驱动，适用于含水率不高于 40% 的稻田、旱地进行翻耕施肥和播种。该机的驾驶、维修人员必须经过专业培训，考试合格并取得拖拉机驾驶操作证书方可操作机具作业。使用者须严格遵守安全操作规定和交通法规，使用前操作人员认真阅读使用说明书，了解使用注意事项，掌握操作播种机的技能，发挥播种机的最大效益。

（2）**使用前准备**

①检查容易松动的紧固件与联接件；检查焊接件是否有脱焊、裂缝现象；检查各传动链是否脱链；各润滑点按规定加润滑油；检查各部件内腔是否有异物，防止打坏机器。

②排种排肥装置检查：对链轮传动轴进行检查，确保其在加种子和肥料之前能够顺畅地转动；对排种器箱插板进行检查，确保紧定螺钉紧固，检查排种器排肥器与其传动轴固定卡环是否紧固，转动排肥轴调节手轮是否能调节槽轮工作长度；排种排肥管检查是否有异物堵塞，清理干净确保排种排肥顺畅。

③翻耕开沟部件检查：检查翻耕刀轴和开沟刀盘上每一把刀片上的螺栓，并重新拧紧一遍，保证刀盘和刀轴、刀座和刀片之间连接稳固安全可靠。

（3）**安全注意事项。**启动拖拉机（动力）时请不要在挂挡状态下启动，断开拖拉机后备输出轴动力离合器时再启动发动机；机器工作时，拖拉机前方及机具附近 2 m 内严禁站人；机器行动时，手、脚等不得伸入旋耕开沟刀轴内；机器运转时，严禁取下或打开安全防护罩；只有关闭发动机后，方可检查机械故障；开沟刀片有异常声音时，应立即停机；在发动机熄火前严禁用手或其他工具进行修理。

（4）**维护保养。**播种机除在每天工作前作好保养外，经过一个季节的工作后，对整机要作一次大的维护保养，并作好防腐防锈工作。新机工作 4 h 后应对所有紧固件、联接件进行加固和检查，并对松动件进行紧固处理；工作 30 h 后必须更换变速箱内润滑油，以后每个作业季节需要更换变速箱内润滑油。

①每班作业结束后必须做到：倾听和观察播种机各工作零部件有无异常现象，如有异响、松动等现象，应立即检修；必须清除干净肥料箱内和排肥器内残留的复合颗粒肥，清除排种肥管端头可能出现的异物；清除干净种子箱内和排种器内剩余的种子，清除排种管端头可能出现的异物；切断蓄电池电源；擦洗和清除机具内、外部的泥土、油污等；如露天存放，应盖上遮雨油布；检查各润滑部位是否加注润滑油。

②季节保养与封存保管：进行每班保养的全部内容；清洗变速箱，换上新机油；检查清洗轴、销、链条等活动件，安装时加润滑油；发现故障应及时排除，失效零部件应及时修复或更换；做好防锈防腐工作；每季工作完毕，应对机器进行一次全面的清洗保养，并刷油漆一遍；排种链轮轴加机油保养。

四、剑麻园可升降精准低量喷杆喷雾技术 *

剑麻是热带、亚热带纤维作物，主要分布在我国华南一带，剑麻病虫害有十几种，

---

* 作者：张彬（种植与收获机械化岗位 / 农业农村部南京农业机械化研究所）

特别是在高温多雨季节，剑麻斑马纹病、茎腐病等危害严重，且容易造成大面积流行，使剑麻生产受到很大损失。此外，剑麻还受到生理叶斑病、带枯病，以及介壳虫等害虫不同程度的危害；同时，新的病虫害也不断发生。化学防治能快速消灭病虫害、降低虫口密度，仍是主要的病虫害防治方式。随着剑麻园种植规模的扩大，传统的施药技术不能满足规模化种植需求，"跑、冒、滴、漏"问题多发，严重时会威胁到人身安全。为夺取剑麻的高产、稳产，在贯彻"预防为主，综合防治"方针的同时，需开展新型病虫害防治技术。

剑麻植株高大，喜高温、不抗湿（要求喷出的水剂型农药流量小，雾滴细，能直接被作物吸收，不过度增加叶片的湿度），叶片呈圆周方向螺旋生长极易产生喷雾死角，麻叶表面自身带有蜡质层使药液不易吸附。剑麻长至 3 ~ 5 年往往麻叶相互之间交错，常规的"雨淋式"大容量施药技术只有 25% ~ 50% 能沉积在植物叶片，直接降落在目标害虫上的药量仅在 1% 以内，只有不足 0.03% 的药剂能起到杀虫作用，其余 50% ~ 70% 的农药，则以挥发、飘移等形式散失，还会造成对土壤、空气、水的污染。

针对剑麻的这些特征，以及叶子正、反面均要求施药均匀，不得有重喷、漏喷等要求，开展相关施药技术研究。通过对适合喷雾角度和范围、喷头流量、控制雾滴直径和飘移等对剑麻病虫害防治有着决定性影响因素的研究，形成了剑麻园可升降精准低量喷杆喷雾技术，同时也可配喷枪实现水平宽幅喷雾和垂直喷雾作业，可有效解决现有剑麻园机械化喷洒化学除草剂、杀虫剂、杀菌剂、生长调节剂和液态肥料等问题。

根据该技术研制出 3WSJ-650 型可升降式喷杆喷雾机（图 14-7），该机具幅宽 6 500 mm，配套动力为 36 kW（柴油机），生产率可达 0.5 ~ 1.0 hm²/h。该成果已在广东湛江开展试验示范。

图 14-7 3WSJ-650 型可升降式喷杆喷雾机

（一）技术要点

（1）使用前准备。根据剑麻园种植模式，选择符合动力要求、合适轮距的拖拉机，并将机具挂接在拖拉机上。挂接前，检查各操纵、工作部件是否能正常运转，重点检查拖拉机和机具各连接点的紧固件是否可靠、药箱和喷杆管路是否清理干净。挂接时注意三点悬挂位置与喷杆高度的一致性。挂接完成后，先装水试喷，再次检查确认安装是否合理，有无堵塞、滴漏现象，然后进行各部件调整。

（2）喷头喷杆安装与调整。喷杆上可采用多种液力喷头。喷头体可以旋在沿喷杆分布的螺纹接头上。通常喷杆装有一种特殊的喷头体夹紧在水平的喷杆上，喷头体与夹子三通相连，用塑料管或耐腐高压胶管连接，喷头间的距离可通过沿喷杆移动喷头体来进行调节。喷头可根据喷洒除草剂类型和喷液量来选择。喷杆的安装要与地面平行，高度要适当，过低因受地形影响容易造成漏喷，过高受风影响雾滴覆盖也不均匀，喷嘴一般距被喷洒作物高度 40～60 cm，喷杆过高喷洒不均，喷杆过低易造成漏喷。

（3）喷液量调整。喷杆上每个喷嘴在单位时间内的喷液量应均匀一致。同型号的喷头安装调整后要进行喷液量测定。人工测定时可使用量杯、秒表、装水容器等。

测定前，药箱装上水，将喷雾机停放在平整的地面上，启动机车后定油门、泵压，待正常喷洒后用量杯或其他容器同时接水 1 min，测量整个喷头的出液量，按同样方法重复 3 次，观察其误差。如各喷嘴的喷液量误差超过 5%，要调整喷嘴后再测，直到误差不超过 ±5% 为止。如每台喷雾机的喷嘴较多，受接水容器限制，可分批进行。

根据喷洒农药的种类，确定喷液量、选择喷雾压力。喷液量的相对变化与喷嘴上压力的相对变化平方根呈正比，要将喷出液量加大一倍，压力就要增大四倍。压力大，流速快，雾滴小，雾化好；压力小，流速慢，雾滴大。

（4）选择适当行走速度。车速和单位面积喷液量呈反比，即车速快，喷液量小，车速慢，喷液量大。喷洒农药时一般喷雾机行走速度应控制在 5 km/h 内为宜，最高不要超过 8 km/h。按田间作业的要求，定好压力的挡位，在平地启动喷雾机测量速度。

喷头的喷洒量在药泵供药量足够的前提下主要由喷洒压力决定，压力越高喷洒量越大。顺时针旋转调压手柄，观察雾化情况和压力表，一般工作压力在 0.3～0.5 MPa。此时接取一个喷头 1 min 的喷量，可用称重法确定（1 L=1 000 g），乘以 24 便是全喷幅每分钟的实际喷液量。此时的压力指数及喷量是一重要数据，据此制定出机组行走速度。

喷雾机在田间的车速应保持不变。作业区域内的土地平整状况也是确定行走速度的重要因素，须予以充分重视。改变行走速度、喷雾压力、喷头大小，均可使每公顷施液量改变。用户可根据具体情况灵活掌握。同时要注意，喷雾机行走速度的改变是依靠挡位的更换，不能靠油门大小控制速度，油门应保持稳定。

（5）喷药压力的设定。喷药压力要设定在规定的范围内，压力越高雾化越好，飘移也就越大；压力越低雾滴越大，扇面雾区均匀性越差，但飘移越小。所以选择喷药压力直接涉及作物的受药效果，一般在无风的天气可将压力选高一些；有风时应将压力选低一些，以尽量减小飘移。压力的选择主要是通过压力表旋钮完成的，一般是在喷洒刚刚开始时选择设定。

由于各喷头与控制阀之间的药液管较细，具有一定的压力损失，故压力表显示的压力值应该比选择的压力略高。

（二）适宜区域

适合规模化剑麻园推广应用。

（三）注意事项

（1）拖拉机驾驶人员必须具有农机监管部门核发的驾驶证，时刻牢记把安全驾驶放第一位。

（2）合理使用药剂，避免过量，保护环境和生态。

第十五章 收获机械与技术

一、4SZ-1.6型山地苎麻收割机 *

苎麻作为我国传统的特色经济作物，国际上俗称"中国草"，其种植面积和产量均分别占世界总种植面积和总产量的90%以上。作为一种多年生韧皮纤维作物，苎麻每年可收获3～4次，据统计，目前苎麻纤维收获与剥制作业占整个生产过程中用工量的80%左右。由于苎麻作物的生长特点，苎麻收获存在成本高、劳动强度大、收获工效低及收割质量不稳定等诸多问题，苎麻生产中迫切需要研制出高效苎麻收割机。

为解决苎麻机械化收割问题，中国农业科学院麻类研究所联合益阳创辉农业机械装备有限公司研制出一款用于山地苎麻茎秆收割作业的4SZ-1.6型山地苎麻收割机（图15-1）。该机可一次完成苎麻收获的切割、输送、铺放和灭茬等工序。该机割茬整齐、茎秆铺放均匀、作业效率高，可减轻苎麻收割的劳动强度，降低收割成本，增加苎麻种植收入。

图15-1 4SZ-1.6型山地苎麻收割机

---

* 作者：吕江南（初加工机械化岗位／中国农业科学院麻类研究所）

（一）主要技术参数（表 15-1）

表 15-1　4SZ-1.6 型山地苎麻收割机主要技术参数

序号	项目	规格
1	外形尺寸（长 × 宽 × 高）（mm）	4 550×1 800×2 500
2	机器重量（kg）	1 800
3	发动机功率（kW）	35
4	收割幅宽（mm）	1 600
5	留茬高度（mm）	≤ 80
6	割刀线速度（m/s）	1.2
7	工作效率（hm²/h）	0.33 ～ 0.53

（二）总体结构及工作原理

4SZ-1.6 型山地苎麻收割机主要由前置割台、灭茬装置、动力机构、行走底盘和操作系统等构成，其中前置割台主要由液压升降机构、分禾器、输送链、行星轮、割刀和护板等组成（图 15-2）。该机采用分段收获方式，可一次实现苎麻收获的切割、输送、铺放和灭茬等工序；采用竖直方向上分布的 4 组带拨齿的输送带实现茎秆的持续输送与均匀铺放，具有扶持可靠、铺放整齐、切割效率高等优点。

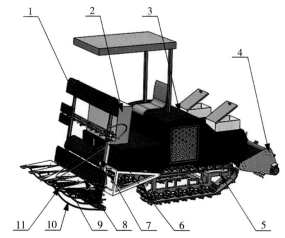

1.前置割台；2.操作系统；3.动力机构；4.灭茬装置；5.行走底盘；6.分禾器；7.液压升降机构；8.输送链；9.割刀；10.护板；11.行星轮

图 15-2　4SZ-1.6 型山地苎麻收割机结构示意图

（三）适宜区域

适用于我国湖南、湖北、四川、山西等苎麻主产区推广应用。

（四）注意事项

（1）准备工作与操作规程

①检查液压油、柴油、冷却水余量，不足时及时补充并按规定进行保养补充；出车前要严格按照使用说明书做好机器保养，注意下田部位行走系统的维护和保养，以确保收割机处于良好的技术状态；发动机启动前，应将变速杆、动力转出轴操纵手柄置于空挡位置，工作离合器置于分离位；新的或经过大修后的收割机，使用前必须严格按照技术规程进行磨合试运转。未经磨合试运转的，不准投入正式使用。

②严禁在机器运转时排除故障；正在排除故障时，严禁接合动力挡。

③收割机组的起步、接合动力挡、运转、倒车时要鸣喇叭，观察机组前后是否有人，切实做到安全操作；作业中，驾驶员要集中注意力，观察、倾听机器各部件的运转情况，发现异常响声或故障时，应立即停车，排除故障后方可继续作业。

④作业过程中，水箱水温过高时，应立即停车，待机温下降后再拧开水箱盖，添加冷却水；严禁停车后立即加水冷却，以免机体开裂；冷却水开锅需要打开水箱盖时，严禁用手直接打开水箱盖，应用抹布或用麻袋包住水箱盖后，先轻旋使水箱内蒸汽跑出，待水箱内外压力一致时，方可打开水箱盖；注意操作时人不可正对着水箱盖口操作，以防水蒸气冲出造成人员烫伤。

⑤收割机任何部位上不得承载重物。

（2）安全注意事项。

①机器工作时，非工作人员不得靠近机器，更不得随手触摸工作部件，所有人员均不得靠近割台，以免发生意外。

②驾驶操作人员在作业前对作业区域和通过的道路进行实地勘察，必要时设明显标志，确保机组安全作业或通过。

③检修时必须切断动力，割台调整时必须将割台支撑好后再进行。检修完毕，待检修人员撤离后，发出呼应信号，用人力转动皮带，确认各部件运转正常后方可投入作业。

④非正常停机时，必须切断一切动力或将发动机停止工作，起步时应观察四周状况，在保证安全的状况下起步。

⑤收割机在通过村庄或转移地块时，应有人护行，将割台升到最高位置，严禁人员在割台、粮仓等处乘坐或站立。

⑥机器发生故障，影响运转时，应立即停机排除。

（3）维护与修理

①收割机罩壳、薄铁皮件等易锈部件应补漆或全面喷漆保养，外观无锈斑。

②对收割机所有零部件、易损件进行细致检查保养。如对链条、割刀、输送抓销、轴承皮带和履带等都要逐一检查；对磨损严重的零部件应及时更换，还需备有适量的易损件，以防机器使用中突然损坏。

③每次收割完后，应对机器各部分彻底清理、检查、擦拭干净；机器应存放在室内干燥处，不得长期在外日晒雨淋。

④检查收割机各运动加油部件的加油状况，所有必须润滑的部位，应及时加注润滑

油，从而减轻摩擦力，降低收获机功率的消耗，提高收获机的可靠性，延长收获机的使用寿命。

二、高秆作物联合收获机 *

为解决苎麻、工业大麻、黄麻和红麻等高秆麻类作物机械化收割问题，中国农业科学院麻类研究所研制出一款全液压驱动的用于麻类等高秆作物收获作业的联合收获机（图15-3）。该机可一次完成茎秆收获的切割、输送、集堆和成捆铺放等工序，实现自走式作业，可完成苎麻、工业大麻、黄麻和红麻等高秆麻类作物的高效切割和集堆式均匀铺放，提高高秆作物收获作业效率、减轻劳动强度，同时提高后续工序作业的可行性和效率。

图 15-3　高秆作物联合收获机

（一）主要技术参数（表15-2）

表 15-2　高秆作物联合收获机主要技术参数

序号	项目	规格
1	结构形式	履带自走式
2	外形尺寸（长 × 宽 × 高）（mm）	5 300×2 960×3 260
3	机器重量（kg）	2 340
4	最小离地间隙（mm）	≥ 220
5	收割幅宽（mm）	1 800
6	留茬高度（mm）	≤ 100
7	损失率（%）	≤ 3
8	工作效率（hm²/h）	0.15 ~ 0.23

* 作者：吕江南（初加工机械化岗位 / 中国农业科学院麻类研究所）

（二）总体结构及工作原理

高秆作物联合收获机主要由前置收割系统、夹持输送系统、茎秆输出系统、液压驱动系统、液压系统、控制系统和动力底盘灯组成，其中前置收割系统主要由立式搅龙、割刀、上斜置输送链、下斜置输送链和割刀升降机构等组成；夹持输送系统主要由上、下斜置输送链，上、下输送链Ⅰ，上、下输送链Ⅱ等组成；茎秆输出系统主要由物料拖板、上物料挡杆、下物料挡杆、放料挡杆、气缸和气动控制机构等组成，其中上物料挡杆、下物料挡杆、放料挡杆均是由气动缸一键控制（图15-4）。

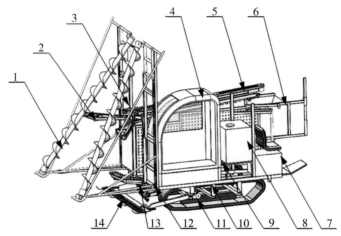

1.立式搅龙；2.上斜置输送链；3.上输送链Ⅰ；4.驾驶室Ⅰ；5.上输送链Ⅱ；
6.集堆输出装置；7.操作位；8.液压系统；9.下输送链Ⅱ；10.动力底盘；
11.割刀升降机构；12.下输送链Ⅰ；13.下斜置输送链；14.割刀

图15-4 高秆作物联合收获机结构示意图

当机器收割作业时，立式搅龙将收获幅宽范围的作物茎秆上端向中间聚拢，割刀完成茎秆的切割，同步上、下斜置输送链配合将作物茎秆进一步聚拢并输送至上、下输送链Ⅰ中，上、下输送链Ⅰ和上、下输送链Ⅱ将作物茎秆呈上升趋势往后输送，随着茎秆输送至后端，茎秆基部端落入至物料拖板上，下物料挡杆和放料挡杆呈关闭状态且上物料挡杆呈开启状态，当茎秆集储至设计数量，下物料挡杆和放料挡杆开启且上物料挡杆关闭，随着机器的前进集堆收储的茎秆成堆铺放至田间。该机集成机、电、液、气一体化设计，采用柴油机驱动整机总液压泵，机器的行走和收获作业全程采用液压、气动驱动和控制，操作简单且作业高效。

（三）适宜区域

适用于我国苎麻主产区推广应用，同时也适用于黄麻、红麻和工业大麻主产区推广应用。

（四）注意事项

机器操作时需认真阅读机器使用说明书，需注意操作人员安全，防止发生意外；机器需要定期保养维护，从而延长机器的使用寿命。

三、饲用苎麻机械化青贮收获技术 *

我国是世界上最大的苎麻生产国，种植面积和总产量均占世界的90%以上。苎麻茎、叶营养价值高，富含粗蛋白质、氨基酸、维生素、微量元素等，是一种优质的高蛋白饲料，可以配合饲料喂养仔兔、猪、蛋鸡、朗德鹅等动物，长期以来，苎麻主要用于纺织原料，用途较为单一，麻叶、麻骨等85%以上的副产物作为废弃物处理，未能得到充分利用。近年来国内外学者对饲用苎麻收获机械进行了初步探索，但由于苎麻作物的特殊物理力学特性，采用其他通用机械来收获饲用苎麻，存在故障率偏高、作业性能不稳定的问题，推广应用受限。

针对苎麻青贮收获机工作效率低、不易后续运输等问题，该成果结合饲用苎麻的田间生长特性及物料特点，研制可一次性完成茎秆收割、喂入、切碎、抛送、打捆及自动化卸料作业功能的苎麻青贮收割打捆机（图15-5）。采用的履带底盘能减少苎麻根系的破坏，并能适用苎麻垄作环境作业。

该成果作业效率高，一台苎麻青贮收割打捆机每小时可收割饲用苎麻0.2～0.3 hm²，按每天工作8 h计算，一天可收割饲用苎麻2 hm²左右，而人力收割一名工人每天只能收割0.05 hm²左右，机具一天的工作量相当于40名工人的工作量，目前该成果已在咸宁苎麻试验站进行了试验示范。

（一）技术要点

（1）适时收割。整株收割，留茬高度在15～20 cm，此高度可防止土壤中的微生物污染，引起梭菌繁殖，另一方面可避免根部木质素过多，影响动物消耗。苎麻高度在120 cm以下收割可以整株作为饲料，营业价值也较高，一年可以收割6～7次。

（2）底盘。苎麻青贮打捆收割机需采用履带式底盘，可以增大行走装置的接触面积，减少机械的接地压力，减轻了对饲用苎麻根系的破坏不宜采用轮胎式行走装置，因南方潮湿松软的田块行驶，接地面积小、压力大，轮胎碾压之处，对饲用苎麻的根系破坏严重，不利于后茬的生长，严重影响割株次数和苎麻产量。同时履带间距需与苎麻种植模式融合，可以采用宽窄行种植模式，使机器行走时履带处于宽土面上，减少对苎麻植株损伤，保证饲用苎麻的后茬生长，提高生产效益，促进饲用苎麻农机与农艺有机融合。

（3）割台。苎麻青贮收割打捆机割台高度调整范围为40～140 cm，主要由机架、分禾器、切割刀盘、夹持输送滚筒、导流板、辅助喂入滚筒和挡禾杆等组成。割台设计

---

* 作者：张彬（种植与收获机械化岗位/农业农村部南京农业机械化研究所）

宽幅为 1 400 mm，采用两刀盘双路茎秆输送方案，切割刀盘与夹持输送滚筒同轴设置。为防止苎麻茎秆堵塞缠绕，在夹持输送滚筒之间设有导流板，相邻切割刀盘设有 16 mm 的重叠量，夹持输送滚筒之间重叠量为 30 mm，可有效避免漏割；另外为避免相邻部件之间干涉，相邻圆盘割刀及夹持输送滚筒之间轴向间隙设定为 2 mm。割台工作时，分禾器将倒伏苎麻茎秆扶起，随后由切割刀盘切断，被切断的茎秆由夹持输送滚筒顺着导流板运送至辅助喂入滚筒处，在挡禾杆的配合下，实现苎麻茎秆头部朝前根部向后的有序喂入，最后由辅助喂入滚筒将茎秆送入喂入装置中。另外，苎麻茎秆切割方式属于无支持切割，为了使刀刃工作稳定，正常工作时，刀盘转速控制在 1 200 ～ 1 600 r/min。

图 15–5　4MZK–140 型苎麻青贮收割打捆机作业过程

（4）切碎抛送。切碎装置根据结构可以分为圆盘式切碎器和滚筒式切碎器。目前圆盘式切碎器在苎麻收获过程中由于刚度、切割质量以及功耗等方面存在许多问题，所以采用滚筒式切碎器，常用的滚筒式切碎装置根据刀刃形状和安装方式又可分为直刃斜装式、螺旋滚刀式以及平板刀型，考虑到刀刃加工的经济性、后期可维护性以及安装的便捷性，综合考虑采用平板刀式滚筒切碎装置。切碎器动刀刃采用双边"人"字形排列，通过螺栓固定在动刀座上，单边刀刃数为 12，在切割过程中其滑切角变化小，切割阻力均匀，不易产生振动，可提高滚筒切碎器使用寿命，此外刀刃安装前倾角与刀刃滑切角呈正相关，切割过程中安装前倾角变化过大会导致切割阻力矩变化增大，影响切割质量，刀刃两端安装前倾角为 55° ～ 57°。滚筒切碎器工作转速为 900 ～ 1 200 r/min，切碎长度为 4 ～ 8 cm。抛送装置主要由抛送外壳、上抛送筒、下抛送筒以及抛送叶轮等组成，抛送叶轮是由抛送叶片、抛送轴、轮辐组成，抛送叶片为前倾单排布置，叶片数为 6，前倾角为 10°，叶片材料为 Q235A，为避免叶片与外壳之间发生碰撞，两者之间应具有一定间隙，轴向间隙设定为 4 mm，径向间隙为 3 mm。

（5）打捆。切碎的苎麻物料在进料机构中刮板输送链、拨料辊和输送带的共同作用下，将物料送入打捆室中，随着旋转的压辊同步旋转，物料逐渐聚集成圆捆，当圆捆达到设定的密度要求，打捆室处压力传感器起作用，进料机构停止进料，丝网包裹机构开始运行，当包裹层数达到设定要求，切刀切断丝网，物料输送停止工作，打捆室后舱门开启，卸出草捆，打捆过程结束。圆捆尺寸为直径 800 mm、长度为 650 mm，圆捆质量为 150 ～ 200 kg。同时为了便于换网和维修，丝网包裹机构需采用模块化设计，位于进料机构和打捆成型机构中间（表 15–3）。

表 15-3 4MZK-140 型苎麻青贮收割打捆机作业性能

序号	项目	规格
1	行走方式	履带自走式
2	机具幅宽（mm）	1 400
3	配套动力（kW）	60
4	生产率（hm²/h）	0.2～0.3

（二）适宜区域

适于我国苎麻主产区推广应用。

（三）注意事项

苎麻青贮收割打捆机驾驶人员必须具有农机管理部门核发的驾驶证，经过收获机操作的学习和培训，并具有田间作业的经验。工作时机组操作人员只限驾驶员 1 人，严禁超负荷作业，禁止任何人员站在切碎器和割台等附近。收割作业时，发动机排气管应安装性能可靠的灭火罩；驾驶员应配戴防风镜，防止麻秆碎屑进入眼内，造成伤害。排除割刀和滚筒堵塞故障时，必须在停机并切断动力后进行。需在割台下进行检查、保养工作时，应将割台支垫牢靠后进行。转移地块时，割台应升到最高位置，并切断动力。转移中，不准高速行驶。停机时，应将苎麻青贮收割打捆机停放在平坦地面上，不得悬挂状态停放。

四、4QM-4.0 型麻类青饲料联合收割机 *

青贮作为牲畜饲料储备的重要措施之一，是解决牛、羊等饲草季节性短缺的最佳手段。随着我国畜牧业和养殖业的快速发展，南方畜牧业发展形势向好，对青贮饲料的需求量越来越大。苎麻用作饲草养殖畜牧成本低，效果好，对畜牧业降本增效有着十分重要的意义。

目前饲用苎麻收获加工主要采用人工砍割或采用割草机收割后再用玉米或牧草切碎机进行切碎加工的分段收获作业模式。这种模式劳动强度大、工作效率低，且生产成本高，严重制约了饲用苎麻规模化、产业化发展。随着麻类生产产业化及青饲料发展规模化，苎麻、红麻的种植面积更加集中连片，采用专用的麻类作物联合收获机作业是减轻麻农劳动强度、提高饲用苎麻种植经济效益、实现饲料苎麻产业规模化生产的重要手段，也是解决畜牧业快速增长而面临饲草资源短缺问题的有效措施（图 15-6）。

---

* 作者：吕江南（初加工机械化 / 中国农业科学院麻类研究所）

图 15-6　4QM-4.0 型麻类青饲料联合收割机

（一）主要技术参数

表 15-4　4QM-4.0 型麻类青饲料联合收割机主要技术指标

序号	项目	规格
1	结构型式	履带自走式
2	配套动力额定功率（kW）	74
3	切割形式	往复式
4	物料切碎形式	滚切式
5	物料输送方式	带输送
6	卸料方式	液压侧倾翻
7	作业小时生产率（hm²/h）	0.25～0.35
8	收获损失率（%）	≤ 3
9	标准草长率（%）	≥ 85
10	物料切断长度（mm）	≤ 100
11	最小离地间隙（mm）	≥ 250
12	割幅宽度（mm）	2000

（二）总体结构及工作原理

该机主要由底盘、收割系统、夹持喂入系统、切碎系统、传动系统、集料装置等部分组成，结构示意图如图 15-7 所示。该机能一次完成饲用苎麻收割、输送、切碎、集料和卸料等五项作业，具有功能全、结构简单、操纵方便灵活等优点。结合机械的作业要求，提出了饲用苎麻宽窄行宜机化种植模式，使机器行走时履带处于宽行土面上，减少对苎麻植株损伤，保证饲用苎麻的后茬生长，大幅度提高了生产效益。机器的主要技术指标如表 15-4 所示。

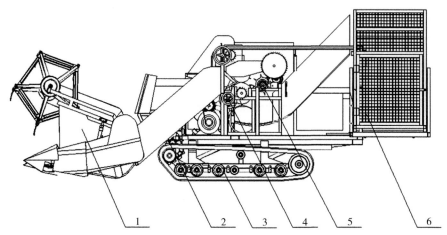

1.收割系统；2.传动系统；3.行走系统；4.夹持喂入系统；5.切碎系统；6.集料装置

图 15-7　4QM-4.0 型麻类青饲料联合收割机结构示意图

（三）适宜区域

适宜较大规模饲用苎麻及饲用红麻种植区使用。

（四）注意事项

（1）操作要求。本机适用于饲用麻类作物及各种茎秆类牧草的田间收割、切碎、集料联合收获作业，尤其适用收获茎秆高度小于 1.5 m 的饲料作物，通过此机器能将田间饲用麻类作物或各种茎秆类牧草收割及切碎，最后在料箱中可获得长 10 cm 左右碎段青饲料。

（2）主要装置技术实现形式。往复式切割→前置式割台上纵向拨秆→搅龙输送器横向输送→刮板式输送槽输送茎秆→柔性浮动压辊夹持进料→人字形滚刀切料→提升器提升物料→装料→自动卸料。

（3）安全事项

①机器启动前，机器周围 2 m 以内应禁止站人，防止机器伤人。

②机器作业场地的选择应尽量选择平坦的田块，且机器行驶路面与作业田地面之间的垂直高度不超过 1 m 为宜。当机器行驶路面与作业田块之间的高度超过适合高度时，机器可能需要辅助铝梯或其他工具进入作业田地，否则有可能损坏机器割台或造成其他安全事故。

③机器在正常作业之前，应首先进行安全检查，确保各零部件无松脱等及机器工作环境安全，再启动机器开机运转，确认机器运转无故障之后，即可正常作业。

④工作过程中，机器发生故障，应立即停机。机器运转时，不得用手去清理缠麻和残渣及用手触摸机器运转部件，以免发生事故。

（4）维护保养

①联合收割机除在每天工作前需作好日常保养，每次工作后需清除机器切碎器内及

输送槽内残留纤维及异物。

②当切碎器或输送槽发生缠绕和堵塞时必须停机检查，并将缠绕或堵塞的麻纤维清理干净。

③经过一个季节的工作后，对整机要作一次大的维护保养，并作好防腐防锈工作。

④新机工作 4 h 后应对所有紧固件、联接件进行加固和检查，并对松动件进行紧固处理。

⑤工作 30 h 后必须更换变速箱内润滑油，以后每个作业季节需要更换变速箱内润滑油。

五、黄麻菜联合收割机 *

黄麻菜，又叫"埃及帝王菜"，原产于阿拉伯半岛、埃及、苏丹、利比亚等地，在以埃及为中心的阿拉伯国家的宫廷中作为御膳食用已有悠久的历史。黄麻菜营养丰富，富含抗老化的 β–胡萝卜素、维生素 C、维生素 E 等营养物质。据相关研究报道，长期食用黄麻菜可促进肠道蠕动，软化宿便，预防便秘、结肠癌；降低血液中的胆固醇、甘油三酯；减少糖类在肠道中的吸收，降低餐后血糖等。

黄麻菜主要食用其嫩茎叶。人工采摘时，当植株有 30 cm 并有 6 ~ 8 片真叶即可采摘嫩梢食用，采摘芽顶可促进其分蘖。待植株长至 80 cm 则进入了旺盛生长期，可采摘其嫩梢上市。为实现黄麻菜机械化收获，中国农业科学院麻类研究所与南京农业机械化研究所联合开展了黄麻菜收割机研发，研制的黄麻菜联合收割机割台高度具有可调节升降功能，可以适应不同高度作物的收获需求。采摘时植株的适宜高度为 80 ~ 150 cm，物料的切割长度为 15 ~ 30 cm。黄麻菜收割机田间采摘现场见图 15-8。

图 15-8　黄麻菜联合收割机田间采摘

---

* 　作者：吕江南（初加工机械化 / 中国农业科学院麻类研究所）

（一）主要技术参数（表15-5）

表 15-5　黄麻菜收割机主要技术参数

序号	项目	规格
1	结构型式	履带自走式
2	切割形式	往复式
3	物料拨送形式	双棘轮拨送
4	物料输送方式	气吸风力输送
5	收获损失率（%）	≤ 3
6	物料切断长度（mm）	150～300
7	最小离地间隙（mm）	≥ 250
8	割幅宽度（mm）	1500

（二）总体结构及工作原理

该机器配套了KGE12-E3汽油发电机和多台交、直流电机，整机的执行机构动力全部由电机提供。该机主要的工作部件包括：升降装置、高地隙履带行走装置、往复式切割刀具、分禾器、双链同步夹持输送系统及弧形集料装置等。重点克服了电动行走控制技术、全电动多驱动控制技术及高效低损输送等技术难点。实现了一次性完成黄麻菜的田间收割、物料输送和高效集料工序。在机器作业之前，需根据作物的生长高度通过专用手柄调节机器的割台高度，并使机器的履带行走在田块的垄沟上。在机器作业时，需要两个人分别置于机器左右两侧进行配合，一人负责机器的驾驶，另一人负责切割后物料的收集与装袋，在收集物料处也安装有机器的急停紧急按钮以应对突发情况。样机结构简图见图15-9。

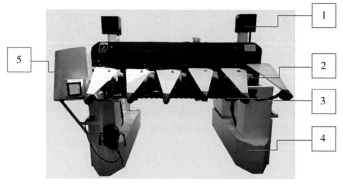

1.升降装置；2.往复式割刀；3.高地隙履带行走装置；4.收集装置；5.拨禾轮

图 15-9　黄麻菜收割机样机结构简图

（三）适宜区域

适宜较大规模种植黄麻菜农户收获时使用，应用场景主要为平整地块作业。

（四）注意事项

（1）操作要求。 本机器动力由 KGE12 E3 汽油发电机提供，适用于不高于 150 cm 黄麻菜的收割作业；该机的驾驶操作人员必须经过专业培训，考试合格并取得拖拉机驾驶操作证书方可操作机具作业；使用者须严格遵守安全操作规定和交通法规，使用前操作人员认真阅读使用说明书，了解使用注意事项，掌握该机具的熟练正确使用。

（2）注意事项。 该机器已在长沙望城、沅江等地进行了小规模的田间试验，割茬整齐、漏割率低。机器工作时，机器前方及机具附近 2 m 内严禁站人；机器行动时，手、脚等不得伸入输送链及切割刀轴附近；机器运转时，严禁取下或打开安全防护罩；只有关闭发动机后，方可检查机械故障。黄麻菜的种植行距需与收割机履带之间宽度保持一致。

（3）维护保养。 机器除在每天工作前作好保养外，经过一个季节的工作后，对整机要作一次大的维护保养，并做好防腐防锈工作。新机工作 4 h 后应对所有紧固件、联接件进行加固和检查，并对松动件进行紧固处理。每班作业结束后必须做到：倾听和观察收割机各工作零部件有无异常现象，如有异响、松动等现象，应立即检修；必须清除干净切割器上及输送链上残留的异物及纤维；切断蓄电池电源；擦洗和清除机具内、外部的泥土、油污等；如露天存放，应盖上遮雨油布，防止电机及发动机泡水；检查各润滑部位是否加注润滑油。

六、纤用苎麻机械化割捆技术 *

苎麻是我国传统的纤维作物，在我国麻类产业中有着不可替代的独特地位，目前，我国苎麻主产区主要集中在长江中游及西南地区等省份。苎麻为多年生植物，根系发达，适应性广，兼具水土保持和纤维利用双重价值，无论在平地还是丘陵山地皆有广泛种植。由于苎麻茎秆韧性强，且每年要收获三次，人工收获作业劳动强度大、效率低。据统计，苎麻收获用工量占整个苎麻生产过程用工量的 60% 以上，收割难是苎麻生产中迫切需要解决的问题。

为进一步减轻苎麻田间收获过程对劳动力的需求，提高机械化收获效率，开展了集切割、输送、打捆于一体的苎麻联合收获技术研究。研制了两款履带式苎麻割捆机，一款是适用于垄作或丘陵山地的小型手扶式 4MZK-100 型苎麻割捆机，割幅 1 m，两条履带可在同一垄上行走；一款是适于中大地块（不开沟或矮垄）苎麻收获的自走式 4MZK-200 苎麻割捆机，割幅 2 m。两款机具分别如图 15-10、图 15-11 所示。

小型手扶式 4MZK-100 型苎麻割捆机主要由分禾装置、切割装置、输送装置、打

---

* 作者：张彬（种植与收获机械化岗位 / 农业农村部南京农业机械化研究所）

捆装置、履带底盘、动力及传动系统等组成，作业时可实现对麻秆的有效切割和整秆打捆功能。该机底盘采用加长型履带，爬坡及涉沟能力强，其技术性能指标参数为：动力4.5 kW、割幅120 cm、割茬高度≥5 cm、成捆率≥90%、作业效率0.2～0.3 hm²/h。具有体积小、重量轻、机动灵活、割茬低、操作简单、方便省力的特点。

4LMZ-200型苎麻割捆机采用大动力底盘，在割铺的基础上增加了上拨禾装置、仿形装置及实现各工作部件自动调控的智能化控制系统。该机集割台地面仿形、自动对行、拨禾高度自动调节、自动打捆及故障自动监测等功能于一体，功能齐全，自动化程度较高。经农机鉴定部门田间作业性能检验，其技术性能指标为：配套动力40～70 kW、割幅200 cm、作业效率0.4～0.6 hm²/h、割茬高度≤10 cm、漏割率≤5%、成捆率≥90%、故障诊断误诊率≤1%，满足田间生产使用要求，目前该机已在湖北苎麻主产区得到应用。

图15-10　4MZK-100型苎麻割捆机

图15-11　4MZK-200型苎麻割捆机

（一）技术要点

（1）作物和田块条件调查

①收割前应充分了解作物的品种、高度、成熟度、茎秆含水率以及倒伏情况，以便对机器作必要的调整。

②收割机前进方向有影响作业的较大的沟垄时，应事先予以平整或铺放跳板。

③两款机具已割区均在左侧，作业方向应采用右回转收割，以保证麻捆倒向麻田机具左侧的已割区。当麻田周围不满足铺放条件时应事先进行人工开道。

（2）作业前准备要点

①严格按照使用说明，检查各紧固件、传动件有无松动、脱落，检查各部位间隙、松紧是否符合要求。接通电源，检查仪表盘各指示标志、照明、鸣笛等是否正常。

②启动发动机，在低速时接合工作部件离合器，然后再缓慢加速至发动机额定转速，检查收割机各工作部件是否运转正常，自动控制系统是否灵敏。

③打捆装置调试时，穿针杆上的捆绳应与打结器处于衔接状态，用手扳动打捆触发挡板，检查打捆装置能否在空载状况下完成打结动作，在正式作业前，应以打捆装置能够连续完成3个空载打捆作业循环为宜。

④ 4LMZ-200 型苎麻割机作业前，应调整割台地面仿形装置中仿形板调节杆长度，设定仿形高度（即割茬高度）为 10 cm 左右，避免割茬过高造成收割损失，以及割茬过低使割刀碰触地面，造成割刀受损。

（3）作业过程要点

①收割作业时，挡位须调至"作业挡"，不能在"行走挡"作业。

②合理选择作业速度，对于长势好、植株密度大的麻田，可适当降低作业速度；对于长势稀疏、植株密度小的麻田，可适当提高作业速度。

③为保证作业的流畅性，减少故障发生率，作业过程中应尽量保证对行收割。

④为发挥收割机最佳作业效率，作业过程中尽量采用满幅收割。

（二）适宜区域

小型手扶式 4MZK-100 型苎麻割捆机适用于垄作或丘陵山地（坡度＜15°）等交通不便及小地块麻田的收割作业；4MZK-200 型苎麻割捆机适于平作或矮垄的规模化、大地块种植区域收获。

（三）注意事项

（1）收割机操作人员须具备农机监理部门核发的联合收割机驾驶证，严禁无证驾驶和证件不符的操作人员驾机下地。

（2）收割机作业过程中，辅助人员跟车过程中应保持 1～2 m 的安全距离，严谨其他人员靠近收割机；当机器出现故障时，应及时停机待所有工作部件停止运转后方能进行检修。

（3）收割作业时，分禾器中的拨禾轮、输送装置两端的链轮等回转部件极易缠绕麻皮而发生运转卡顿或零部件损伤，当出现较多的麻皮缠绕时，应立即停车清理。

（4）由于割捆机仿形机构采用的弧形板仿形，工作时仿形板后端与地面接触，故收割机在处于作业状态或机具没有提升至安全高度时，严禁倒车，以防损坏仿形装置。

（5）遇有转弯、调头及收割机转移时，须将割台缓慢提升到离地面安全高度，防止割台与地面碰撞。

七、93QS-5.0 型麻类青饲料切碎机 *

麻类作物特别是饲用苎麻，生物产量高、营养丰富，是一种优质青贮饲料原料。麻类作物在加工过程中无专用切碎设备，使用现有市场上青贮玉米、牧草等切碎机械来加工麻类作物，切碎装置刀具易被麻纤维所缠绕，造成加工中断，甚至电机损坏，影响加工的效率与质量。同时，不同的青贮原料由于其茎秆自身物理特性的差异，所需切碎刀具的形式也存在差异，不同切碎方式对青贮饲料品质也有影响。因此有必要研制一种专用的麻类作物青贮切碎机械，以提升麻类作物切碎加工效率与加工水平，推动麻类作物

---

* 作者：吕江南（初加工机械化 / 中国农业科学院麻类研究所）

饲料产业发展。93QS-5.0 型麻类青饲料切碎机是在此背景下，由中国农业科学院麻类研究所研制的一种专用于麻类青饲料的切碎机。切碎机样机及工作图如图 15-12 所示。

图 15-12　93QS-5.0 型麻类青饲料切碎机样机及工作图

（一）主要技术参数

表 15-6　93QS-5.0 型麻类青饲料切碎机主要技术参数

序号	项目		规格
1	型号名称		93QS-5.0 型
2	结构形式		移动式
3	外形尺寸 （长 × 宽 × 高）（mm）		2 480×1 030×1 120
4	电机型号		Y2-160M-2 三相异步电机
5	配套电机额定功率（kW）		7.5
6	整机重量（kg）		420
7	配套电机额定转速（r/min）		960
8	切碎形式		滚切
9	切刀	刀片数量（片）	4
		刀辊转速（r/min）	1 000
		尺寸（外径 × 长度）（mm）	Φ300×500

（二）总体结构及工作原理

93QS-5.0 型麻类青饲料切碎机主要由自动喂入装置、拨送装置、夹持装置、切碎装置、纵向输送装置、防缠绕装置、机架等部分组成。该机器的独特之处在于配置有双叶人字形切碎刀片和专用防缠装置，可有效降低机器内部轴承被苎麻纤维缠绕概率，同时减少切碎刀辊的转动惯量、提高切碎效率。该机器具有结构紧凑、移动灵活、性能可靠、操作方便的特点。其主要技术参数如表 15-6。样机结构见图 15-13。

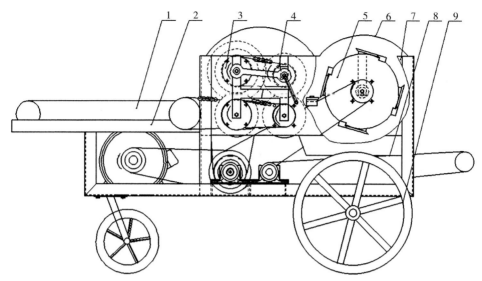

1. 喂入装置；2. 机架；3. 拨送装置；4. 夹持装置；5. 切碎装置；6. 机罩；7. 机架侧板；8. 输出装置；9. 行走装置

图 15-13 93QS-5.0 麻类青饲料切碎机结构示意图

该机采用 7.5 kW 三相异步电机提供动力，作业时电机通过主皮带轮将动力传递给喂入装置、拨送装置、夹持装置、切碎装置及输出装置。机器喂入装置采用链式输送机构，可实现物料的自动喂入，提高效率及喂入安全性。拨送机构与夹持机构设有间隙自动调节机构可保证上夹持辊随喂入物料量的多少而自动调节与下夹持辊的间隙，从而防止物料堵塞现象的发生；滚切式切碎装置的可调节定刀片和滑切式动刀片结构可减少切片磨损，降低了物料切碎功耗，提高了物料切碎效率与质量。

（三）适宜区域

适用于湖南、湖北、江西等饲用苎麻种植区使用，应用场景主要为场地作业。同时也适用于工业大麻、饲用黄麻切碎加工处理。

（四）注意事项

（1）操作要求。将待切碎加工的麻茎移到机子两旁操作者取麻顺手的地方。喂入量应根据麻茎粗细情况灵活掌握，一般喂入量每次不超过 3 kg，注意喂料的均匀。操作者每次取麻一把，将麻茎稍微理齐摊平，尽量不要交叉重叠，将梢部或根部由喂料口送入，从机器出麻口处收集切碎加工好的物料时应注意观察，注意安全。已切碎加工好的麻茎秆要及时干燥、喂养或作青贮加工处理，防止物料变质。

（2）安全事项。机器应安放平稳，防止工作时过大的振动。操作人员应着紧身衣袖，留长发者应戴安全帽；严禁操作人员酒后、带病或过度疲劳时开机作业；作业前，操作人员必须熟悉机器的操作，控制装置和它们的功能；不准随意提高主动转速的转速，不准随意拆掉各部件的防护装置；机器的工作场地应宽敞，通风，并备有防火设备；待加工的物料应防止混入铁器、石块等杂物。开机启动前，锁紧所有紧固件，使滚筒的运行方向与规定的方向一致，锁紧机壳，并固定行走轮。必须保证视野开阔，确保所有人员和动物远离机器的危险区域；机器工作时，严禁靠近运转部位，不得用手或撬棍等撬皮带及链条；作业时，如机器发生异常响声，应立即停机检查，禁止在机器运转时排除故障；不得用木棒和铁器强行喂料。

（3）维护与修理。对机器进行任何调整和维修之前，应切断电源并关掉启动开关，等所有运动部件停止动作；机器每次工作完毕，彻底清除机内外杂物，清除堵塞时，应防止刀片割手；机器动刀片要保持锋利，更换动、定刀片时，与厂家联系，不得用普通紧固件和普通刀片代替。机器每作业 5 h 应给链条加注润滑油，每年给主轴承加注润滑脂一次。

第十六章 剥制机械与技术

一、4BM-450 型直喂式苎麻剥麻机 *

苎麻纤维剥制提取十分困难，苎麻纤维剥制存在成本高、劳动强度大、作业效率低及剥麻质量不稳定等问题，迫切需要研制出高效苎麻剥麻机具。为解决长期制约着我国苎麻产业发展过程中所面临的"剥麻难"问题，中国农业科学院麻类研究所开展了直喂式苎麻剥麻机的研制，研制成功 4BM-450 型直喂式苎麻剥麻机第一代、第二代及第三代样机。该机具有剥麻效率高、安全性好、操作轻便等特点，适应苎麻基地苎麻收获使用。

（一）主要技术参数（表 16-1）

表 16-1 4BM-450 型直喂式苎麻剥麻机主要技术参数

序号	项目	规格
1	结构型式	一次喂入式
2	配套动力额定功率（kW）	11
3	鲜茎出麻率（%）	5.65
4	含杂率（%）	1.29
5	样机生产效率（干纤维）（kg/h）	29.03

（二）总体结构及工作原理

4BM-450 型直喂式苎麻剥麻机主要由剥制装置、输送装置及梳理装置三部分组成。

---

* 作者：吕江南（初加工机械化/中国农业科学院麻类研究所）

其主机剥制装置配套电机和柴油机两种动力形式。该机工作原理是利用剥麻部件与进料之间的速度差及苎麻木质部与韧皮部之间的物理特性差异设计而成。采用夹持滚筒—剥麻滚筒多滚筒配合模拟手工喂入剥麻。创制了直喂式苎麻剥麻喂入辊、碾压辊及剥制辊差速揉搓分离技术，以及苎麻纤维防缠绕技术，实现苎麻一次喂入式剥制。具有操作简单、安全，可连续喂入，工效高、劳动强度低的特点。经直喂机主机剥制装置加工出来的苎麻粗纤维依然含有少量麻骨和青皮，再经梳理装置梳理处理便可以得到高质量的苎麻纤维。2021 年经湖南省农业机械鉴定站的样机检测，样机生产效率为 29.03 kg/h、鲜茎出麻率为 5.65%、苎麻含杂率为 1.29%，剥麻质量满足 GB/T 7699—1999《苎麻》技术要求和 DB43/T 251—2004《苎麻剥麻机技术条件》技术要求。该装备的生产率比生产上使用的双滚筒剥麻机高出 93%。样机如图 16-1 所示。

图 16-1　直喂式苎麻剥麻机样机图

（三）适宜区域

适宜湖南、湖北、江西、四川、重庆等地苎麻种植主产区使用，应用场景主要为场地作业。

（四）注意事项

（1）操作要求。使用者在使用前需要认真阅读使用说明书，了解使用注意事项并严格遵守安全操作规定，掌握操作技能，避免发生安全事故，发挥机器最大效能。

（2）使用前准备

①将待剥麻茎移到机子两旁操作者取麻顺手的地方，并准备好晒麻用件。

②检查机器各部件的安装、调整是否正确；皮带松紧度是否合适；各固定螺栓是否松动；用手扳动滚筒检查有无碰卡现象。

③确认机器周围环境，注意机器危险区域不能站人。确认安全后，试机启动电动机观察机器是否异常，无异常情况即可试剥，试麻后即可正式剥麻。

（3）安全注意事项

①将待剥麻茎移到机子两旁操作者取麻顺手的地方，将输出机构摆放至剥制装置出

麻口 20 cm 位置，梳理机放置在输出机构输出端的附近位置，并准备好晒麻用件。

②喂入量应根据麻茎情况灵活掌握，一般粗茎的 5 ～ 6 根，细的 7 ～ 8 根，注意喂料的均匀。

③操作者每次取麻一把，将麻茎理齐摊平，尽量不要交叉重叠，将梢部由喂料口送入。

④从输出机构输出端取麻时应注意观察，注意安全。

⑤再将剥制好的粗麻用梳理机构进行处理，除去黏附的残屑及麻骨。已剥制的麻要及时干燥，最好在晴天剥麻，随剥随晒。晒麻时要用力抖松、抖直、晒得薄而匀，晒干后扎成小把。

⑥在操作过程中，需始终注意安全，如机器发出异响应立即停机进行检查，排除故障后才可重新开机。

（4）维护与修理

①齿轮及各活动部分要经常加机油润滑。

②机器内及四周的麻渣要及时清除；每班工作后，要将机器内外清理干净。

③每季麻剥完后，应对机器各部分彻底清理、检查、擦拭干净；机器应存放在室内干燥处，不得长期在外日晒雨淋。

④每年剥麻结束后，滚筒轴承应加注黄油。

二、4BM-240 型苎麻剥麻机 *

针对目前苎麻收获主要采用手工刮麻、费工费时、劳动强度大、技术要求高以及原有单滚筒剥麻机纤维损失较大的现状，为满足丘陵山区苎麻种植户需求，研制出新型轻便型 4BM-240 型苎麻剥麻机，该机械获得国家实用新型专利 1 项（ZL 200920259409. X）。4BM-240 型苎麻剥麻机样机作业图如图 16-2 所示。

图 16-2　4BM-240 型苎麻剥麻机及所剥麻样

---

* 作者：吕江南（初加工机械化／中国农业科学院麻类研究所）

（一）主要技术参数（表16-2）

表16-2　4BM-240型苎麻剥麻机主要技术参数

序号	项目	规格
1	滚筒转速（r/min）	900～1 200
2	滚筒规格（外径×工作长度）（mm）	240×220
3	打板数量（块）	12
4	配套动力设备	170F 汽油机
5	外形尺寸（长×宽×高）（mm）	800×1 000×970
6	鲜茎出麻率（%）	≥5
7	含杂率（%）	≤1.5
8	工效（原麻）（kg/h）	≥10

（二）总体结构及工作原理

4BM-240型苎麻剥麻机主要由机架、把手部件、喂料斗部件、护罩、轴承座等部分组成（图16-3）。以适当去叶苎麻鲜茎为原料，人工喂入及反拉，经过剥麻滚筒的刮打，直接剥制出粗制纤维。该机的喂料斗既方便物料喂入又提高了操作安全性，优选出的双剥麻滚筒设计参数，能够保证剥麻质量符合 GB/T 7699—1999《苎麻》；加大的行走轮移动装置，既适合在固定场所工作，又方便田间移动使用。动力可选配柴油机和汽油机等多种动力，整机能耗低、结构合理、机型紧凑、运行平稳，而且操作省力、工效较高、剥麻质量可靠，适用丘陵山区中小规模苎麻种植户使用，使得丘陵山区苎麻种植户有好机可用，促进当地乡村振兴。

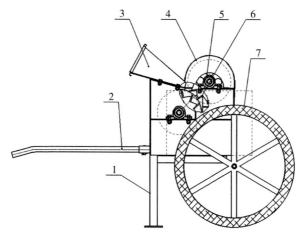

1 机架；2 把手部件；3 喂料斗部件；4 护罩；5 轴承座；
6 主副滚筒部件；7 行走轮部件

图 16-3　4BM-240型苎麻剥麻机结构示意图

（三）适宜区域

适于我国丘陵山区苎麻主产区推广应用。

（四）注意事项

（1）操作要求。机器应安放平稳，防止工作时过大的振动。有风天气剥麻时，注意机器安放方向，应使操作者站在上风头。机器启动前，检查机器各部件的安装、调整是否正确；皮带松紧度是否合适；各固定螺栓是否松动；用手扳动滚筒检查有无碰卡现象。机器启动时，汽油机转速调至中挡，使剥麻滚筒转速在 900 ～ 1 000 r/min，剥麻机空转2 ～ 5 min，无异常情况即可试剥，试麻后即可正式剥麻。操作过程中，将待剥麻茎移到机子两旁操作者取麻顺手的地方，并准备好晒麻用的架子。喂入量应根据麻茎情况灵活掌握，一般粗茎的 3 ～ 4 根，细的 5 ～ 6 根。操作者每次取麻一把，将麻茎理齐摊平，不要交叉重叠，握住离基端约 15 cm 处，将梢部由喂料口以较快的速度送入，一直送到手握位置，再反向紧靠喂料斗底板拉出；拉出速度可稍慢。调头将基部同样喂入拉出。基梢两次加工部分交界处应有一段重合加工区，使麻茎的全长都剥干净。已剥制的麻要及时干燥，最好在晴天剥麻，随剥随晒。晒麻时要用力抖松、抖直、抖掉麻上黏附的部分残屑；要晒得薄而匀，麻基端要理齐，晒干后扎成小把，适当揉搓，除去黏附的残屑。

（2）安全注意事项

①机器工作时，非工作人员不得靠近机器，更不得随手触摸工作部件，所有人员均不得靠近剥麻滚筒排渣屑一方，以免发生意外。

②操作人员要衣着利落，发辫要包扎，注意力要集中。

③喂麻时手要握成拳头，不能将手指摊开，更不能用手指在喂麻口附近拨麻。

④调头喂麻的基部时，不能将已剥纤维挽紧在手上，以免将手带进剥麻滚筒发生事故。喂麻时如发生缠麻，感到手已控制不住时应立即松手。

⑤机器发生故障，影响运转时，应立即停机排除。保证出料口畅通，一旦麻渣堆集，应及时疏通。

（3）维护与修理

①齿轮及各活动部分要经常加机油润滑。

②机器内及四周的麻渣要及时清除。

③每班工作后，要将机器内外清理干净。每季麻剥完后，应对机器各部分彻底清理、检查、擦拭干净；机器应存放在室内干燥处，不得长期在外日晒雨淋。每年剥麻结束后，滚筒轴承应加注黄油。

三、6BZQ-170 型全自动苎麻剥麻机 *

目前苎麻纤维收获与剥制作业占整个生产过程中用工量的 80% 左右，由于苎麻作物

---

* 作者：吕江南（初加工机械化 / 中国农业科学院麻类研究所）

的生长特点，苎麻纤维收获剥制中存在收剥成本高、劳动强度大、收获工效低及剥麻质量不稳定等诸多问题，目前苎麻生产中迫切需要研制出高效苎麻剥麻机。

为解决苎麻纤维高效剥制问题，基于横向喂入式剥麻技术的作业特点，结合苎麻纤维剥制工艺要求与轻简化高效纤维剥制的市场需求，中国农业科学院麻类研究所研制出一款6BZQ-170型全自动苎麻剥麻机（图16-4）。该机可一次完成苎麻切梢、匀麻、喂料输送、碾压、喂麻、夹持输送、剥麻、换端夹持和接麻、集麻等工序，该类机型实现苎麻连续喂料、操作简单、剥麻质量稳定、既解决了人力反拉式剥麻机劳动强度大、安全性能差等问题，又克服了直喂式剥麻机滚筒缠麻、基部剥麻不净等不足，剥麻工效高。

图16-4　6BZQ-170型全自动苎麻剥麻机

（一）主要技术参数（表16-3）

表16-3　6BZQ-170型全自动苎麻剥麻机主要技术参数

序号	项目		规格
1	剥麻作业方式		横向夹持输送
2	外形尺寸（长×宽×高）(mm)		9 800×2 000×1 600
3	整机重量（t）		4.6
4	加工苎麻茎秆长度（mm）		1 700
5	工作效率（kg/h）		142
6	苎麻纤维质量	鲜茎出麻率（%）	5.06
		原麻含杂率（%）	1.06
		原麻含胶率（%）	24.60
		束纤维断裂强度（cN/dtex）	4.55
		苎麻纤维等别	二等

（二）总体结构及工作原理

6BZQ-170 型全自动苎麻剥麻机主要由上料系统、物料处理系统、剥麻系统、接集麻系统和动力控制系统等五块核心系统构成（图 16-5）。其中上料系统主要包括上料台、输送装置、切梢装置和滑道等；物料处理系统主要包括匀麻输送装置、碾压装置和喂料装置等；剥麻系统主要包括第Ⅰ夹持输送机构、第Ⅰ剥麻机构、换端夹持机构、第Ⅱ夹持输送机构、第Ⅱ剥麻机构等；接集麻系统主要包括接麻机构、输送机构和集麻杆等；动力控制系统主要包括操作台，电控安全组件，切梢电机、碾压喂麻电机、夹持输送电机、剥麻电机Ⅰ、剥麻电机Ⅱ和风机电机等 6 台电机构成，其中风机电机为 2 相电机，其他电机均为三相电机，整机电机（能耗）总功率为 22 kW。

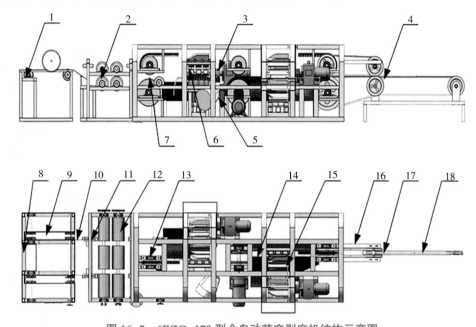

图 16-5　6BZQ-170 型全自动苎麻剥麻机结构示意图

1.上料系统；2.物料处理系统；3.剥麻系统；4.接集麻系统；5.换端夹持机构；6.第Ⅰ剥麻机构；7.第Ⅰ夹持输送机构；8.上料台；9.输送装置；10.滑道；11.匀麻输送装置；12.碾压装置；13.喂料装置；14.第Ⅱ夹持输送机构；15.第Ⅱ剥麻机构；16.接麻机构；17.输送机构；18.集麻杆

连续夹持输送式苎麻剥麻机的工作过程主要分为茎秆喂入输送、茎秆匀麻碾压、基部纤维剥制、换端夹持、梢部纤维剥制和纤维输出 6 个过程。

成捆物料（苎麻茎秆）搬运至上料台后，手动将苎麻茎秆推送至输送装置上，随着输送装置的输送，切梢装置完成物料梢部的切除，苎麻茎秆运输至输送装置的末端后，在倾斜滑道上下滑，均匀进入到匀麻输送装置，随着匀麻输送装置的夹持输送，碾压装置完成苎麻茎秆的碾压，两端对称分布的匀麻输送装置持续将碾压后的苎麻茎秆输送（喂入）至第Ⅰ夹持输送机构；作业时，主电机带动夹持输送装置Ⅰ运转（带动驱动链轮同轴安装的夹持输送装置Ⅱ同步运转），夹持输送装置Ⅰ中上输送链条的凸形压块卡入到下输送链条的凹形卡板而形成夹持输送区域，将苎麻茎秆横向喂入至夹持输送区域实现茎秆的横向夹持输送，完成茎秆喂入输送；随着茎秆夹持输送过程，在斜压杆和导料板的共同作用下，茎秆基部端进入到剥麻装置Ⅰ中，由剥麻凹板和高速旋转的剥麻滚筒形成的剥麻区域通过对茎秆基部端的刮打，完成基部纤维剥制；夹持输送装置Ⅰ持续夹持输送茎秆，在风机和导向杆共同作用下，完成纤维剥制的茎秆基部端纤维进入到夹持输送装置Ⅱ的夹持输送区域，实现茎秆的换端夹持；随着茎秆的持续夹持输送，剥麻装置Ⅱ完成茎秆梢部纤维剥制；随着夹持输送装置Ⅱ的运转，横向夹持的纤维持续输送运动至纤维输出口，完成纤维输出；同步运行中，接麻机构从夹持输送装置Ⅱ中顺利输出纤维。

该机两端分段剥制纤维，分段依次完成苎麻茎秆基部和梢部端纤维剥制；通过凸型压条和凹形卡槽间弹性过盈啮合实现苎麻柔性夹持输送，保障茎秆和纤维的夹持力且不损伤纤维；不改变苎麻茎秆运行方向实现苎麻整秆纤维的剥制，缩小整机尺寸且实现苎麻全程自动化纤维剥制，极大提高整机剥制纤维的工效；该机可一次完成苎麻切梢、匀麻、喂料输送、碾压、喂麻、夹持输送、剥麻、换端夹持和接麻、集麻等工序，实现苎麻的纤饲两用，创新性采用苎麻茎秆横向喂入、双剥麻装置连续分段加工的剥麻原理。该机动力全电机驱动，节能环保，苎麻茎秆通过夹持装置被连续、均匀地横向送入剥麻装置进行剥制，实现了苎麻的不间断地加工，全程自动化作业、操作方便安全、作业工效高且性能可靠。

（三）适宜区域

适用于我国湖南、湖北、四川、山西等苎麻主产区推广应用，该机仅适用于规模化生产地区的苎麻纤维剥制。

（四）注意事项

（1）机器安装与调试

①机器应安放平稳，12个支撑脚需预埋地脚螺栓进行固定，防止工作时振动过大。

②检查机器各部件的安装、调整是否正确；皮带、链条松紧度是否合适；各固定螺栓是否松动。

③启动剥麻电机Ⅰ、剥麻电机Ⅱ和切梢电机时，应从低转速开始逐步提高，不宜直接调至工作转速；机器启动后空载运行 1 ～ 2 min，无异常情况即可试剥，试剥正常后即可正式剥麻。

（2）使用安全注意事项

①操作人员要衣着利落，戴防尘口罩。发辫要包扎，注意力要集中。

②机器工作时，非工作人员不得靠近机器，更不得随手触摸工作部件；严禁打开任意一块防护罩；严禁靠近切梢刀片、剥麻滚筒等高速旋转件附近 1 m 范围。

③如发生出麻不顺、缠麻等情况或机器发生故障，影响运转时，应立即停机排除。

④保证出料口畅通，一旦麻渣、麻叶等发生堆集，应及时疏通。

（3）维护保养。剥麻机除在每天工作前作好保养外，经过一个季节的工作后，对整机要作一次大的维护保养，并做好防腐防锈工作。新机工作 4 h 后应对所有紧固件、连接件进行加固和检查,并对松动件进行紧固处理。每班作业结束后必须做到:倾听和观察剥麻机各工作零部件有无异常现象,如有异响、松动等现象,应立即检修;必须切断整机电源;擦洗和清除机具内、外部的麻渣、纤维和油污等;检查各润滑部位是否加注润滑油。季节保养与封存保管:进行每班保养的全部内容;清洗变速箱,换上新机油;检查清洗轴、销、链条等活动件,安装时加润滑油;发现故障应及时排除,失效零部件应及时修复或更换;做好防锈防腐工作;每季工作完毕,应对机器进行 次全面的清洗保养,并刷油漆一遍。

四、4HB-460 型红麻剥皮机 *

随着黄麻、红麻类功能产品及综合利用研发深入开展,市场的需求将日益增长,研究移动方便、剥皮质量好,工效高的黄、红剥皮机械,突破剥皮机械对粗细物料适应性技术,提高剥皮质量,将会促进其产业的规模化发展,增加麻农收入。在此背景下,中国农业科学院麻类研究所初加工机械化团队研制了 4HB-460 型红麻剥皮机。该样机及作业加工见图 16-6。

图 16-6 4HB-460 型红麻剥皮机

(一)主要技术参数(表 16-4)

表 16-4 4HB-460 型红麻剥皮机主要技术参数

序号	项目	参数
1	外形尺寸(mm)	1 630×1 060×1 050
2	配套功率(kW)	5.5
3	剥净率(%)	≥ 95
4	鲜茎出皮率(%)	≥ 5
5	喂入量(kg/ 次)	≥ 3
6	生产率(kg/h)	≥ 1 500

* 作者:吕江南(初加工机械化 / 中国农业科学院麻类研究所)

（二）总体结构及工作原理

4HB-460 型红麻剥皮机是一款小型式黄、红麻鲜茎剥制加工机械。该机以黄、红麻鲜茎为原料，通过三级对辊实现茎秆的碾压、折茎、刮打实现麻骨、麻叶、青皮的剔除等，分离出干净的鲜皮。该机主要由喂入辊、碎茎滚筒、剥皮滚筒、传动系统、动力及机架等组成，其主要结构如图 16-7 所示。喂入辊采用摆臂浮动式双动力波纹棍结构，实现不同喂入量自适应调节对辊间隙，保证了喂入顺畅，刮青滚筒的斜齿结构可实现红麻表皮的刮青作用，剥麻滚筒与弹性凹板组合可较好地实现红麻茎秆的去叶和去骨作用。该机可配备 5.5 kW 三相异步电机或 190F 柴油机为动力，实现场地作业与田间作业的转变。该机工作稳定，操作简单，剥皮效率高，去叶去骨效果佳。

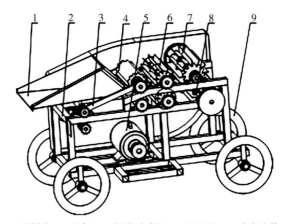

1. 喂料斗；2. 机架；3. 摆臂浮动杆；4. 喂入辊；5. 动力及传动系统；6. 碎茎辊；7. 剥皮滚筒；8. 去叶凹板；9. 行走轮

图 16-7　4HB-460 型红麻剥皮机结构示意图

（三）适宜区域

适于红麻、黄麻种植主产区推广应用。

（四）注意事项

（1）操作要求。机器应安放平稳，防止工作时振动过大。检查机器各部件的安装、调整是否正确；皮带松紧度是否合适；各固定螺栓是否松动；用手扳动滚筒检查有无碰卡现象。

机器启动时，柴油机转速调至中挡，使剥皮对辊转速在 540 r/min 左右，空转运行 2～5 min，无异常情况即可试剥，试麻正常后即可正式剥麻。操作时，将待剥麻茎移到喂入口附近位置，方便操作者取麻，并准备好放麻用的架子。喂入量应根据麻茎情况灵活掌握，一般粗茎秆的 2～3 根，细茎秆 5～6 根。操作者每次取麻一把，将麻茎理齐摊平，不要交叉重叠，将茎秆梢部放入喂入口，并给予一定的力，使得压辊碾压住茎秆梢部，然后放手，待茎秆全部进入压辊后，再放置下一批茎秆到喂入口上，如此连续喂入。已剥制的麻皮要用力抖松、抖直、抖掉麻上黏附的部分残屑等，然后放置在预定的地方。

（2）维护与修理。链轮、链条、齿轮及各活动部分要经常加机油润滑。机器内及四周的麻渣要及时清除；每班工作后，要将机器内外清理干净。每季麻剥完后，应对机器各部分彻底清理、检查、擦拭干净；机器应存放在室内干燥处，不得长期在外日晒雨淋。每年剥麻结束后，各装置处的轴承应加注润滑油。

五、4BM-780 大型剥皮机 *

随着红麻多用途的开发，对剥皮质量与工效的要求越来越高。现有剥皮机存在工效低、手工喂入、尾部剥不干净等现状，无法满足黄麻、红麻种植大户以及麻纺企业原料基地的需求。初加工机械化岗位研制成功的 4BM-780 大型剥皮机样机及作业加工如图16-8 所示。

图 16-8　4BM-780 大型剥皮机

（一）主要技术参数（表 16-5）

表 16-5　4BM-780 大型剥皮机主要技术参数

序号	项目	参数
1	外形尺寸（长×宽×高）（mm）	8 400×2 500×1 400
2	配套功率（kW）	15+11（无级变速）
3	喂入宽度（mm）	780
4	滚筒数量（个）	12
5	喂入量（kg/次）	4
6	剥净率（%）	≥ 90
7	剥鲜皮工效（kg/h）	2 400

---

* 作者：吕江南（初加工机械化 / 中国农业科学院麻类研究所）

（二）总体结构及工作原理

4BM-780 大型剥皮机是一种用于红麻、黄麻和工业大麻纤维剥制加工的中、大型机器。整机长约 8.5 m，主要由喂入装置、剥皮装置、输出装置、传动系统及控制系统等部分组成（图 16-9）。机器首端的喂入装置可取代现有手工喂料，极大减轻工人的劳动强度；机器中段剥皮装置由 5 对不同结构形式相互啮合的辊筒组成，结构形式上采用上、下模块设计，可实现啮合间隙自动调整，能分离出纯度较好的黄、红麻纤维。该机可一次性完成红麻高茎秆作物的喂入、皮骨分离及麻皮输出，具有结构紧凑、剥皮质量好等特点，可满足红麻种植大户场地作业需求。该机获得发明专利 1 项（专利号：ZL 2015101130670）。

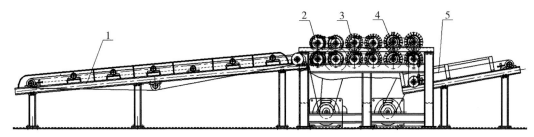

1. 输入装置；2. 碾压装置；3. 螺旋分离装置；4. 去骨抛甩装置；5. 输出装置

图 16-9　4BM-780 大型剥皮机结构示意图

（三）适宜区域

适于红麻、黄麻和工业大麻主产区推广应用。

（四）注意事项

（1）操作要求

①机器应安放平稳，防止工作时振动过大。忌日晒雨淋，最好室内安装。

②检查机器各部件的安装、调整是否正确；皮带松紧度是否合适；链条是否及时加注了润滑油；各固定螺栓是否松动；用手扳动滚筒检查有无碰卡现象。

③试机：该机装有控制系统，首先打开控制去骨抛甩装置和输出装置的按钮，相应变频调速器旋钮调至 25Hz，运作正常后，再打开控制碾压装置和输入装置的按钮，相应变频调速器旋钮调至 20Hz。整机空转 2 ～ 5min，无异常情况即可试剥，试剥正常后即可正式剥麻；由于茎秆含水率差别，若试剥效果不好，可以调整相应的变频调速器数值，直至剥麻效果达到要求。

④将待剥麻茎移到机子两旁操作者取麻顺手的地方，并准备好放麻用的架子。

⑤喂入量应根据麻茎情况灵活掌握，一般粗茎秆的 5 ～ 6 根，细茎秆 7 ～ 8 根，连续喂入。

⑥操作者每次取麻一把，将麻茎理齐摊平，不要交叉重叠，纵向放在喂入输送装置

上，喂入时需要在茎秆末端完全进入碾压装置后，再放置下一批茎秆到喂入输送装置上，如此连续喂入工作。

⑦已剥制的麻皮要用力抖松、抖直、抖掉麻上黏附的部分残屑，然后放置。

（2）安全注意事项

①机器工作时，非工作人员不得靠近机器，更不得随手触摸工作部件，接麻人员应在麻皮排出后，及时收走麻皮，物料未排出时，所有人员均不得靠近剥皮输出装置出口处，以免发生意外。

②操作人员要衣着利落，戴防尘口罩。发辫要包扎，注意力要集中。

③喂麻时把茎秆放在皮带输送装置上，手不能接触输送装置，以免将手碰伤发生事故。

④如发生缠麻或出麻不畅的情况，应立即停机排除。

⑤机器发生故障，影响运转时，应立即停机排除。

（3）维护与修理。链轮、链条、齿轮及各活动部分要经常加机油润滑，以改善工作条件，减少磨损。机器内及四周的麻渣要及时清除。每班工作后，要将机器内外清理干净。每季麻剥完后，应对机器各部分彻底清理、检查、擦拭干净；机器应存放在室内干燥处，不得长期在外日晒雨淋。每年剥麻结束后，各装置处的轴承应采用脂润滑。

六、履带自走式红麻剥皮机 *

随着黄麻、红麻类功能产品及综合利用研发深入开展，市场的需求将日益增长，研究能够移动的、工效高的黄、红麻剥皮机械，突破剥皮机械对粗细物料适应性技术，提高剥皮质量，将会促进其产业的规模化发展，增加麻农收入。中国农业科学院麻类研究所国家麻类产业技术体系初加工机械化团队在原有4HB-480型黄、红麻剥皮机的基础上，研制成功履带自走式红麻剥皮机，该机器样机及作业加工见图16-10。

图16-10 履带自走式红麻剥皮机

---

* 作者：吕江南（初加工机械化／中国农业科学院麻类研究所）

（一）主要技术参数（表16-6）

表 16-6　履带自走式红麻剥皮机主要技术参数

序号	项目	参数
1	外形尺寸（长×宽×高）（mm）	2 100×1 530×1 300
2	配套功率（kW）	11
3	剥净率（%）	≥90
4	鲜茎出皮率（%）	≥5
5	喂入量（kg/次）	≥3
6	生产率（kg/h）	1 200

（二）总体结构及工作原理

　　履带自走式红麻剥皮机是一款可移动式黄、红麻鲜茎剥制加工机械。该机以黄、红麻鲜茎为原料，通过柔性筒轴的两级碾压分离以及齿形滚筒的刮打，去掉麻骨、叶、屑等，分离出干净的鲜皮。该机由喂料口装置、两级筒轴装置、齿形滚筒、机架、履带底盘等部件组成（图16-11），具有移动灵活、性能可靠、操作安全、剥皮效率高等特点，履带自走式底盘可适应不同地形，越障能力强，田间行走方便，是黄、红麻种植大户和麻纺企业及其他加工企业原料基地理想的剥皮机。该机获得发明专利1项（专利号：ZL 202011480206）。

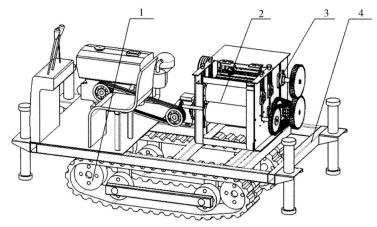

1.履带底盘；2.碾压装置；3.去骨分离装置；4.机架

图 16-11　履带自走式红麻剥皮机结构示意图

（三）适宜区域

　　适于红麻、黄麻种植主产区推广应用。

（四）使用与操作

（1）操作要求

①机器应安放平稳，4个支撑脚可靠接地，防止工作时振动过大。

②检查机器各部件的安装、调整是否正确；皮带松紧度是否合适；各固定螺栓是否松动；用手振动滚筒检查有无碰卡现象；检查刹车系统工作可靠性；确保离合器正常工作。

③机器启动前，先启动柴油机，操作履带自走式剥皮机达到合适位置后，放下4个支撑脚，并可靠接地；然后拉上离合器，动力传递到剥皮装置上，剥皮装置试空转2～5 min，无异常情况即可试剥，试剥正常后即可正式剥麻。

④将待剥麻茎移到喂入口附件位置，方便操作者取麻，并准备好放麻用的架子。

⑤喂入量应根据麻茎情况灵活掌握，一般粗茎秆的2～3根，细茎秆5～6根。

⑥操作者每次取麻一把，将麻茎理齐摊平，不要交叉重叠，将茎秆梢部放入喂入口，并给予一定的力，使得压辊碾压住茎秆梢部，然后放手，待茎秆全部进入压辊后，再放置下一批茎秆到喂入口上，如此连续喂入。

⑦已剥制的麻皮要用力抖松、抖直、抖掉麻上黏附的部分残屑等，然后放置在预定的地方。

（2）安全事项

①机器工作时，非工作人员不得靠近机器，更不得随手触摸工作部件，接麻人员应在麻皮排出后，及时收走麻皮，物料未排出时，所有人员均不得靠近麻皮去骨分离出口处，以免发生意外。

②操作人员要衣着利落，戴防尘口罩。发辫要包扎，注意力要集中。

③喂麻时确保茎秆梢部全部进入喂入口，注意手不能接触喂入口。

④如发生出麻不顺、缠麻等情况，应立即停机排除。

⑤机器发生故障，影响运转时，应立即停机排除。

⑥保证出料口畅通，一旦麻渣堆集，应及时疏通。

（3）维护与修理。链轮、链条、齿轮及各活动部分要经常加机油润滑。机器内及四周的麻渣要及时清除；每班工作后，要将机器内外清理干净。每季麻剥完后，应对机器各部分彻底清理、检查、擦拭干净；机器应存放在室内干燥处，不得长期在外日晒雨淋。每年剥麻结束后，各装置处的轴承应采用脂润滑。柴油机保养与维护按柴油机使用说明书操作。

七、4BM-800型工业大麻打麻机 *

工业大麻茎秆的韧皮部含有纺织所需的纤维，需要对其进行加工处理才能将纤维分离出来。目前，生产上一般将茎秆切断后采用亚麻打麻生产线进行打麻，剥制出的长麻

---

* 作者：吕江南（初加工机械化 / 中国农业科学院麻类研究所）

用于纺织等对纤维长度有要求的行业，但是亚麻打麻生产线较长，过程复杂，纤维损失量大，研制适用于工业大麻干茎加工处理的专用机械，在保证生产质量的前提下，减少加工处理机械的数量，节约加工处理的场地空间，以促进工业大麻产业持续发展。研制成功的4BM-800型工业大麻打麻机样机及作业加工见图16-12。

图 16-12   4BM-800 型工业大麻打麻机

（一）主要技术参数（表 16-7）

表 16-7   4BM-800 型工业大麻打麻机主要技术参数

序号	项目	参数
1	外形尺寸（长×宽×高）（mm）	3 700×1 800×1 200
2	配套功率（kW）	5+11+7.5
3	茎秆喂入方式	纵向喂入
4	茎秆喂入速度（m/s）	0.5～0.67
5	加工茎秆长度（mm）	不限制
6	纤维长度（mm）	≥ 600
7	工效（kg/h）	1 800

（二）总体结构及工作原理

4BM-800 型工业大麻打麻机解决工业大麻干茎打麻费工费时，剥制效果差，机械占地面积大等问题。其结构示意图见图16-13。该设备采用自动喂入装置，减轻劳动强度；碾压部分采用三角形碾压结构和创新设计的弹性轴承座，既可以达到碾压次数，又获得理想的碎茎效果；采用多级滚筒方式，去除经过碾压破碎的麻骨，纤维品质高。该设备仅需要2名工人操作，加工线短，所需加工场地空间小。该机已获得发明专利3项（ZL 201610397956.9、ZL 201610359639.3、ZL 201610367495.0）。

（三）适宜区域

适于工业大麻主产区推广应用。

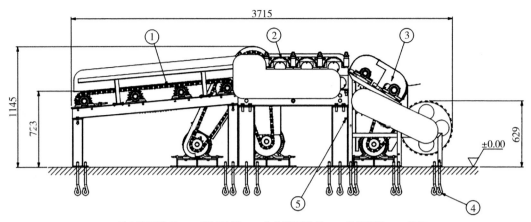

1.喂入输送装置；2.碾压装置；3.分离抛甩装置；4.地脚螺栓；5.机架

图16-13　4BM-800型工业大麻打麻机结构示意图

（四）注意事项

（1）操作要求

①机器应安放平稳，防止工作时振动过大。忌日晒雨淋，最好室内安装。

②检查机器各部件的安装、调整是否正确；皮带松紧度是否合适；各固定螺栓是否松动；用手扳动滚筒检查有无碰卡现象。

③该机装有控制系统，首先打开分离抛甩装置按钮，相应变频调速器旋钮调至35 Hz，运作正常后，再打开碾压装置的控制按钮，相应变频调速器旋钮调至18 Hz，运作正常后，最后打开喂入输送装置的按钮，相应变频调速器旋钮调至18 Hz。

④整机空转2～5 min，无异常情况即可试剥，试剥正常后即可正式剥麻。

⑤将待剥麻茎移到机子两旁操作者取麻顺手的地方，并准备好放麻用的架子。

⑥喂入量应根据麻茎情况灵活掌握，一般粗茎秆的5～6根，细茎秆7～8根，连续喂入。

⑦操作者每次取麻一把，将麻茎理齐摊平，不要交叉重叠，放在喂入输送装置上，如果加工的是长茎秆，纵向喂入时需要在茎秆末端完全进入碾压装置后，再放置下一批茎秆到喂入输送装置上，如此连续喂入；如果加工的是短茎秆，可以纵向连续把茎秆放置在喂入输送装置上。

⑧已剥制的麻皮要用力抖松、抖直、抖掉麻上黏附的部分残屑，然后放置。

（2）安全注意事项

①机器工作时，非工作人员不得靠近机器，更不得随手触摸工作部件，接麻人员应在麻皮排出后，及时收走麻皮，物料未排出时，所有人员均不得靠近剥皮抛甩装置出口处，以免发生意外。

②操作人员要衣着利落，戴防尘口罩。发辫要包扎，注意力要集中。

③喂麻时手不能接触喂入输送装置，以免发生事故。

④如发生缠麻，应立即停机排除。

⑤机器发生故障，影响运转时，应立即停机排除。

⑥保证出料口畅通，一旦麻渣堆集，应及时疏通。

（3）维护与修理。链轮、链条、齿轮及各活动部分要经常加机油润滑。机器内及四周的麻渣要及时清除；每班工作后，要将机器内外清理干净。每季麻剥完后，应对机器各部分彻底清理、检查、擦拭干净；机器应存放在室内干燥处，不得长期在外日晒雨淋。每年剥麻结束后，各装置处的轴承应采用脂润滑。

八、苎麻机械化剥制技术 *

纤维剥制作为苎麻产业的一个关键环节，其作业用工量占整个苎麻生产过程的 60% 左右，成本占苎麻原麻（粗制纤维）价格的 50% 左右。

我国从 20 世纪 50 年代起，开展以收剥加工为主的苎麻生产机具研究，而围绕苎麻剥制技术开展研究是苎麻生产机械化的重点。新中国成立前，苎麻剥制仍为纯手工刮麻；20 世纪 50 年代末期开始，苎麻刮麻机具发展较快，苎麻剥制开始借助简易辅助工具；20 世纪 70 年代中期，中国农业科学院麻类研究所重点开展人力反拉式苎麻剥麻机研究，于 1980 年成功研制出我国第 1 代苎麻动力剥麻机——6BZ-400 型剥麻机，并成功在苎麻产区推广 1 000 多台，该机的成功研制对苎麻生产的发展和苎麻剥麻机械化作业起到了积极的促进作用；20 世纪 90 年代末，为解决当时苎麻剥麻机鲜茎出麻率低、纤维变色和剥麻质量不稳定等问题，科研院所和农机企业等基于已有的剥麻技术进一步开展研究，研制出新型单滚筒苎麻剥麻机，并相继研制出双滚筒苎麻剥麻机；进入 21 世纪后，随着我国苎麻生产的持续稳步发展，剥麻机械的研制朝着高效、机械化和自动化程度高的方向发展，国内学者和农机企业等开展了直喂式和横向喂入式苎麻剥麻技术及装备的研究。

（一）技术原理

苎麻机械剥制技术原理一般是针对苎麻韧皮纤维柔韧有弹性，而麻骨脆硬易断裂的力学特性差异，利用高速旋转的滚筒将麻骨击碎并将其从纤维上刮除，进而获得原麻纤维。

（1）反拉式苎麻机械剥制技术。反拉式苎麻剥麻机作业时，由操作者右手握住一定量的苎麻茎秆，将梢部从喂料斗送入剥麻间隙内，在高速旋转的剥麻滚筒作用下麻骨被击打成小碎块，随后反向回拉苎麻茎秆，再次由剥麻滚筒打麻板将麻骨和麻壳刮打剥净，同时左手轻压已剥纤维使其贴着喂料斗底部抽出，完成梢部纤维的剥制，然后由右手握住已剥纤维并使纤维缠绕右手中指半圈，左手轻握已剥纤维和未剥茎秆连接处，将基部茎秆送入剥麻间隙内再反向抽出，完成基部纤维的剥制，至此完成整秆苎麻茎秆剥制（图 16-14、图 16-15）。

（2）直喂式苎麻机械剥制技术。直喂式苎麻剥麻机作业时，操作人员将苎麻茎秆从喂料斗喂入剥麻装置，由碾压对辊的相对运动完成苎麻茎秆的碾压破碎及皮骨初步分离；初步分离后的苎麻茎秆在碾压辊的夹持输送作用下，进入碎茎对辊中进行折茎和去叶，

---

* 作者：吕江南（初加工机械化/中国农业科学院麻类研究所）

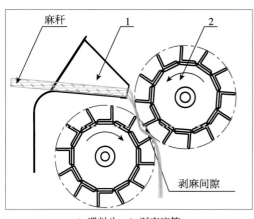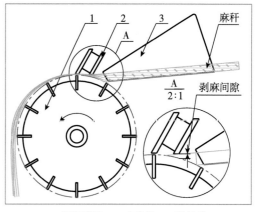

1. 喂料斗；2. 剥麻滚筒　　　　　　　　1. 剥麻滚筒；2. 支撑件；3. 喂料斗
（a）双滚筒剥麻机　　　　　　　　　　　（b）单滚筒剥麻机

图 16-14　反拉式剥麻机工作原理示意图

图 16-15　反拉式剥麻机

最后经刮麻对辊的揉搓刮打作用，使附着在纤维上的碎骨被初步梳理分离，纤维从刮麻对辊抛出后由接集麻装置收集，最后由梳理装置实现纤维上碎骨的二次梳理分离，最终获得干净的苎麻纤维（图 16-16、图 16-17）。

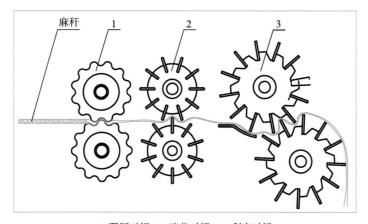

1. 碾压对辊；2. 碎茎对辊；3. 刮麻对辊

图 16-16　直喂式苎麻剥麻机工作原理示意图

图 16-17　直喂式剥麻机

（3）横向喂入式苎麻机械剥制技术。横向喂入式苎麻剥麻机是基于横向喂入可增加打击次数提出的全自动剥麻机，一般由喂料装置、夹持输送装置、剥麻装置、接集麻装置、动力传动装置及机架等组成。该机型通常设有 2 套剥麻装置分别对苎麻茎秆基部、梢部进行剥制加工（图 16-18、图 16-19）

横向喂入式剥麻机作业时，由喂料装置将苎麻茎秆送到前夹持输送装置，经前夹持输送装置将苎麻茎秆带入第 1 套剥麻装置完成茎秆基部纤维剥制，随着机器的运行，由后夹持输送装置夹持住已剥纤维端，将梢部茎秆带入到第 2 套剥麻滚筒中完成苎麻梢部纤维剥制，剥制好的苎麻纤维由接集麻装置收集。该类机型实现苎麻连续加工，操作简单，剥麻质量稳定。

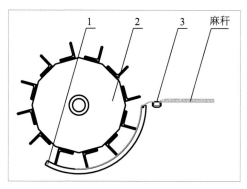

1. 凹板；2. 剥麻辊；3. 夹持输送装置

图 16-18　横喂式苎麻剥麻机工作原理示意图

图 16-19　横向喂入式剥麻机

（二）适宜区域

适于我国苎麻主产区推广应用。

（三）注意事项

小型反拉式苎麻剥麻机生产效率较低，可满足小规模苎麻种植农户使用。对于大规模苎麻种植户或企业（种植面积超过 500 亩）而言，生产效率较低意味需要配备大量人力，在农村劳动力大量流失的情况下，可能出现人手不足导致苎麻收获延误的问题，因此，大规模种植户或企业更适合生产效率更高的直喂式或横喂式苎麻剥麻机。

九、红麻鲜茎剥皮技术[*]

随着我国纺织业的发展，环保意识的日益加深，自然包装纤维回归，及黄、红麻类功能产品及综合利用研发深入开展，市场的需求将日益增长，红麻鲜茎的剥制加工水平是影响整个产业发展走势之关键。目前红麻鲜茎剥皮技术主要是茎秆通过压辊碾压从而破坏皮骨结合，便于后续皮骨分离，然后进入具有分离功能的机构，皮骨被分离，分开后的麻皮和麻骨以不同的速度从机器中被抛出，达到剥皮的目的，麻皮和麻骨可以分别收集，供后续使用。

针对不同的应用场景与不同的加工要求，红麻鲜茎剥皮技术包含的设备主要有 4HB-460 型、4BM-480 型、4HB-780 型红麻鲜茎剥皮机、履带自走式红麻剥皮机等机型。4HB-460 型红麻鲜茎剥皮机、4HB-480 型红麻鲜茎剥皮机和履带自走式红麻剥皮机具有结构紧凑、性能可靠、操作安全、剥皮效率高、便于移动等特点，方便田间移动或在场地进行作业。4HB-780 型红麻鲜茎剥皮机剥皮质量好、生产效率高，适合固定场所使用。该类型机械只需一次喂入，无需人力反拉，可极大减轻红麻剥皮劳动强度，是我国红麻种植大户和企业原料基地理想的剥皮设备。相关机型如图 16-20 至图 16-23 所示。

该技术成果针对不同规模红麻、黄麻种植户提供适宜的剥皮机型。既为中小规模种植户提供红麻剥皮机，又可以为大规模种植户或原料基地提供高效剥皮机；既可以固定式作业，又可以移动式作业。与传统手工剥皮相比，剥皮功效大幅度提高，有效缩短了收获期，大幅度降低了剥皮成本。研究的红麻鲜茎剥皮技术，可以有效提高红麻剥净率，麻骨规格基本统一，促进了红麻作物的多用途利用。

该成果在湖南祁阳、河南信阳等地进行了推广应用，降低了红麻剥皮成本。每亩黄、红麻剥制加工成本为 500 元，使用剥皮机提质增效，按节约劳动用工成本 40% 计算，可每亩田增值 200 元，按照全国 100 万亩黄麻、红麻种植的规模，可实现增加经济效益 2亿元，具有广阔的市场前景。

---

* 作者：吕江南（初加工机械化 / 中国农业科学院麻类研究所）

图 16-20 履带自走式红麻剥皮机

图 16-21 4BM-780 型大型剥皮机

图 16-22 4HB-480 型红麻剥皮机

图 16-23 4BH-460 型红麻剥皮机

（一）技术要点

（1）作物和机械准备。红麻或黄麻种植需要矮化密植，茎秆粗细基本一致，有利于剥皮；固定式红麻剥皮机安装要水平，不得放置露天场地；移动式红麻剥皮机在农闲时节，也不可露天放置，应避免日晒雨淋。

（2）操作注意事项。4HB-460 型、4BM-480 型、履带自走式红麻剥皮机工作时，首先将茎秆梢部经喂入口全部喂入压辊，再松开手，同时身体与茎秆保持 50 cm 左右的距离，待茎秆根部全部进入压辊时，再喂入下一批茎秆，依次重复操作。4HB-780 型红麻鲜茎剥皮机工作时，将适量茎秆直接放在长 4 m 的输入装置上，待输送装置上的茎秆进入压辊装置 2/3 时，可以放置下一批茎秆到输送装置上，重复操作，直至完成剥麻作业。机械工作时如发生缠麻等不能正常工作的情况，要及时停机清理，再进行下一轮剥皮工作。

（3）机械保养。剥皮机所用动力按照动力使用说明书进行保养，剥皮机保养按照相应型号的剥皮机使用说明书进行保养。

（二）适宜区域

适于红麻、黄麻种植主产区推广应用。

（三）注意事项

在沿海滩涂等盐碱地、重金属污染土地等种植红麻或黄麻，对种植户来说既可以改良、修复土壤，又能增加收益，可谓一举两得。红麻鲜茎剥皮技术可以提高红麻或黄麻的利用价值，在湖南祁阳、河南信阳等地进行了示范推广，增加了当地种植户的收益。但红麻种植面积波动较大，剥皮机械推广受限，加之种植户经济能力有限，限制了大规模、长期生产条件下剥皮机械的推广，对购买机械的种植户来说，要保障长期、稳定的收益，还有一定的风险。

第十七章 脱胶技术与工艺

一、麻类生物脱胶技术 *

针对国内外普遍采用的化学脱胶工艺存在消耗大量化学试剂和能源、环境污染严重、纤维产生变性、水解非纤维素的同时水解部分纤维素等问题，通过新菌种的选育与改良、生物脱胶工艺及其技术研究、生物脱胶示范工程的建立与改进等连续将近 20 年研究和推广，最终形成基于"利用微生物胞外酶催化非纤维素物质降解而提取麻类纤维"基本原理的"高效节能清洁型麻类生物脱胶技术"。

该技术主要包括韧皮预处理、菌剂活化与扩增、接种、发酵、灭活、高压冲洗及精炼等工艺（图 17-1），涉及麻类脱胶高效菌株选育、麻类生物脱胶工艺流程与设备以及废水循环利用等突破与创新。该技术具有节能、减排、降耗、高效利用资源、流程简短、生产环境友好等特点。与化学脱胶方法比较，该技术烧碱使用量降低 90% 以上，能耗降低 50% 以上，污染排放量降低 60% 以上。

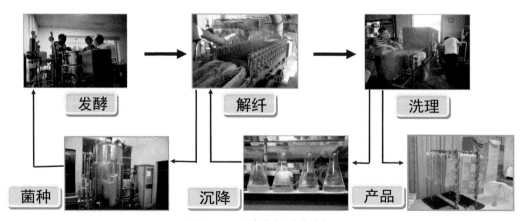

图 17-1 麻类生物脱胶技术

---

* 作者：段盛文（生物脱胶与初加工）

（一）技术要点

该技术主要包括原料预处理、微生物扩培、酶催化降解、灭活、高压冲洗及精炼等工艺，涉及麻类脱胶高效菌株选育、麻类生物脱胶工艺流程、麻类脱胶设备，以及菌液与废水循环利用等突破和创新。主要工艺技术包括：

（1）原料预处理。原麻解捆、抖松、除杂，按长度将原料分散成 0.4～0.7 kg/ 把的麻把，然后进行悬挂式圆柱形麻笼装笼。以麻把基部紧挨着每一层麻的底部为准将麻把弯折后均匀悬挂于麻笼的挂麻钢条上。额定装料量为（400±50）kg/ 笼。

（2）浸泡接种。该工序的目的在于让所有麻把充分吸饱水分并尽可能吸附脱胶菌种。在接种、发酵锅里，用温水将活化态菌种稀释成菌悬液，再将装好的麻笼静止浸泡于菌悬液中处理，即完成接种过程。

（3）浸泡发酵。该工序的目的在于确保吸附在原麻上的脱胶菌种能够正常生长繁殖并分泌大量关键酶彻底降解胶质。浸泡发酵是将接种后的麻笼置于原地，适量通气发酵，直至用水冲洗纤维分散。

（4）灭活。一是杀死发酵麻笼中的各类活菌，以免流失到水体中造成污染；二是溶出被脱胶菌种降解的胶质。通入蒸汽，使温度升至 90 ℃以上，维持 30 min，排出废液，清水冲洗。

（5）洗涤与干燥。采用化学脱胶工艺的圆盘式拷麻机或罗拉式水理洗麻机洗涤。采用烘干机或在阳光下晒干或在阴凉处自然风干。根据工艺需求选择性使用给油、脱油水、养生等工序。

（二）适宜区域

适于我国工业园区工厂化推广应用。

（三）注意事项

麻类生物脱胶技术已经成功完成中试试验，但是稳定的、持续的、规模化的生产经验及数据还有待进一步加强，规模化生产设备及工艺技术参数还有进一步完善的空间。

二、黄 / 红麻就地围塘封闭式沤麻技术 *

红麻（*Hibiscus cannabinus* L.）亦称洋麻、槿麻，是锦葵科（Malvaceae）木槿属（*Hibiscus*）一年生韧皮纤维植物。红麻是重要的粗纺原料作物，主要用于生产麻袋、绳索、地毯底布和汽车内饰等。脱胶一直是制约我国麻类纤维发展的一个重要因素，传统上红麻的脱胶采用天然水体沤麻法（图 17-2、图 17-3），生产上将收获的红麻全秆或麻皮扎捆后浸泡于附近河流水域中。这一方法严重影响周边农户生活，在这些脱胶废水中，检测到亚硝酸盐、硫化物、BOD 等含量大量增加，进而引发了人和动物中毒、鱼类死亡等现象。

---

* 作者：金关荣［萧山麻类综试验站 / 浙江省园林植物与花卉研究所（浙江省萧山棉麻研究所）］

图17-2　浸泡麻皮

图17-3　围塘覆膜

针对天然水域脱胶造成的污染问题，形成了就地围塘沤麻法，稻田高埂围塘。该方法在红麻田就地沤麻，将污染集中在一定范围，避免了大量水源的污染。同时就地围塘沤麻后的土壤有机质、速效磷等养分含量明显上升，显著增加后茬作物产量。萧山麻类综合试验站在总结以往经验的基础上，对就地围塘沤麻技术进行了改进、完善：一是加高了围堤，使鲜皮在堤内灌满水的情况下完全浸没；二是对围塘用厚塑料薄膜进行半封闭，既能提高沤麻池温（1 ℃左右），又能保持湿度，防止鲜皮因脱水而僵片化，均匀脱胶，还能加速脱胶（2～3 d）。除了沤麻池旁少量气味外无任何污染，沤洗过的污水自然沥干，留存在土壤还能提高麻田肥力。而且，沤洗过程还可减少短途运输用工1～2个。

技术要点如下：

（1）围塘沤麻基地的选择。围塘沤麻地要选择排灌方便、保水性好的麻地。塘基最好一边靠近高渠道，一则灌水方便、二则可少筑一条堤埂，节省劳力。

（2）围塘的大小及浸麻数量。围塘大小可根据基地红麻种植面积和产量确定麻塘面积。一般以3～5亩一塘为宜。围塘越大越省工。一亩麻塘可浸鲜皮6 t，浸泡全秆15～20 t。

（3）围塘堤埂制筑。围塘的堤埂要力求坚固，应用水浆做壁踏实，防止渗漏，筑堤时取土应从塘内掘取，这样塘壁不易倒塌，而且也有利于洗麻，注意埋好涵洞，留好出进水口。浸麻数量少，围堤高20～35 cm即可，浸麻数量多，围堤高60～80 cm为宜。掌握堤面高出水面20 cm，水面高出麻秆或鲜皮15～20 cm。围塘浸麻要专人管理，修补渗漏、维持水位，沤麻后用塑料薄膜覆盖于围塘表面。

（4）浸麻的时间。为不影响冬种，因此，前后作要对口，季节要抓紧。浸麻时间不能太迟。带秆精洗发酵速度慢，要求在9月20—25日全部浸下，10月25日前精洗结束（剥皮精洗发酵较快，浸麻最迟不超过10月5日，以便沤洗完麻后，还能比较及时地种上冬季作物）。

（5）浸麻方法。带秆精洗的，围垦地区一般以1∶1浸在畦沟里，注意根部泥土抖净，采用根部压梢头的办法，使发酵均匀。洗麻时可两人操作，将根部先剥出，然后一人拉麻秆，一人捏住麻皮抽出，这样在水浅的情况下，简便省力。一般以1∶5浸在畦沟里，采用带秆麻梢头对搭像条头糕的形式，麻根近两边沟底，中间横放几捆麻，然后压泥防浮，同时注意留好操作行，以便精洗操作。剥皮浸洗的，可用成捆麻皮浸洗法，省工、省材料、麻塘利用率高，即在收麻时把 5～6 绞麻折叠成捆，捆麻时一定要打结，绳结要松一些，利于发酵。

沤洗完麻后，在水塘自然沥干，为促使土壤风化，最好用机械深翻耙碎，然后冬播春粮或移栽油菜（由于麻塘地肥，春粮宜选用耐肥抗倒的高产品种）。

三、剑麻渣提取麻膏和回收短纤维技术 *

剑麻是热区传统特色经济作物，相关研究我国均处于领先地位。当前剑麻加工方式为物理脱胶，刮麻后产生的剑麻渣中除含有部分短纤维外，还含有以甾体皂苷形式存在的剑麻皂素，亦称替柯吉宁、剑麻皂苷元等，是合成甾体激素类药的基本原料。传统麻膏生产主要采用麻水在池发酵、沉淀的方式制备，费时长、占用场地较多，成本居高不下。

针对传统制备工艺流程繁杂、耗时长等问题，研发了剑麻废渣中提取剑麻麻膏和短纤维的简捷方法，实现麻膏的快速制备和短纤维的高效回收（图 17-4）。

| 麻渣堆放发酵 | 冲水 | 捶打 |
| 晾干、晒干 | 沉淀 | 卧式离心分离 |

图 17-4 麻膏制备及短纤维回收技术流程

该成果集成了微生物与加工工艺技术，将微生物引入麻水快速发酵，缩短了麻水发酵时长 10～15 d，制成效率提高 100%，有效提高了麻渣的综合利用率（表 17-1），为麻渣资源化利用提供了可靠的技术依据。

---

* 作者：陈涛（南宁剑麻试验站 / 广西壮族自治区亚热带作物研究所）

表 17-1　剑麻渣麻膏制备及短纤维回收技术比较

指标	传统方法	本技术	技术效果
麻膏制成率	0.50%	1.0%	提高 100%
制备时间	30 d	20 d	减少 33.3%
短纤回收率	不回收或少回收	0.2%	提高 0.2%

该成果在广西、云南以及国外的缅甸、坦桑尼亚和委内瑞拉等国家麻区共计推广覆盖剑麻种植面积 1 万多 hm^2，实现了麻膏的快速高效生产，减少场地 50%，实现麻渣的高效资源化利用。

（一）技术要点

（1）麻渣堆放发酵。将鲜剑麻叶片经刮麻机刮下的麻渣和短纤维在斜型的晒场上堆放 5～10 d，使之达到 50 ℃左右的高温，以获得完全发酵，如场地允许，堆放时间可以延长 10 d 左右效果更佳。

（2）冲水捶打。用水枪将堆沤过的麻渣和短纤维用水冲进水沟让它流进麻渣粉碎机中，麻渣和短纤维经旋转的活动刀片不断击打，击打时麻渣被打碎后和水经粉碎机底部的网孔流至水池中，而短纤维经捶打除杂后甩到纤维输送带上，纤维被送入圆形梳麻机梳去杂质后再经冲水、压干、晒干至含水率 13% 以下便可入库和出售。麻渣在粉碎过程中既可以将短纤维中的杂质打掉又可以把麻渣中的皂素打出来，还可以使短纤维和麻渣分离，从而达到提高提取率、降低成本、提高质量的目的。

（3）分离。用泥浆泵将水池中的麻渣水抽到卧式离心机中，将渣和水分离，麻水从离心机甩出机外，而麻渣从离心机脱出后，可作为有机肥还田。

（4）沉淀。将经卧式离心机分离出来的麻水用泥浆泵抽到沉淀池中沉淀 12～20 h。

（5）晾干、晒干。将沉淀池上面的上清液抽走再利用，而沉淀池中的沉淀物用泥浆泵抽到滤网上晾晒至含水率 18% 以下便可装袋入库。可以将沉淀池中的沉淀物抽到设有多层滤网的晾架房内晾干 5～7 d，房内设置 24 h 通风的通风设施；也可以将沉淀池中的沉淀物抽到带有滤网的晒场上晒干。

（二）适宜区域

适于我国及世界各剑麻主产区推广应用。

（三）注意事项

近年来该技术在国内外剑麻加工企业进行示范推广，取得较好的成效。但麻膏市场受大豆、姜黄等皂素原材料的影响，价格会有所波动，并且，大规模、长期生产需投资场地、设备等，回收周期较长，有一定的收益风险。

第五篇

麻类制品与应用

<h1 style="text-align:center">第十八章 麻纤维评价与利用</h1>

一、气流法测定苎麻纤维细度 *

纤维细度是苎麻纤维评等评级的关键指标，关系到产品质量及其纺织利用价值等。国家标准 GB/T 34783—2017《苎麻纤维细度的测定 气流法》与国家标准 GB/T 5884—1986《苎麻纤维支数试验方法》有很好的协调性，国外无同类标准。开松处理后的苎麻精干麻，其细度与测试气流量之间具有良好的相关性，采用气流法测定苎麻纤维细度，具有取样范围广、误差小、简单快速等优点，是一种值得推广的新方法。

采用《苎麻纤维细度的测定 气流法》测定苎麻纤维细度，不仅测试结果更具代表性，而且能减少人力劳动，可为苎麻纤维细度快速测试开辟新道路，满足纺织企业生产高品质苎麻纱的需要。

（一）技术要点

（1）仪器及试样准备

①实验仪器：采用 2 种恒压式气流仪（图 18-1），其中 WIRA 气流仪的恒压力差为 180 mm 水柱，Y145A 气流仪的恒压力差为 160 mm 水柱。

②精干麻试样准备：按照 GB/T 5881—1986《苎麻理化性能试验取样方法》取样，将取好的试样自精干麻基、梢对折处剪断，再向基部剪下 10 cm，开松混合后置于标准大气条件下平衡 24 h，达到吸湿平衡状态。从调湿平衡后的试验样品中，用镊子取出纤维，剔除杂质和并丝，称取规定质量的纤维备用，即 WIRA 气流仪试样质量为（2.0 ± 0.04）g，Y145A 气流仪试样质量为（3.5 ± 0.05）g。

③精梳条纤维试样准备：将精梳后的苎麻纤维样品开松、混合，置于标准大气条件下平衡 24 h，达到吸湿平衡状态。从调湿平衡后的试验样品中，用镊子取出纤维，称取

---

* 作者：张斌（纤维性能改良岗位 / 东华大学）

规定质量的纤维备用，即 WIRA 气流仪试样质量为（2.0 ± 0.04）g，Y145A 气流仪试样质量为（3.5 ± 0.05）g。

（a）WIRA 电子纤维细度仪　　　　　　（b）Y145A 型纤维细度气流仪

图 18-1　恒压式气流仪

（2）试验步骤

①将试样均匀地装入仪器的试样筒内，可以使用专用的填样棒，以免纤维局部填塞过紧，然后插入并旋紧多孔塞，应确保多孔塞和试样筒壁间不夹入纤维。

②打开气流仪气泵开关，调节气流控制旋钮，待压力差值稳定后，读取测试结果。

③打开多孔塞，从试样筒中取出试样，稍加理松，但不可遗漏纤维，翻转后重新装入试样筒内，重复上述操作，一个样品测试 3 次。

（3）试验结果计算和报告

①试验结果计算：依据国家标准 GB/T 34783—2017《苎麻纤维细度的测定　气流法》附录中公式，将测得的气流仪读数计算后得到苎麻纤维在标准状态下的公制支数和线密度，然后换算成苎麻纤维公定回潮率 12% 下的公制支数和线密度，公制支数取整数，线密度保留两位小数。

②结果报告：说明按照本标准进行试验，气流仪的型号，样品预处理情况，测试结果，测试人员及日期。

（二）适宜纤维

适于苎麻精干麻、精细化后的亚麻和大麻等麻纤维细度的测试与评价。

（三）注意事项

麻纤维开松要充分，呈松散状，且不含杂质、麻节等疵点；纤维要进行吸湿平衡处理。

二、一种苎麻纺高支股线的生产方法 *

苎麻纤维强力高，吸湿散湿快，透气性好，抑菌，其产品服用性能优良，尤其适合

---

* 作者：张斌（纤维性能改良岗位 / 东华大学）

于夏季产品，是一种广受青睐的绿色纺织原料。但纤维因刚性大、柔性不足而导致成纱支数低且毛羽多，常规纺纱一般只能纺 36 ～ 48 公支，纱支低，且所织织物刺痒感强，致使苎麻产品应用受限。长期以来人们致力于苎麻纱高支化研究，但是由于原料和纺纱工艺技术的限制，进展有限。目前苎麻纺高支纱的方法通常采用苎麻与水溶性维纶混纺，将混纺纱织成织物后，在后整理加工中将维纶溶解去除，布中苎麻纱支数可达 300 公支。虽然织物中苎麻纱的支数很高，但是不能制得单独的高支苎麻纱（线），且水溶性维纶退去后，苎麻织物的紧度和强力较低，只能用作纱巾等，不能服用。由于上述问题的存在，现有的苎麻纺高支纱（线）方法生产的产品质量和品种有限，致使苎麻只能纺较粗的纱，织较厚的织物，很大程度上限制了产品的吸湿透气性，也制约了苎麻产业发展。

针对上述纺纱方法的不足，我们提供了一种苎麻高支股线生产方法，主要步骤为：将苎麻纤维与水溶性维纶纤维混纺制成 100 ～ 300 公支混纺纱，将所得混纺纱合股、退维、水洗和烘干后制得苎麻高支股线。水溶性维纶的应用，提高了苎麻的可纺性，大大降低了苎麻纱线的可纺细度。纺制的混纺纱先合股再退去维纶，此种方法工艺相对简单，且因未退去维纶的单纱强力和条干均较好，合股过程中不易断头，生产效率较高，可充分发挥苎麻的优良性能，适用于生产高档细薄苎麻产品，实现产品的轻薄高档化和多样化。

（一）技术要点

（1）苎麻纤维与水溶性维纶纤维的混合以散纤维混合为优选，或将苎麻粗纱与水溶性维纶长丝在细纱时混合，混合前二者的间距为 0 ～ 8 mm。

（2）混纺纱中，水溶性维纶纤维含量为 10% ～ 70%，苎麻纤维含量为 30% ～ 90%。

（3）苎麻纤维与水溶性维纶纤维混纺纱单纱的捻系数优选为 80 ～ 140，股线的捻系数优选为 70 ～ 170。

（二）适宜纤维

本技术已在四川大竹县玉竹麻业有限公司实现成果转化，适宜在国内苎麻纺织加工企业广泛推广应用，也可适用于精细化后的亚麻和大麻等麻纤维。

（三）注意事项

退去水溶性维纶纤维的温度优选为 30 ～ 100 ℃，时间优选为 0.5 ～ 4 h；水洗退维过程中可加入适量氢氧化钠和 JFC 助剂；烘干时温度优选为 50 ～ 120 ℃，时间优选为 0.5 ～ 6 h。

三、环保型麻地膜 *

地膜是重要的农业生产资料，近年来我国地膜覆盖面积超 2.5 亿亩，地膜投入量约

---

* 作者：谭志坚（麻纤维膜生产岗位专家 / 中国农业科学院麻类研究所）

140万t，应用区域已从北方干旱、半干旱区域扩展到南方的高山、冷凉地区，覆盖作物种类也从经济作物扩大到大宗粮食作物，中国已成为世界上地膜消耗量最多、覆盖面积最大、覆盖作物种类最多的国家，地膜覆盖栽培技术对农作物增产作出了重大贡献。而另一方面，囿于成本压力，目前广泛使用的是不可降解塑料地膜，且残膜回收率极低，大量难以降解的塑料废膜残留于农田中，造成了严重的问题，"白色革命"已逐步演变成触目惊心的"白色灾难"，解决农田"白色污染"问题迫在眉睫！

可完全生物降解地膜是解决农田白色污染的重要途径。2001年以来，在国家科技攻关计划、国际科技合作等项目的支持下，中国农业科学院麻类研究所展开了环保型麻地膜系列产品制造与应用技术研究，形成了一整套成熟的生产工艺并实现了产业化，形成了完善的配套应用技术并大面积推广应用。获得专利授权4项，2004年农业部组织相关专家对"环保型麻地膜的研制"项目进行了成果鉴定，专家组一致认为该产品填补了国内空白，居国内外同类研究领先水平，2005年科技部将"环保型麻地膜的生产示范"列入国家科技成果重点推广计划。

2009年在国家发改委产业项目支持下，企业建成了年产万吨环保型麻地膜生产线，批量生产环保型麻地膜。经过多地多年试验示范表明，环保型麻地膜覆盖可以营造良好的作物生长环境，显著增加作物产量。作物收获后无需清理残膜，只要将其翻埋入土壤中，便可快速降解，既减少工作量，又培肥土壤。2005年以来，环保型麻地膜覆盖栽培技术在全国多地进行示范应用和推广。

2007—2015年，环保型麻地膜覆盖栽培技术在全国累计推广30万亩，增产收益达1.1亿元。

（一）技术要点

（1）适宜作物。由于环保型麻地膜具有保温性和透气性，所以非常适合于对土壤透气性要求高的茄科蔬菜、瓜果类、块根块茎类等农作物，且增产效果显著。

（2）适用条件。设施条件下，环境温度达到10℃以上环保型麻地膜覆盖比塑料地膜效果好，露天情况下，晚春至早秋适宜使用环保型麻地膜覆盖，且随着温度上升，其效果将越来越好，夏末初秋效果最好。

（3）环保型麻地膜覆盖基本操作流程。整地→盖膜→压膜→打孔播种（移栽）→栽培管理→收获→翻地（降解）。

① 整地：要求畦面平整，呈龟背形，土壤粉碎颗粒均匀，无大土块，沟深20～30 cm，排水良好。

②盖膜：盖膜前喷施封闭除草剂，大草人工除去，盖膜时要求膜面平整、不起皱、完全贴合畦面。

③压膜：膜边不要全部压土，一般只要每隔50～70 cm在膜边压一堆土即可，留下部分空间以备压土部分降解后结合清沟再次压膜时使用；或者用塑料、铁丝等"∩"形卡，卡在膜边上，这种方法只需压一次即可，但易被大风破坏，适宜少风和大棚内使用。

④打孔播种（移栽）：环保型麻地膜最好采用打孔移栽（播种）的方法，孔的大小根据植物种子或苗的大小和品种特性而定，不宜太大，露天覆盖时破孔处要覆土压实以免

被风吹破。

⑤栽培管理：环保型麻地膜有透气性，水分变成水蒸气后会蒸发，加快了水分的损失，因此连续晴天的情况下要注意灌溉补充水分，肥料最好结合灌溉多次进行，或者在中期打孔施固态肥。

⑥残膜处理：环保型麻地膜由天然植物纤维制成，作物收获后可结合翻地将残膜埋入土壤，残膜将很快降解，长期使用还有利丁改良培肥土壤。

（二）适宜区域

用于蔬菜、中药材等作物覆盖栽培，尤其适合我国南方湿润地区。

（三）注意事项

不同地区气候状况不同，同时不同作物对环境需求不同，实际生产中要根据当地情况及种植作物进行覆膜时间、覆膜方式的合理安排。

四、麻育秧膜 *

水稻是我国重要的粮食作物之一，常年种植面积在 4.5 亿亩以上，实现水稻生产全程机械化十分迫切。机插秧是我国水稻种植机械化发展的重要方向，育秧是其中的关键。现阶段我国主要的机插育秧方式是毯状盘育秧，生产中该技术存在的问题是：根系盘结差、难起秧、易散秧、秧苗损耗多、漏插率高，影响机插作业效率和产量。改进水稻机插育秧技术，培育出根系盘结好的高素质秧苗，且简单易行、让农民容易掌握，是促进机械插秧推广应用的关键。

中国农业科学院麻类研究所利用麻等纤维研制出了环保型麻地膜，在此基础上，针对水稻机插育秧中存在的瓶颈问题，2007 年起，在科技部科技支撑计划专项、国家麻类产业技术体系等项目支持下，通过对产品配方、制造工艺技术以及制造设备改进等研究，研制出麻育秧膜产品及其制造工艺技术，"育苗基布及其制造方法" 2012 年获国家发明专利授权，同时研究出配套的麻育秧膜水稻机插育秧技术。2014 年 10 月 "麻育秧膜研制及其在水稻机插育秧中的应用" 通过农业农村部科技发展中心组织的科技成果评价。

与现行水稻机插育秧技术相比，麻育秧膜水稻机插育秧具有以下优点：麻育秧膜的吸附性能减少水肥流失，提高水肥利用率 10% 以上，可比普通育秧技术减肥减药 5% 以上；麻育秧膜促进秧苗根系生长，培育的秧苗生长整齐，成毯快，可提早 3 ～ 5 d 进入适插期；培育的秧苗根系盘结力强，不散秧、不散盘、不漏插，取秧、运秧、装秧工效提高 2 ～ 3 倍，机插效率提高 20% ～ 30%，每亩可节约 3 ～ 5 盘秧苗；培育的秧苗壮实、白根多、根系活力高，机插后返青快、分蘖早，有利于早发快长，南方早稻平均增产 12.6%，中稻平均增产 5.0%，寒地水稻平均增产 8%；使用麻育秧膜育秧每亩增加投入成本约为 10 元，但节本增效 110 ～ 160 元 / 亩；麻育秧膜可降解，无污染，有利于水

---

* 作者：谭志坚（麻纤维膜生产岗位专家 / 中国农业科学院麻类研究所）

稻绿色增产。2015 年以来，"麻育秧膜水稻机插育秧技术"在黑龙江、湖南、湖北、吉林、浙江、安徽等 10 多个省通过生产示范和推广应用，累计应用面积超 8 000 余万亩，节本增效 80 亿元以上，社会经济效益十分显著。

（一）技术要点

麻育秧膜机插育秧技术简便易行，相比常规机插毯状育秧技术只多了一张麻育秧膜，其他操作流程基本不变，但是麻育秧膜具有保水保肥的功能。研究表明，使用麻育秧膜后，基质或育秧土量、播种量降低 5% ～ 10% 不影响产量和盘根，用户可根据自己的喜好和意愿自行选择是否减量。推广过程有 2 点要特别注意。

图 18-2 铺膜方式

（1）铺膜。育秧膜是铺在育秧盘内的底层，在其上再装土、播种、盖土，不是铺在秧盘下或者盖在土层上（图 18-2）。

（2）北方寒地水稻习惯用壮秧剂，部分农户还喜欢加大用量，使用麻育秧膜后无需加量，最好在正常用量的基础上减少 5%，浇水量少可能会蹲苗。

（二）适宜区域

适于机插水稻育秧环节，全国各水稻产区机械插秧育秧均适用。

（三）注意事项

本技术实施起来简便易行，收效显著，谨防市场上已出现的仿冒伪劣产品。

五、早稻麻育秧膜机插秧育秧技术 *

早稻机插秧育秧过程中普遍存在根系盘结力差、难起秧、易散秧、运输难、秧苗损耗多，影响机械作业效率和质量。采用可降解麻育秧膜机插秧育秧技术，其利用麻纤维促秧苗根系盘结成毯，易起苗、不易散，适插期延长、成本低、操作简易，有效克服了早稻机插育秧的技术难题。为大面积推广早稻机插秧、扩大双季稻生产提供了科技支撑。从而提高双季稻生产的劳动生产率、产量和效益，推动农机社会化服务体系建设，提升双季稻生产面积，为粮食总产增加和粮食安全作出贡献。

（一）技术要点

（1）播前准备

①品种选用：选择通过国家（含湖北区域）或湖北省审定，早中熟的高产、优质、

---

* 作者：汪红武（咸宁苎麻试验站 / 咸宁市农业科学院）

抗病早稻品种。

②备秧田：麻育秧膜育秧应选择运秧比较方便、便于管理的稻田作为秧田。秧田与大田比例以 1：（70～80）为宜（每亩大田需 4～6 m² 秧厢面积）。在做秧厢前一周用旋耕机旋耕，每亩施 15 kg 复合肥，浸泡 2 d 后再打一遍耙平澄浆 2 d 让其自然落干，再按厢宽 1.7 m、沟宽 0.3～0.4 m 做厢，要求南北向，并精整厢面。

③备盘备物：每亩大田 25～30 张麻育秧膜，常规稻 30 张麻育秧膜，杂交稻 25～28 张麻育秧膜，农膜、竹弓等辅助材料。

④种子处理：常规稻种子浸种前 3～5 d 选晴天晒种 3～4 h，杂交稻种子浸种前 3 d 采用清水精选，浮去秕谷和病谷粒。

浸种：早稻常规稻种子浸种时间不超过 50 h，先浸 10～12 h，沥干后再用 25% 咪鲜胺乳油（使百克）（每 4 kg 谷用 3 mL）浸种消毒 20～24 h，然后洗净药液沥干，再浸种至吸水充足。早稻杂交稻种子浸种时间不超过 24 h，先浸 6～8 h，沥干后再用 25% 咪鲜胺乳油（使百克）浸种消毒 10～12 h，然后洗净药液沥干，再浸种至种子吸水充足。

催芽：将浸种消毒后的种谷洗干净，然后用干净透气的编织袋盛装种子（每袋 15 kg），在 50 ℃ 左右的温水中预热 5～10 min，然后带温催芽，保持谷堆温度 35～38 ℃，15～18 h 后催芽至露白即可。

（2）播种

①播期：适宜播种期为 3 月 15—30 日。

②育秧方式：软盘麻育秧膜育秧，硬盘麻育秧膜育秧。

软盘麻育秧膜育秧：a. 摆盘。将软盘横排成 2 行，紧密整齐摆放，盘底与床面紧密贴实，忌有水放盘。b. 铺垫麻育秧膜。将麻育秧膜平铺在软盘中。c. 装土或填田泥。装土为挖取肥沃的菜园土或耕作熟化的旱田土及塘泥和沟泥土，晒干过筛去石子后并洒水堆闷熟化，将准备好的营养土装入铺垫麻育秧膜的软盘内，土层厚度 1.8～2.0 cm，土面刮平，洒透水分。填田泥为播种前 2 d 将秧田厢沟捣成泥浆，按亩大田所需壮秧剂与泥浆充分混合，再将垫麻育秧膜的田泥灌满秧盘并刮平，泥厚以 2～2.5 cm 为宜。d. 播种分两种方式装土播种为在土面刮平软盘内按每盘常规稻播芽谷 120～150 g；杂交稻每盘播芽谷 100～120 g，播种结束后，再取准备好的营养土把芽谷盖住，土层厚度 0.2～0.4 cm。填田泥播种为在澄实刮平后垫麻育秧膜的秧盘中按每盘常规稻播芽谷 120～150 g，杂交稻每盘播芽谷 100～120 g，并踏谷埋芽。e. 拱棚盖膜。

硬盘麻育秧膜育秧：播种流水线可一次性完成垫麻育秧膜、铺土或基质、洒水、播种、覆土、暗化等 6 道工序。采用机械播种时一般用硬盘进行，盘排列同软盘田泥育秧。

（3）秧田苗床管理

①通风换气：播种至出苗期，以保温保湿为主，若膜或育秧棚内温度超过 35 ℃，应及时通风降温；出苗至一叶一心期，以调温控湿为主，膜内温度应控制在 25 ℃ 左右，超过 25 ℃ 要及时通风降温；一叶一心至二叶一心期，应逐步通风炼苗，膜内或大棚温度控制在 20～25 ℃，超过 25 ℃ 要及时揭膜降温；二叶一心后，应逐步增加炼苗时间；三叶一心后，选择晴天下午撤膜，撤膜前秧盘内一定要灌水或浇透水，以防青枯死苗，撤膜

后如遇强寒潮冷害天气须继续盖膜护秧。

②水分管理：早稻秧田前期以秧田床土湿润管理为主，保持盘土不发白，晴天中午秧苗不卷叶，缺水补水。在移栽前 3 d 要控水炼苗，遇雨要提前盖膜遮雨，防止床土过湿影响起秧和机插。

③追肥：秧田期用过壮秧剂的秧苗一般不需追肥。如果床土没有培肥或秧苗在一叶一心期叶色较淡，于傍晚待秧苗叶尖吐水时每亩秧田可用尿素 3 kg，兑水 500 kg 浇施。若秧苗叶色较淡施好送嫁肥：一般在移栽前 3 d 施一次送嫁肥，每亩秧田用 3 kg 尿素兑水 500 kg 于傍晚浇施。

④病虫害防治

病虫害种类：早稻秧苗期主要病虫害有立枯病、绵腐病、秧苗疫病、恶苗病、稻叶蝉等。

防治原则：以保护生态环境和粮食安全为出发点，贯彻"预防为主，综合防治"的方针，根据秧苗出现的病虫害，采用"治前控后"的防治策略。

防治方法：秧苗一叶一心时喷施一次 45% 二甲基氨基苯重氮磺酸钠（敌克松）（每亩秧田 120 g，兑水 30 kg），防止秧苗绵腐病和立枯病；喷 75% 5- 甲基 -1,2,4- 三唑 [3,4-b] 苯并噻唑（三环唑）1 000 ～ 1 500 倍液防治秧苗疫病（每亩秧田 120 g，兑水 75 kg）；在秧苗一叶一心喷 15%（2RS,3RS）-1-（4- 氯苯基 ）-4,4- 二甲基 -2-（1H-1,2,4- 三唑 -1- 基）戊 -3- 醇（多效唑）可湿性粉剂防治恶苗病（每亩秧田 130 g，兑水 100 kg）；喷 10% 甲氨基甲酸 -2- 异丙基苯酯（叶蝉散）可湿性粉剂防治秧苗稻叶蝉（每亩秧田 200 g，兑水 60 kg）。

（4）秧苗起运

①秧苗移栽期：适宜移栽期为秧龄 20 ～ 22 d。

②秧苗起运：机插育秧起运移栽应根据不同的育秧方法，采取相应措施，随起、随运、随栽。软（硬）盘秧可随盘平放运至田头，也可起盘后卷起盘内秧块叠放于运秧车上，堆放层数一般 2 ～ 3 层为宜。

（二）适宜区域

湖北以及全国双季水稻产区。

（三）注意事项

连续育秧田的秧苗易发病，防治困难，增加成本，秧苗质量下降，注意秧田不要连续育秧。

六、轻型黄麻纤维环保非织造包装材料制备技术 *

为解决传统塑料膜"白色污染"的全球性环境问题，本技术以黄麻纤维为主要原料，

---

* 作者：张斌（纤维性能改良岗位 / 东华大学）

采用非织造成型方法制备轻质环保型麻纤维膜材料，以替代传统塑料膜。

黄麻纤维粗硬，抱合性能差，其非织产品中纤维易分离、强度不高，致使黄麻纤维非织造包装材料难以满足实际应用的要求。我们研究了黄麻纤维的生物及氧化预处理技术，显著改善黄麻纤维的柔软性和含胶量，使其适宜于非织造加工；合理选用柔软和绕曲性能较优的黏胶纤维，通过不同混合比例的研究和优化，解决了黄麻纤维不易缠结的问题；利用聚乳酸纤维（PLA）的熔融黏合，通过热轧工艺的优化，使聚乳酸纤维的缠结和熔融等作用相结合，非织造织物的强度显著提高，且经久耐用。我们已制造出符合实际使用要求的包装袋、手提袋成品，且形成了一套切实可行的黄麻纤维非织造包装材料生产技术，工艺流程如图 18-3 所示。

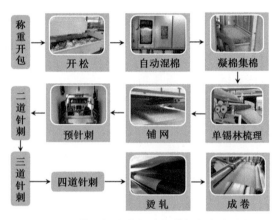

图 18-3　黄麻纤维非织造包装材料生产流程

本技术已在湖南南源新材料有限公司投入生产，现已建立黄麻纤维预处理生产线 1 条、非织造加工生产线 1 条，热粘自动化制袋生产线 2 条，年生产黄麻纤维非织造包装材料 1 280 万 m² 以上，手提袋 2 150 万条，可年增收入 6 900 万元、利税 2 300 万元。

轻型黄麻纤维环保非织造包装材料制备技术制造的产品，黄麻纤维含量 ≥ 40%，克重 80 ～ 120 g/m²，拉伸强力 ≥ 60 N，撕破强力 ≥ 6 N，耐磨性 ≥ 1 000 次，性能优良，已销往全国各地，深受消费者青睐。随着国家"双碳"经济的需求以及消费者亲近自然的愿望，产品前景广阔。黄麻纤维非织造包装材料制备技术的应用与推广，不仅可以拓展黄麻纤维的用途，而且可以解决塑料膜"白色污染"问题。因此，本技术不仅具有较好的经济效益，而且具有重要的社会效益。

（一）技术要点

（1）纤维原料。黄麻纤维，棉纤维，聚乳酸纤维（PLA）（长度 30 ～ 70 mm，细度 2 ～ 5 dtex），黏胶纤维（长度 30 ～ 70 mm，细度 2 ～ 5 dtex）。

（2）黄麻纤维预处理。黄麻纤维预处理的工艺流程如图 18-4 所示。

将生物酶复配液喷洒于黄麻纤维上，在常温或 50 ℃环境中酶解 4 ～ 8 h，黄麻纤维残胶降低 10% 以上。

黄麻纤维中的杂质通过开松、预梳、粗梳等工序去除，麻皮、麻骨等杂质主要通过精梳工序去除，纤切工序将黄麻纤维切成长度为 50 mm 的段。

图 18-4　黄麻纤维预处理的工艺流程

（3）非织造加工。黄麻纤维的梳理针布采用"浅齿低密、圆弧厚齿"配置原则，避免黄麻纤维梳理过程中存在的粗硬纤维不易转移、针隙间易沉积杂质以及齿尖易损伤等问题。刺辊梳理针布的主要规格为：齿深 3.30 ～ 3.50 mm，针齿密度 26 ～ 28 齿 / 平方英寸，齿尖圆弧半径 0.43 ～ 0.50 mm，圆弧角度 2° ～ 5°，齿尖厚度 0.20 ～ 0.22 mm；锡林梳理针布的主要规格为：齿深 0.75 ～ 0.95 mm，针齿密度 150 ～ 200 齿 / 平方英寸，齿尖圆弧半径 0.09 ～ 0.14 mm，圆弧角度 2° ～ 5°，齿尖厚度 0.15 ～ 0.20 mm。采用多层超薄叠铺成网工艺，可铺网 6 ～ 8 层，改善纤维在纤维网中分布和混合的均匀性。纤维网固结采用针刺热粘复合法，低密预刺，针刺总密度 100 n/cm² 左右，热熔温度 160 ～ 190 ℃。

制得的黄麻纤维非织包装材料和包装袋如图 18-5 所示。

图 18-5　黄麻纤维非织包装材料和包装袋

（二）适宜纤维

可适用于黄麻、苎麻、亚麻、大麻、红麻等麻纤维。

（三）注意事项

聚乳酸纤维含量建议不低于 10%，黏胶纤维含量建议不低于 15%；黄麻纤维梳理要充分，否则影响纤维网分布的均匀性，去杂彻底以避免对刺针的损伤；纤维长度差异较大时，建议增加混合次数和纤维网层数，以避免纤维网均匀性降低带来的影响；黄麻纤维非织包装材料的强力可以通过针刺的深度和道数以及热压工艺参数等来调节；黄麻纤维原料质量和价格的波动，再生纤维素纤维市场的变化，可能带来黄麻纤维非织包装材料的性能和价格的波动，以及由此产生的一定市场风险。

第十九章 麻类副产物栽培食用菌

一、麻类副产物栽培珍稀食用菌技术 *

麻类是我国传统的纤维作物，包括苎麻、红麻和大麻等，高峰期种植面积约2 000万亩。长期以来我国对麻类的利用主要是取其纤维，对占生物量80%左右的副产品（秸秆）没有得到有效利用，不仅导致资源的严重浪费，甚至还产生了大量垃圾给环境造成了污染。

近年来，我国食用菌产业发展迅速，2020年全国食用菌总产量超过4 000万t。随着食用菌生产规模的扩大，林业资源保护意识加强，木屑供应量急剧减少。另外，我国棉花种植面积的减少和主要生产区西移，棉籽壳的运输成本大幅度增加。因此，传统的食用菌栽培原料均面临着价格上涨、资源日趋贫乏等问题，亟须寻找生产成本低廉的栽培原料替代品。

通过研究表明，麻类副产物是一种广谱性的食用菌栽培基质，添加量可达60%左右，可以用来栽培榆黄蘑、猴头菇、茶树菇、秀珍菇、真姬菇等多种食用菌，均有良好的效果。麻类副产物栽培食用菌技术适合在四川、黑龙江、吉林、云南、湖南等麻类作物产区进行推广，原料就地取材，节省运输成本。

通过麻类秸秆原料处理、食用菌品种筛选、栽培技术优化和基质降解机制等关键技术开展攻关，建立以麻类副产物为主原料的食用菌高效栽培技术体系，显著提高了麻类秸秆综合利用水平，对促进麻类及食用菌产业的高质量发展、助力乡村振兴意义重大。

麻类作物栽培食用菌主要的工艺流程如图19–1。

---

* 本章第一至八小节作者：彭源德、谢纯良、龚文兵（副产物综合利用岗位/中国农业科学院麻类研究所）

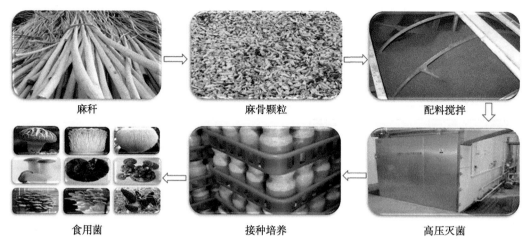

图 19-1　麻类作物栽培食用菌主要工艺流程图

麻类副产物原料的处理：收集麻类秸秆原料后，需及时晒干，粉碎成颗粒，以免发生霉变。使用前需要将麻类秸秆颗粒预湿过夜，让其充分吸水。

需要根据不同食用菌的营养需求，将麻类秸秆颗粒与木屑、麦麸等其他原料配合使用，需特别注意的是，由于麻类秸秆颗粒的物理特性，含有麻类秸秆颗粒的基质配方含水量比不含的基质配方高，一般为 65% 左右。

由于麻类秸秆颗粒透气性好，菌丝培养周期会缩短，出菇主要集中于前几潮，因此温度、水分、光照等管理需要配合调整。由于麻类秸秆颗粒比较泡松，采收食用菌时需要注意不要把培养基带出，以免影响下潮出菇。

二、红麻副产物工厂化栽培榆黄蘑

榆黄蘑（*Pleurotus citrinopileatus*），又名金顶侧耳、金顶蘑、黄金菇，属于担子菌亚门、层菌纲、伞菌目、侧耳科、侧耳属，是一种珍贵的食药兼用菌。

目前，榆黄蘑生产主要的原料是木屑和棉籽壳，近年来，木屑和棉籽壳的价格不断上涨，使得种植成本增加，需要寻找廉价的替代品。榆黄蘑栽培，普遍采用固体菌种，菌袋出菇，主要适用于农户栽培。在利用麻类副产物作为主要基质的基础上，采用液体菌种瓶栽模式具有集中出菇、生产周期短、生物学效率高、成本低等优势，且不受季节性和区域性限制，实现榆黄蘑的周年生产。

（一）培养料的制备

把收集的红麻副产物晒干，粉碎成粒径为 2 ～ 5 mm 的颗粒。使用前红麻副产物用水预湿过夜；木屑使用堆置发酵后的阔叶树木屑，与红麻副产物一起提前预湿，麸皮等其他原料无霉变。

（二）栽培配方

榆黄蘑栽培优选配方：红麻骨 38% ～ 58%，木屑 17% ～ 37%，麸皮 15% ～ 20%，豆粕和玉米粉共 3% ～ 8%，石膏和石灰 1% ～ 2%；其中，豆粕、玉米粉与麸皮含量之和为 23% ～ 25%。将红麻副产物与木屑、麦麸、玉米粉等原料混合，加水搅拌均匀，使栽培基质的含水量为 65% ～ 68%。

（三）装瓶、灭菌与接种

装瓶：采用自动装瓶生产线将培养料均匀一致地装入 1100 mL 的聚丙烯菌瓶中，装料后压实料面，在中心位置打上接种孔，盖好瓶盖。菌瓶装湿料 850 g 左右。

灭菌：将菌瓶放置于耐高压的周转筐中，每个周转筐装 16 瓶菌瓶。用手推车将菌瓶推入高压灭菌器中进行灭菌，121 ℃维持 1.5 ～ 2.0 h。灭菌结束后，将菌瓶放置于冷却室中，冷却至 25 ℃。

接种：菌瓶冷却至 25 ℃即可接种，接种要严格按照无菌操作规范进行。在接种前要做好准备工作，接种室清洁干净后用臭氧和紫外灯进行消毒处理。接种喷头亦要进行灭菌处理。在无菌的接种室中利用自动接种机将液体菌种接种于菌瓶内，接种机每次接种 16 瓶，每瓶接种量为 10 ～ 15 mL 榆黄蘑种子液。

（四）菌丝培养

接种完成后，置于培养室培养。在菌瓶放入前，培养室经过清洁干净和严格的消毒处理。榆黄蘑菌瓶放入后，保持温度为 21 ～ 23 ℃，相对湿度为 60% ～ 70%，为了降低菌丝培养阶段的染菌率，培养初期关闭风机，不进行通风。培养 2 ～ 3 d 菌种封面后，再进行通风。注意要避光培养，使菌丝长满整个菌瓶。

（五）出菇管理

菌丝长满菌瓶后，将菌瓶置于出菇房进行催蕾及出菇管理。打开出菇房日光灯，光照强度 400lx，温度控制在 23 ～ 25 ℃，空气相对湿度 90% ～ 95%，适时通风换气。原基阶段对条件的要求较高，尽量保持最适温度，并维持恒温。保持较大的环境湿度，但要避免冷水直接滴在原基上。随着子实体的生长，需氧量变大，同时排出 CO_2 要加大通风，保持菇房内空气新鲜，使 CO_2 浓度低于 1 000 mg/kg。当菌盖边缘至最大平展或呈小波浪状，未弹射孢子时即可采收（图19-2）。

采收第一潮菇后要把菌瓶表面清理干净，喷水停止 2 ～ 3 d，空气相对湿度 70% ～ 80%，暗培养

图 19-2　红麻副产物栽培榆黄蘑

2～3 d，让菌丝恢复生长，积累营养。之后加大环境湿度，并注意补水，使空气相对湿度90%～95%，恢复光照培养，进行第二潮出菇。相同方法得到第三潮出菇。

采用质地疏松、透气性好的红麻骨为主要基料，提高麸皮、玉米等辅料的比重，使得榆黄蘑爆发式出菇，集中于前3潮。液体菌种，菌丝萌发速度快，并且萌发点多，大大减少了菌丝培养时间，缩短生产周期，整个栽培周期仅用30～40 d，生物学转化率可达115%以上。

三、红麻副产物栽培秀珍菇

秀珍菇（*Pleurotus geesteranus*），又名珊瑚菇、珍珠菇，在分类学属于真菌门、担子菌纲、伞菌目、侧耳科侧耳属。名称来源于我国台湾。秀珍菇是近年来开发栽培成功的集食用、药用、食疗于一体的珍稀食用菌新品种。秀珍菇因外形悦目、鲜嫩清脆、味道鲜美、营养丰富而获好评。秀珍菇鲜菇中蛋白质含量丰富，氨基酸种类较多，人体必需的8种氨基酸齐全。秀珍菇含有独特的真菌多糖等活性物质，具有抗癌、防癌、提高人体免疫力等功效。秀珍菇具有巨大的市场价值，发展潜力很大。利用麻类副产物栽培秀珍菇具有提高生物学效率的优点。

（一）培养料的制备

与麻类副产物栽培榆黄蘑技术一致，把收集的红麻副产物晒干，粉碎成粒径为2～5 mm的颗粒。使用前红麻副产物用水预湿过夜；木屑使用堆置发酵5～6个月的阔叶树木屑，配料前与红麻副产物一起提前预湿，麸皮等其他原料无霉变。

（二）栽培配方

秀珍菇栽培的优选配方：红麻副产物38%，杂木屑40%，菜籽皮10%，麸皮10%，石膏1%，石灰1%，将各种原料混合后加到搅拌机中，自然pH值，然后加水至含水量达到65%左右，搅拌均匀，获得培养基质。

（三）装瓶、灭菌与接种

装瓶、灭菌与接种环节操作与麻类副产物栽培榆黄蘑一致，液体菌种采用台秀6号的秀珍菇种子液，同样每瓶接种量为10～15 mL秀珍菇液体菌种。

（四）菌丝培养

秀珍菇菌丝培养室要求通风换气良好，避光，空气相对湿度控制在65%～70%。秀珍菇菌丝培养阶段的管理重点就是控制适宜的温度和保持室内良好的空气环境。秀珍菇的菌丝体生长适宜温度为22～25 ℃。低于10 ℃菌丝基本停止生长，高于28 ℃菌丝体生长加快，菌丝稀疏，易于老化。因此菌丝培养室的温度设定为22～24 ℃。菌丝培养阶段需时时检查菌丝生长情况和杂菌感染情况，发现杂菌感染要及时查找原因，并采取相应的措施进行处理。

（五）出菇管理

秀珍菇菌丝长满后应该菌丝洁白、均匀、健壮，无杂菌感染，移入自动控温控湿控气的智能出菇房进行出菇管理（图19-3）。

原基分化阶段：秀珍菇在菌丝达到生理成熟和每潮菇采后的养菌期，拉大温差，使昼夜形成8～10℃的温差，同时给予适量的散射光线，保持空气相对湿度在85%～90%，促进料面菌丝倒伏，刺激菌丝形成较为整齐的原基。

图19-3 红麻副产物栽培秀珍菇

菇蕾形成阶段：秀珍菇子实体原基形成后，栽培场所要尽量减少温、湿度大幅度变化，气温要尽量控制在18～22℃，空气相对湿度稳定在85%～90%，每天向空中或地面喷水3～5次，切忌向子实体原基上喷水。每次喷水后，应加强通风，发现料面有积水，及时吸干或倒掉。

子实体生长阶段：待大部分原基出现后，可适当提高出菇房内温度，有利于子实体生长。空气相对湿度可在80%～95%波动，在此范围内湿度越大，子实体长得越肥厚、敦实。

（六）采收

菌盖长至2～3 cm、菌盖边缘内卷、孢子尚未弹射采收为宜。采收时一手压住培养料，一手抓住菇体轻轻扭转即可拔下。秀珍菇多为丛生，采收时整丛一次性采收完，清理菇脚即可进行小包装上市。秀珍菇采完后，料面、菇脚应用不锈钢工具清理干净，防止腐料感染杂菌。随后对菌瓶补水，按上述步骤进行后面潮次发菌、出菇，采收。采用麻类副产物为主要原料栽培秀珍菇，生物学转化率可达80%以上。

四、青贮苎麻副产物栽培杏鲍菇

杏鲍菇（*Pleurotus eryngii*），又称刺芹侧耳，菌盖浅灰色，隶属于真菌门、担子菌纲、伞菌目、侧耳科、侧耳属，是我国的主要栽培食用菌之一。杏鲍菇菌柄组织致密，质地脆嫩，营养丰富，具有杏仁的香味和鲍鱼的口感。此外，杏鲍菇不仅营养丰富，而且具有降血压、降血脂及美容作用，可促进人体对脂类物质的消化、吸收，具有抗动脉粥样硬化、抗氧化及提高人体免疫等功能，深得人们的喜爱。为了解决原料储存问题，采用青贮苎麻副产物作为基质栽培杏鲍菇。

（一）培养料的制备

收集苎麻副产物后，采用拉伸膜裹包技术将苎麻副产物进行青贮。将苎麻副产物水分含量降至 60% 时，用捆包机高密度捡拾压捆后，再用专用塑料薄膜裹包密封。伸膜裹包青贮 35 d 后，粗蛋白含量为 13.5%，粗纤维含量为 38.7%，水分为 60% ～ 70%。

（二）栽培配方

根据杏鲍菇栽培优选配方：青贮苎麻副产物 50%，棉籽壳 21%，麦麸 21%，玉米粉 6%，蔗糖 1%，碳酸钙 1%，将青贮苎麻副产物与棉籽壳、麦麸等原料混合，加水搅拌均匀，使栽培基质的含水量为 65% ～ 70%。

（三）装瓶、灭菌与接种

装瓶、灭菌与接种环节操作与麻类副产物栽培榆黄蘑、秀珍菇基本一致。利用装袋机将培养料均匀一致地装入 17 cm×33 cm 的聚丙烯菌袋中，装料后压实料面，中心位置打接种孔。液体菌种采用侧耳菌株杏 1 的种子液，同样每袋接种量为 10 ～ 15 mL 液体菌种。

（四）菌丝培养

将接种后的菌袋移入通风干燥、光线较暗的养菌室进行培养。培养温度为 21 ～ 23 ℃，湿度为 60% ～ 65%。一般于接种后 10 d 左右进入发热期，菌丝呼吸产生大量的热量和 CO_2，这时既要防止"烧菌"，又要防止过高 CO_2 浓度抑制菌丝生长。菌包竖立培养，有利于热量散发。定时检查菌袋，将污染杂菌袋挑出，培养周期为 30 d 左右，使菌丝能够充分成熟，待菌袋长满菌丝后移出培菌室至出菇房内。

（五）出菇管理

出菇管理是杏鲍菇工厂化栽培的关键技术，主要涉及温度、相对湿度、CO_2 浓度以及光照等环境因子的调整。菌丝满袋后移入自动控温、控湿、控气的智能出菇房进行开袋催蕾。将生理成熟的菌包横向摆放到出菇房层架网格内，拔掉塑料盖和套环，剔除料面上的老菌块。出菇室温度应稳定在 14 ～ 15 ℃，尽量避免温度剧烈波动。出菇前期，控制相对湿度为 90% ～ 95%，有利于原基形成；后期相对湿度为 80% ～ 85%，有利于子实体正常生长。高 CO_2 浓度有利于菌柄的伸长，在子实体快速生长期，维持 CO_2 浓度在 4 000 mg/kg 以上，能够有效避免"大肚子菇"等畸形菇的出现；近采收期，适当降低 CO_2 浓度至 2 000 ～ 2 500 mg/kg，有利于菇帽平展，获得优质菇（图 19-4）。

图 19-4 青贮苎麻副产物栽培杏鲍菇

（六）采收

当杏鲍菇菌柄长度达 12 cm 以上、菌盖呈半圆球形时，开始采菇。采收方法是一手握住菌袋，另一手握住菌柄向下按压，采收后要及时去除菌柄基部的培养料和菇根，便于按大小、质量进行分级。

五、麻类副产物栽培茶树菇

茶树菇（*Agrocybe aegerita*），又名茶薪菇、杨树菇、柱状田头菇，隶属于真菌门、担子菌亚门、伞菌目、粪锈伞科、田头菇属。茶树菇菌盖肥厚、菌柄脆嫩，味道鲜、香气浓、口感好，高蛋白、低脂肪且富含真菌多糖、矿物质等，是一种营养价值很高的珍稀食用菌。茶树菇市场需求量较大，利用麻类副产物栽培茶树菇能缩短茶树菇生产周期，提高生物学效率。

（一）培养料的制备

收集剥皮的麻秆晒干后，将麻秆粉碎成粒径为 2 ~ 5 mm 的颗粒备用，使用前麻秆颗粒用水预湿过夜。杂木屑使用堆积发酵 5 ~ 6 个月后的阔叶树木屑，配料前与麻秆颗粒一起提前预湿，麸皮等其他原料无霉变。

（二）栽培配方

根据茶树菇栽培优选配方：苎麻副产物 15%，红麻副产物 15%，大麻副产物 15%，棉籽壳 33%，麦麸 16%，玉米粉 4%，蔗糖 1%，石灰粉 0.5%，碳酸钙 0.5%，将各种麻类副产物与木屑、麦麸等原料混合，加水搅拌均匀，使栽培基质的含水量为 60% ~ 65%。

（三）装袋灭菌

装袋灭菌：利用装袋机将培养料均匀一致地装入 17 cm×33 cm 的菌袋中，装料后压实料面，在中心位置打上接种孔。每袋培养料湿重 1 kg 左右，折干料重 400 g 左右。

高压灭菌：将菌袋放置于耐高压的周转筐中，移入高压灭菌器中进行灭菌，121 ℃维持 2.0 ~ 2.5 h。灭菌结束后，将菌袋放置于冷却室中，经过冷却至室温。

（四）接种与发菌管理

接种：严格按照无菌操作规范进行接种，接种室清洁干净后用紫外灯进行消毒处理。接种人员佩戴专用工作服、才能进入接种室。在无菌的接种室中将固体菌种接种于菌袋内，接种量为 1% 左右。

发菌管理：将接种后的菌袋放入黑暗环境的培养室中培养，室内温度控制在 22 ~ 26 ℃，经常通风换气，保持空气新鲜，湿度控制在 65% ~ 70%。

（五）出菇期管理

菌丝满袋后移入出菇房进行搔菌与出菇管理（图 19-5）。打开袋口搔去老菌种、表面絮状菌丝和少量子实体。搔菌后及时催蕾，催蕾条件：培养室温度降至 15 ~ 20 ℃，空气相对湿度保持 85% ~ 90%，为了防止搔菌后料面干燥，催蕾前 3 d，空气相对湿度

图 19-5　麻类副产物栽培茶树菇

以维持在 90% ～ 95% 为宜，室内保持一定的散射光，3 ～ 5 d 后，菌袋表面出现点点细小水珠，经 2 ～ 3 d 后即可出现密集的白色原基，接着分化成大批菇蕾。出菇条件：温度提高到 20 ～ 25 ℃，空气相对湿度保持 90% ～ 95%，室内保持一定的散射光。当菇蕾出现，原基形成珊瑚状，浅褐色，菌柄长到一定长度时，要把袋口反卷 3 ～ 5 cm；随着菇蕾的长大，逐渐拉直袋口，直到采菇。利用此配方和工艺栽培茶树菇，生物学效率可达 100% 以上。

六、苎麻副产物栽培真姬菇

真姬菇（*Hypsizigus marmoreus*），又名玉蕈、蟹味菇，是一种珍稀名贵食用菌，口感极佳。真姬菇含有丰富的蛋白质、氨基酸和维生素，是一种高蛋白、低脂肪、低热量的保健食品，其独特的风味和丰富的营养，受到广大消费者的青睐。近年来随着真姬菇工厂化生产的快速发展，形成了以棉籽壳、木屑、玉米秸秆等为主料的工厂化栽培模式，这些栽培原料面临价格走高、资源日趋缺乏等问题，亟须寻找低廉的原料替代品以减少生产成本。

（一）培养料的制备

把收集的苎麻副产物晒干、粉碎，配料前先预湿过夜。与红麻副产物颗粒比较，苎麻副产物颗粒质量更轻，棉籽壳、麦麸等原料亦要求无霉变。

（二）栽培配方

配方：50% 苎麻副产物、21% 棉籽壳、21% 麦麸、6% 玉米粉、1% 白糖、1% 碳酸钙，自然 pH 值。

（三）装袋、灭菌与接种

采用 17 cm×33 cm 的聚丙烯菌袋装料。装袋、高压灭菌环节与麻类副产物栽培茶树菇技术一致。装袋后中间打孔，便于接种。高压灭菌 2.0 ～ 2.5 h 后，放置于冷却室冷却。同样按无菌操作规范进行接种，真姬菇采用固体菌种，接种量为 1% 左右。

（四）菌丝培养与搔菌

接种后，将菌袋置于自动控温、控湿、控气的智能菌丝房中培养，温度控制在 20 ～ 25 ℃，相对湿度 70% ～ 75%，适当通风。及时处理污染菌袋，观察菌种萌发情况。

菌丝满袋后，进行搔菌，搔去料面四周的老菌丝，形成中间略高的馒头状。使原基从料面中间残存的菌种块上长出成丛的菇蕾，促使幼菇向四周长成菌柄肥大、紧实、菌盖完整、肉厚的优质菇。搔菌后在料面注入清水，2～3 h后把水倒出。

（五）出菇管理

催蕾：移入自动控温、控湿、控气的智能出菇房进行催蕾，当出现原基时，空气相对湿度要求85%，此时可向袋口喷水保持潮湿，同时降温至12～15 ℃，并以8～10 ℃的温差刺激，150 lx 光线照射，经过10～15 d的管理，料面即可出现针头状菇蕾。

育菇：菇蕾出现后温度控制在15 ℃左右；并向地面和空间喷雾化水，切忌向菇蕾上直接喷水，室内湿度保持在90%左右，早、中、晚各通风1次，保持空气新鲜；光照度500 lx左右，每天保持10 h光照。当菇形达到要求时，及时采收（图19-6）。

图19-6 苎麻副产物栽培真姬菇

七、红麻副产物栽培猴头菇

猴头菇（*Hericium erinaceus*）是一种极为重要的食药用菌，因外形酷似猴头而得名。猴头菇进入人们的饮食生活由来已久，《临海水土异物志》中称："民皆好啖猴头羹，虽五肉臛不能及之"。猴头菇中具有多种类型的活性成分，包括多糖、甾体化合物、生物碱类化合物等，具有保肝护胃、抗癌、抗氧化等多种功效。目前以猴头菇为主要原料的强化食品、保健品（如猴菇米稀、猴菇饼干、猴头菌片等）日益受到消费市场的青睐，市场前景广阔。红麻容易栽培，并且生物量高，利用红麻副产物配合木屑栽培猴头菇，有助于缓解猴头菇栽培基质短缺、成本高的问题，并且缩短猴头菇生产周期。

（一）培养料的制备

原料处理与前面章节一致。将收集的红麻副产物晒干，粉碎成颗粒，粒径为2～5 mm。为了使红麻副产物和阔叶树木屑充分吸水，这两个原料用水预湿，预湿的时间为8～16 h，麸皮等其他原料要求无霉变。

（二）栽培配方

根据猴头菇栽培优选配方：红麻58%，杂木屑20%，麸皮20%，石膏2%；按照配方将红麻副产物与木屑、麦麸等原料混合后放入搅拌机，加水搅拌均匀，得到含水量为65%～68%的湿料。

（三）装瓶灭菌与接种

将混合均匀的培养基装入聚丙烯菌袋中，中间位置打接种孔。高压灭菌，121 ℃维持2～2.5 h。之后进入冷却室冷却至25 ℃后，移入无菌的接种室接种液体菌种。猴头菇液体发酵的配方为：葡萄糖（20±1）g/L，麦麸（20±1）g/L，玉米粉（20±1）g/L，酵母粉（5±0.2）g/L，蛋白胨（2±0.1）g/L，KH_2PO_4（1.5±0.1）g/L，硫酸镁（0.75±0.05）g/L，pH 值 5.5～6.0。发酵前期通气量为 0.5±0.05（v/v），生长旺盛期加大通气量，控制为 0.8±0.05，温度控制为（24±1）℃，培养 6 d，培养结束后，液体菌种质量检测通过后，得到猴头菇种子液。在无菌的接种室中将液体菌种接种于菌袋内，每袋菌袋接种量为 15 mL 猴头菇种子液。

（四）菌丝培养

接种完成后，移入菌丝培养室，置于消毒好的菌丝培养室避光培养，室内温度为 21～23 ℃，菌袋温度不超过 26 ℃。相对湿度为 65% 以下。培养过程中适当通风，使菌丝长满菌袋。经 20～28 d 培养，菌袋菌丝基本长满，应及时将菌袋搬出菇房进行催蕾出菇。发菌期间要通风，培养环境要求干燥，室内空气相对湿度尽可能控制在 70% 以下。

（五）出菇管理

将菌袋移入出菇房进行出菇管理，出菇房温度设置为 16～18 ℃，以利子实体迅速生长。当温度超过 23 ℃时，子实体的菌刺长、球块小、松软，甚至形成分枝状、花菜状畸形菇和光头菇；温度超过 25 ℃，菇体会出现萎缩；温度低于 12 ℃，子实体常常呈橘红色；温度低于 5 ℃，子实体完全停止生长。空气相对湿度 85%～95%，湿度过大，会引起子实体早熟，质量差；湿度过低，生长缓慢，易变黄干缩。适时通风换气，使其 CO_2 浓度不高于 800 mg/kg。CO_2 浓度超过 1 000 mg/kg 时，会出现珊瑚状畸形菇。猴头菇子实体生长阶段需要一定的散射光。一般要求 200～400 lx 光照度，而且光线要均匀。光线在 50 lx 以下，会影响子实体的形成与生长，延迟转潮；光照超过 1 000 lx，子实体往往发红，生长缓慢，菌刺形成快，子实体小，菇体品质变劣。

一般猴头菇子实体生长 7～10 d，当子实体肉质坚实、色白，表面菌刺长度达 0.5 cm 左右，即将产生孢子前及时采收。每次采收后把菌袋表面清理干净，避光培养 7～10 d，空气相对湿度调整为 70%～80%，养菇后进入下一潮出菇管理。管理措施与第一潮菇一致。从单袋产量与生物学效率综合来看，含有红麻副产物比例 58% 的配方，生物学效率达到 90% 以上（图 19-7）。

图 19-7 麻类副产物栽培猴头菇

八、黄/红麻麻骨栽培杏鲍菇

为了寻找杏鲍菇新的栽培原料，增加黄/红麻种植的经济效益，研发黄/红麻麻骨栽培杏鲍菇技术。相关技术如下。

（一）设施与技术要点

（1）栽培设施。菇房标准为长 8 m、宽 12 m、高 4.2 m，墙体采用 10 cm 厚的聚氨酯或泡沫板作为保温层。每间配置一台 12HP 制冷机，一条 12W 白光灯带或同等功率的日光灯。菇房正面安装进风扇、背面安装排气扇各 6 台，规格均为 30 cm×30 cm，并布有防虫网，用正压将新鲜空气从菇房正面引入，将废气从菇房背面排出。

采用网格双拼架进行立体墙式出菇：木架从地板延伸至菇房顶部，浸塑网格嵌入木架，网格离地 20 cm、离菇房顶部 120 cm。中间双木架，靠墙一侧单个摆放木架。出菇架之间走道宽 1.2 m，每间菇房摆放菌包 1.0 万～ 1.2 万袋。

（2）栽培工艺。杏鲍菇工厂化袋式栽培的生产工艺流程为：液体菌种制备→栽培料的配制和灭菌→菌包冷却→接种→发菌管理→后熟管理→诱导原基形成→菇蕾生长期管理→采收包装（图 19-8）。

原料烘干　　　　　　　　配方配制　　　　　　　　机械打包

高压灭菌　　　　　　　　　　　人工接种

菌包培养　　　　　　　成菇采收　　　　　　过程管理

图 19-8　黄/红麻麻骨栽培杏鲍菇技术

（3）菌种制作

①品种选择：菌株选用漳州市农业科学研究所国家食用菌试验站提供的杏鲍菇日引1号菌种。

②培养基配方：一级液体种培养基配方与二级发酵罐液体培养基配方相同，均为：豆粕粉 5.0 g/L、KH_2PO_4 4.0 g/L、$MgSO_4$ 4.0 g/L、白砂糖 15 g/L、消泡剂聚二甲基硅氧烷 0.1 g/L。

③液体菌种制备：先使用 PDA 试管（2 cm×20 cm）斜面培养基扩繁母种，接种后置于 25 ℃恒温培养箱内黑暗培养 10～12 d，直至菌丝长满培养基。根据配方制备一级液体种培养基，250 mL 三角瓶装液量为 100 mL，并放置 3～5 粒小玻璃珠，在 0.1～0.12 MPa 下灭菌 30 min，冷却后在无菌条件下取 0.5 cm^2 母种块 3 个接入三角瓶内，在 22 ℃、120 r/min 恒温摇床培养 6 d。二级发酵罐液体培养基占罐体总容量的 70%～80%，封口后在 0.1～0.12 MPa 下灭菌 40 min，待液体培养基温度降至 24 ℃以下时，按照发酵罐液体培养基容量约 1% 的量接入一级液体菌种，保持罐压在 0.03～0.04 MPa，温度在 21～23 ℃，通气量前期 3 d 保持在 40～50 L/min、后期 50～60 L/min，共培养 7 d，即可制成栽培液体菌种用于生产。

④料袋制作

栽培料配方：木屑 20%、黄/红麻秆 20%、玉米芯 20%、麸皮 16%、豆粕 8%、玉米粉 8%、甜菜渣 6%、碳酸氢钙 1%、石灰 1%。各原料均应新鲜，颜色正常，无虫螨、霉变、异味、结块，含杂质量少。颗粒直径，黄/红麻秆长宜小于 1 cm。麸皮、豆粕、玉米粉应分别符合 NY/T 119—2021、GB/T 13382—2008 和 GB/T 10463—2008 标准要求。

栽培料的配制和灭菌：黄/红麻麻骨提前 1 个月用水预湿软化，并每隔 15 d 翻堆一次。玉米芯、甜菜渣使用前提前 1 h 用搅拌桶加水浸泡，使之充分吸水，备用。黄/红麻麻骨过筛，再提前 1 d 按等比例（W/W）与玉米芯混合堆制均匀，利于后续调节栽培料的含水量。拌料时，先将黄/红麻麻骨和玉米芯混合料加入双螺旋搅拌机料桶（4 m^3）中搅拌均匀，再按配方，加入相应量的麸皮、豆粕、玉米粉和甜菜渣，最后边加水边加入碳酸氢钙和石灰，搅拌 20 min 以上使栽培料混合均匀，调控栽培料的含水量至 66% 左右。

采用对折径 18 cm、长 35 cm、厚 0.005 cm 的高压聚丙烯塑料袋装料，每袋装湿料 1.3～1.4 kg，料高约 19 cm，料中间用冲压机打孔，孔径约 2.5 cm、深 17 cm，套上套环并盖上塑料盖。采用全自动智能灭菌锅灭菌，锅内冷蒸汽排尽后，使料中心温度达到 121～123 ℃高压灭菌 2.5 h。为避免培养料酸化，从拌料至灭菌时间应控制在 2 h 以内。

⑤接种及菌丝培养

冷却：冷却场所均要提前 1 d 消毒，且保持其净化系统一直处于工作状态。待灭菌锅内温度降至 90 ℃以下时开锅，将料包全部移至缓冲室，再转入预冷室，自然降温过夜，待料包温度降至 40～60 ℃后移入强冷室利用制冷机组将栽培料温度降至 22～24 ℃，方可接种。

接种：接种室确保无菌，利用紫外灯和臭氧发生设备对接种室和自动控制接种系统杀菌消毒过夜，接种前 1 h 开启空气净化系统换气，接种工作人员需穿戴经杀菌消毒的无菌服和手套方可进入接种室，整个接种过程中接种室应处于正压状态。

接菌管道用蒸汽灭菌 30 min，采用袋栽食用菌全自动液体接种机，接种量为 25 mL/袋。接种后的栽培袋装筐并置于铁架上，每铁架设 6 层、每层间隔 30 cm，用叉车搬至大型养菌库培养。

发菌管理：养菌库需提前 24 h 用"高锰酸钾＋甲醛"熏蒸消毒方可使用，其通风口需安装高效过滤网过滤尘埃，防鼠防虫。杏鲍菇菌包移入后，前期宜调控温度在 21 ～ 23 ℃、空气相对湿度在 70% 以下，避光培养，适当通风，保持 CO_2 浓度在 2 500 mg/kg 以下。待菌丝封面之后调控温度至 22 ～ 24 ℃，每天早晚通风，控制 CO_2 浓度在 2 500 ～ 4 500 mg/kg，注意检查菌包中心温度，并加大挑杂力度，及时清理受污染菌袋，特别是链孢霉污染的菌包。

后熟管理：正常情况下，接种后 23 ～ 25 d 菌丝长满栽培袋，走满栽培料颗粒，但未充分"吃料"，还需 7 ～ 10 d 后熟培养，此时期菌丝代谢产热加剧，应加强通风换气，防止"烧菌"，仍为黑暗培养。

⑥出菇管理

诱导原基：经后熟管理的菌包移至出菇房后，调控温度在 12 ～ 14 ℃保持 24 h，低温刺激菌丝从营养生长转为生殖生长。第 2 d，将温度调至 16 ～ 18 ℃，促进菌丝恢复活力。第 3 d 开袋，用消毒后的搔菌耙搔去老菌块，摇环，即取掉塑料盖，撑开袋口，拉高套环置于袋口末端，袋口处留有小孔，使栽培料上方的塑料袋呈圆台形气室。温度调控保持不变，白天提供 500 lx 光照 6 h，每隔 3 h 通风 4 min，保持 CO_2 浓度在 2 000 ～ 3 000 mg/kg。第 4 ～ 5 天，温度调控、光照和通风操作均与第 3 d 相同。

菇蕾形成期：第 6 ～ 7 d，温度调控在 15 ～ 17 ℃，光照和通风操作保持不变，每天往地面洒水加湿一次。此时已分化出原基，甚至明显分化出菇蕾。

菇蕾生长期：第 8 ～ 15 d，每天加湿 2 次，分早晚往地面洒水，保持湿度在 85% ～ 90%，温度调控通风操作保持不变；光照方面，前期光照，后期要保持暗处理；随着菌丝呼吸增强，及时调整 CO_2 浓度。

成熟期：第 16 ～ 18 d，杏鲍菇子实体生长迅速，每隔 2 h 通风 25 min，将 CO_2 浓度降至 3 000 ～ 4 000 mg/kg，黑暗培养，温度和湿度调控保持不变。当菌盖边缘略上翘，下方的菌褶长 1 cm 左右、菌柄长 12 ～ 15 cm 时，即进入成熟期，可进行采收。

⑦采收包装：工厂化栽培杏鲍菇，一般只采收第一潮菇。采收时，一手握菌柄下半部分，另一手用刀从基部割下，轻拿轻放，并将菌盖统一朝筐外摆放，防止菇体挤压变色或菌盖损伤。采收时注意不要割到栽培料，以免影响成品菇品质。

采收的成品菇置于冷库 2 ℃打冷后，再转入包装车间包装，方便长途运输。一般市场销售包装规格为 5 kg/袋、2.5 kg/袋、500 g/袋及 200 g/袋。包装时削去菇脚，并按大小和质量进行分级，用抽真空设备进行封口包装，包装好的置于泡沫箱，迅速移入 2 ～ 4 ℃的冷库内储存待售。

（二）技术成效

以黄/红麻麻骨替代木屑等开展栽培杏鲍菇技术研发，本技术具有杏鲍菇日平均增长速度较快，产量表现与传统栽培方式相当，营养品质指标蛋白质和维生素 C 含量较好的特点。综合表现，利用麻骨栽培杏鲍菇具有可行性。

（三）适宜区域

适于我国有杏鲍菇栽培习惯的区域推广应用。

（四）注意事项

本技术试验结果表现良好，存在问题主要在于黄/红麻麻骨的比较经济效益偏低，在替代性材料（木屑等）供给充分的条件下，本技术的推广受到限制。

九、苎麻副产物生产蘑菇 [*]

苎麻副产物生产蘑菇技术，是利用苎麻收获后的副产物（麻叶、麻皮、麻骨）通过发酵、合理配料等途径生产蘑菇，使苎麻副产物得到充分利用，进而提高麻农经济效益。

（一）技术要点

（1）原料及配方。原料为苎麻废弃物（麻叶、麻皮、麻骨的混合物）、稻草、油枯、过磷酸钙、石膏粉、尿素、牛粪，其比例为 50∶50∶17∶7∶7∶1∶67。

（2）培养料的发酵。废弃物在 8 月中下旬开始先预堆制 8 d，再混合稻草建堆，按 7、6、5、4、3 d 的时间进行翻料，改善堆内空气条件，调节水分，散发废气，促进微生物生长、繁育，进一步发酵，升温，使培养料分解转化。

（3）菇棚构建。采用地床三角棚，即棚宽 2.5 m，中间开沟宽 0.5 m，深 0.3 m，分成两畦，每畦宽 1 m，中柱高 1.8 m，向两边搭制成"人"字形支架，上覆盖薄膜，外盖草帘。

（4）播种。培养料发酵腐熟后，9 月下旬进入菇房，待菇房内料温下降至 28 ℃以下不再升高时，即可进行播种，播种前，先将菌种从菌种瓶内挖出放在 0.1% $KMnO_4$ 溶液消过毒的用具里，再按计划用种均匀撒播于料面，边播边进行覆土。覆土以壤土、小颗粒为好，土块含水量 20%～22%，并在表面盖上一层报纸。

（5）菇棚管理。播种后 20 d 即可开始采菇。覆土 10 d 以内不下雨，可适当打水。10～15 d 揭土检查，当菌丝上土近一半并呈放射状时，菇床厢面可喷"结菇水"0.9～1.1 kg/m²，此后保湿和通风结合进行。当小菇长到黄豆大小并普遍出土时，喷一次"出菇水"。根据厢面干湿和天气情况，可喷清水 1.3～1.4 kg/m²，然后停水 2～3 d；当菇整齐出土后，每天视蘑菇的长势情况及天气变化来喷水，菇多多喷，菇少少喷，无菇不喷。出菇时，空气相对湿度控制在 80% 以上，并保证给予充足的氧气。

（6）采收后的管理。每采一潮菇后，间隔 5～7 d 再采下潮菇。息潮时不宜打水，根据菌丝及小菇的长势喷施适量的结菇水和出菇水。随着气温的降低，用水量应逐渐减少。每出一潮菇后，应及时清理床面的残留物，将采菇后留下的孔洞用土填平，并重喷

---

* 作者：张中华（达州麻类综合试验站/达州市农业科学研究院）

水一次（相当于结菇水）。

（二）适宜区域

适宜国内苎麻种植区域。

（三）注意事项

培养料要充分发酵；保持菇棚内土壤湿润。

十、苎麻园套种黑木耳 *

苎麻园套种黑木耳栽培技术，是利用苎麻收获后的麻骨通过合理配料、发酵生产木耳菌袋，然后套作在苎麻行间生产黑木耳的技术。该技术具有提高苎麻副产物和单位面积土地利用率，增加麻农经济收入等特点。

（一）技术要点

（1）原料及配方。苎麻骨粉 50%，杂木屑 30%，米糠 10%，黄豆粉 8%，糖、石膏各 1%。麻骨用前暴晒，再粉碎成黄豆大小的颗粒状。配制时先将干燥、无霉烂的原料和熟石膏粉混拌均匀，调 pH 值 5.5～6.5，含水量 60% 左右，手握料用力挤，指间缝隙有水渗出而不下滴为宜。

（2）装袋灭菌。用 17 cm×45 cm×0.04 cm 的筒袋，每袋折合装干料 400～500 g，松紧要适度，以袋壁光滑、紧贴培养料、手握料袋不留指头窝为宜，装袋时要注意轻拿轻放，以免扎破袋，用细绳扎紧两端袋口。然后将料袋压成椭圆形叠放在常压灭菌锅内，锅内要保持一定的空间，用强火将水煮开，当温度达 100 ℃时，保持 6～8 h，过夜起锅。为防锅水烧干，灭菌时要注意及时补水。

（3）接种发菌。料袋起锅时要迅速移入接种室（接种前先用高锰酸钾和甲醛熏蒸30～40 min，对接种室内消毒），待温度冷却至 28 ℃以下时接种。接种后的菌袋移到黑暗的房间内养菌，前 10 d 室温控制在 26 ℃左右，以后室温保持在 20 ℃。每天要通风2～3 次，每次 5～8 min; 培养室地面要经常洒水，室内空气湿度要保持在 60% 左右。

（4）搭建耳架、耳棚。要选择靠近水源，通风，地势高的成龄麻园地。在麻地行间搭耳架。方法：在地里打木桩，用竹竿架于上面，建成高约 20 cm、宽约 30 cm 的耳架，长按麻园行间长度而定，顺麻行一行一架，搭两行空一行，便于田间管理。6 月初苎麻头麻收获后至 6 月下旬苎麻高还未长到 100 cm 时，应搭建耳棚，高 100 cm、宽 50 cm，用密度 75% 的遮阳网覆盖。

（5）耳袋开口。接种发菌 50 d，菌丝长到袋底即可上耳架。上架前用 5% 的石灰水浸泡 1 min，待干燥后去掉棉塞和颈圈，用绳子扎住袋口，并在袋壁上下割出耳口，用刀片在菌袋上割 10 个 "V" 形或 "X" 形的口，长度均为 1.5～2 cm 为宜。均匀平铺于耳

---

* 作者：张中华（达州麻类综合试验站 / 达州市农业科学研究院）

架，割出的耳口朝上下，便于采摘。

（6）管理。挂袋初期要控制空气相对湿度在 60% ～ 80%，出耳旺期空气湿度提高到 90% ～ 95%；勤检查，发现菌袋有污染块立即用小刀剔除，如菌袋污染面较大，立即将整袋拿出处理。

（7）采收。当耳片充分展开，长度在 5 ～ 6 cm 时即可采收。

（二）适宜区域

适宜国内苎麻种植区域。

（三）注意事项

选择水源方便的成龄麻园地；培养料要充分发酵；控制好耳棚内的温、湿度。

第二十章 麻类饲料制备与利用技术

一、饲用苎麻种植及鲜饲利用关键技术 *

苎麻原产中国，作为传统的特色经济作物，主要栽培目的是利用其韧皮纤维。研究表明，苎麻嫩茎叶纤维化、木质化程度低，富含粗蛋白，是适合长江流域夏季高温高湿生态特点的新型优质牧草，目前已广泛开展了苎麻（叶）干粉、干草、青贮料加工饲喂等利用方式的研究与应用，但尚未将其作为青绿饲料进行规模化栽培利用。涪陵苎麻试验站在国家麻类产业技术体系专家的支持下，在重庆丘陵山区开展了以畜禽鲜饲为目的的苎麻种养结合利用技术集成研究。试验示范结果，苎麻鲜饲利用具有独特的优势和价值。苎麻鲜草饲喂（图 20-1、图 20-2），避免了加工干料导致的维生素、叶绿素、生物酶等营养物质损失和水分散失，保持了草料的鲜活状态，适口性更好。同时，苎麻鲜草干粉平均粗蛋白含量可达 23.35%，平均相对饲用价值（RFV）122.53，是优良的植物源蛋白饲料。而且饲喂方法简单，效果良好。针对饲喂对象，将苎麻鲜草切成不同长度的

图 20-1 低龄饲用苎麻

图 20-2 盛产期饲用苎麻

* 作者：吕发生、蔡敏、李雅玲、栾兴茂、彭彩、陶洪英、曾晓霞（涪陵苎麻试验站 / 重庆市渝东南农业科学院）

节段，即可投料饲喂。肉牛饲喂示范（图 20-3）结果表明，在添加酒糟的条件下，搭配 25% 苎麻日增重较常规牧草增加 11.55%；在不添加酒糟的条件下，搭配 25% 苎麻日增重较常规牧草增加 22.98%。山羊饲喂示范（图 20-4）结果，搭配 25% 苎麻，日增重较常规牧草提高 7.53%。

图 20-3　饲喂肉牛　　　　　　　　　图 20-4　饲喂山羊

依托本技术制定了重庆市地方标准《饲用苎麻种植与鲜饲利用技术规程》（2021 年发布），已在涪陵、垫江、丰都、石柱、荣昌、万州等区县规模化种植，开展苎麻饲喂肉牛、肉鹅、山羊、草鱼等示范。

（一）技术要点

苎麻鲜饲利用的难点在于保障鲜草产出优质高产，鲜草投喂均衡合理。技术思路：一是以"选用良种、合理轮作、培育壮苑、缓效速效肥料配合施用"为技术要点，解决苎麻鲜草生产的质量问题；二是以"分区循环刈割、25% 苎麻替代常规牧草"为技术要点，实现苎麻鲜草的均衡投放、合理搭配。

饲用苎麻种植及鲜饲利用的操作流程是"选用良种→麻田准备→新麻栽培→麻园管理→刈割利用"，各环节的技术内容和要求如下。

（1）选用良种。选用高产、优质、耐肥、耐刈割的饲用苎麻优良品种，如川饲苎 2 号、中饲苎 1 号等。

（2）麻田准备

①确定规模：根据畜禽养殖规模，按投产后每公顷产苎麻鲜草 150 t、苎麻鲜草占当年 4 月至 10 月牧草（鲜草）饲喂总量的 25%，计算饲用苎麻种植面积。

②选择麻田：选择土层深厚、土壤肥力中上、排水良好、四周通风、3 年以上未种植苎麻、转运方便的田块栽培。

③理沟排水：定植前，理好主沟、支沟、小沟，做到排水畅通、雨后无积水。

④施足基肥：新栽麻定植前，每公顷以有机肥 15 000 ～ 45 000 kg、过磷酸钙 375 kg、氯化钾 75 kg 作底肥，开穴深施、开沟深施和撒施等方法。

（3）新麻栽培

①早育早栽：海拔 600 m 以下区域，于 3—5 月采用种子育苗或扦插等繁殖方式育

苗，于 5—6 月移栽定植。

②合理密植：移栽前，浇湿浇透苗床，带土取苗，随取随栽。每公顷定植 45 000 ～ 60 000 穴，每穴 2 株。移栽成活后，查苗补缺。

③割秆还田：新栽麻第 1 年不作牧草刈割，仅在麻株黑秆 1/2 ～ 2/3、下部有催蔸芽长出时，齐地割倒麻秆 1 ～ 2 次，就地还田。

④追施氮肥：头茬、二茬麻株割倒后按前轻后重原则，每公顷分别追施尿素 75 kg、225 kg。

（4）麻园管理

①加强冬管：每年 12 月下旬至翌年 1 月上中旬进行冬管。

中耕培土：中耕深度 20 cm 左右，要求不伤龙头根、扁担根、萝卜根，黏土深，沙土浅，行间深，蔸边浅。培土厚度 3 cm 左右，同时注意培好边蔸、疏通排水沟、厢面略呈龟背形。

重施冬肥：结合中耕培土，每公顷有机肥 15 000 ～ 45 000 kg、过磷酸钙 750 kg、氯化钾 150 kg 混合穴施，沟施后覆土。

②及时追肥：每年春季出苗后、每次刈割后 3 ～ 5 d，每公顷追施尿素 150 ～ 225 kg。

③防除杂草：结合冬管中耕培土时除草 1 次，春季苎麻封行前除草 1 次。

④抗旱防涝：遇高温干旱，麻园土壤含水量低时，及时抗旱。在多雨季节，经常清理麻园内排水沟，保持畅通，做到雨住沟干。

（5）刈割利用

①分区循环刈割：饲用苎麻春季出苗 40 d 左右，株高达到 60 cm 时，将苎麻田块平均分成 25 个片区，每天依次刈割 1 个片区。首茬麻全部刈割完毕，割收二茬麻，依次循环，直至生长期刈割结束。

②留茬刈割：第 2、第 3 年饲用苎麻每茬刈割时，留茬 10 ～ 15 cm。3 年后齐地割收。

③切碎饲喂：苎麻鲜草不宜长时间堆放，并需通风散热，避免阳光直晒。饲喂牛、羊等牲畜，切碎长度为 8 ～ 10 cm；饲喂兔、鹅等畜禽，切碎长度为 1 ～ 2 cm。老化苎麻不宜全株饲用，黑秆 1/3 以上、韧皮纤维长度超过 30 ～ 50 cm、下部叶片叶色淡黄，即为老化苎麻，将黑秆部分切除还田，幼嫩部分切碎作饲料。

④控制投喂数量：按饲用苎麻鲜草占每日牧草（鲜草）总量的 25% 进行搭配饲喂。田间苎麻鲜草生长量不足或充裕时，投喂数量可在 15% ～ 35% 范围内调节。

（二）适宜区域

主要适宜区域为重庆涪陵、忠县、丰都、南川、武隆等苎麻传统栽培区及生态气候相近的苎麻产区。

（三）注意事项

（1）饲用苎麻作为蛋白饲料，须和能量饲料如禾本科等碳水化合物含量高的牧草、富含钙铁等矿物质的精料搭配饲喂，以保障投喂的饲料营养全面、均衡，提高饲喂效果。

（2）初期投喂饲用苎麻，占比不能过大，按由少到多的办法逐渐增加，以避免畜禽消化不良。

（3）饲用苎麻病虫害较轻，规模化栽培以"预防为主"的原则进行防控，如采用化学防治措施，刈割时要达到安全间隔期。

二、苎麻机剥麻副产物青贮饲料制备技术 *

（一）技术要点

苎麻机剥麻副产物制备青贮饲料的方法，技术要点如下。

（1）将苎麻剥麻副产物干燥至 45% ～ 60% 含水量，添加玉米秸秆（或添加少量糖蜜或白糖），混合均匀。

（2）将步骤（1）中的原料用圆捆机打成捆。

（3）将圆捆在包膜机上包膜。

（4）包好膜的饲料圆捆在 20 ～ 35 ℃下发酵 25 ～ 40 d。

本技术青贮工艺无须使用任何酸碱试剂，无需对原料进行分离，成本低，青贮饲料适口性好。

本技术可以有效处理苎麻剥麻后副产物和玉米秸秆，避免了传统的丢弃和焚烧，降低了对环境的污染，实现了农作物副产物的循环利用。

机剥苎麻副产物生产青贮饲料的方法，包括如下方法。

实施例 1：A. 收集经剥麻机剥制后剩余叶、麻骨等副产物，将其干燥至含水量 45% ～ 60%，添加占总质量 0.5% 的白糖或 1% 的糖蜜，搅拌均匀；B. 将步骤 A 中的原料用圆捆机压实打成圆捆；C. 将圆捆放在包膜机上用青贮薄膜包严实；D. 将包好膜的青贮圆捆放在干燥处 20 ～ 35 ℃下发酵 25 ～ 40 d。

实施例 2：A. 收集经剥麻机剥制后剩余叶、麻骨等副产物，将其干燥至含水量 45% ～ 60%，按质量比例加入 50% 经揉搓的玉米秸秆，搅拌均匀；B. 将步骤 A 中的原料用圆捆机压实打成圆捆；C. 将圆捆放在包膜机上用青贮薄膜包严实；D. 将包好膜的青贮圆捆放在干燥处 20 ～ 35 ℃下发酵 25 ～ 40 d。

（二）适宜地区

所有苎麻种植区。

（三）注意事项

控制青贮原料含水量，适宜含水量为 60%，最高不超过 70%。

防止鼠害，储藏转运过程中，避免青贮圆捆包膜破裂，导致青贮饲料腐败变质。

---

* 作者：喻春明（苎麻品种改良岗位 / 中国农业科学院麻类研究所）

三、苎麻与肉鹅种养结合技术 *

我国是全球第一大肉鹅生产国和第一大肉鹅消费国。然而，肉鹅饲养与饲料配制技术滞后，严重限制了我国肉鹅产业的发展与升级。缺乏适于我国南方气候条件的优质蛋白牧草，缺乏专用饲料，造成种养分离、低效利用天然草场是限制肉鹅产业发展的根本原因。

多年的研究和生产实践表明，多年生作物——苎麻，是更适合我国南方种植的优质蛋白牧草。我国是全球第一大苎麻生产国，常年种植面积 200 万亩。其主要营养成分及产量均优于苜蓿，干草粗蛋白含量达到 20% 以上，必需氨基酸含量达 9% ～ 10%，钙含量达 3.94%，产量可达 1.8 t/ 亩。表现出"量大""质优"和"一年种植多年受益"的特点。而且苎麻生长季超过 7 个月，成为破解我国南方发展畜禽业缺乏优质蛋白饲料瓶颈问题的突破口。

自 2000 年起，中国农业科学院麻类研究所联合湖南、四川、湖北、江西、重庆等相关农业科研单位及企业，在国家麻类产业技术体系、公益性行业（农业）科研专项、中央驻湘科研机构技术创新发展专项等项目资金的支持下，开展了"苎麻与肉鹅种养结合技术研究和应用"工作。经过 10 余年的协作攻关，形成了以苎麻这一新型牧草资源为核心的苎麻园划区集约轮牧技术，研发了高苎麻含量畜禽全价饲料产品。技术要点如下。

（一）划区轮牧技术

（1）在种有饲用或纤饲兼用苎麻的苎麻园周围建防护栏，园内用围栏分区，每个小区面积 1 ～ 2 亩。

（2）头龄麻破秆后开始放牧，放牧阶段苎麻的高度为 50 ～ 70 cm，放牧初期采取打顶的方式控制苎麻长高并促进分枝生长，苎麻园内采用生物农药和物理诱杀设备防控病虫害。

（3）每年 4—11 月，将 14 日龄及以上的鹅苗放入苎麻园内放牧，饲养密度控制在 80 ～ 120 只 / 亩，在苎麻园内各小区轮流放牧鹅苗，每个小区放牧 5 ～ 6 d，每天上午和下午各放牧 1 次，每次 2 ～ 3 h。

（4）每天上午放牧前和晚上放牧后各补全价配合饲料 1 次，全价配合饲料的量由 50 g/（只·d）逐日增加，日增加量 7.8 ～ 10 g/（只·d），直至 60 日龄，之后每周每只鹅在原来补饲量的基础上增加 50 g。

（5）每完成苎麻园内各小区的轮流放牧 2 次，则切割苎麻地上残余的茎秆 1 次，冬季停止放牧进行冬培，用快速降解麻地膜覆盖苎麻蔸。

一般情况下，苎麻园的总面积在 6 亩以上，以每 6 个小区为一个单元放养一批鹅，各单元同时放牧；所述苎麻为中饲苎 1 号或中苎 2 号，采用嫩梢扦插的方式种植苎麻，亩栽 3 000 ～ 5 000 株。

---

* 作者：陈继康（沅江麻类综合试验站 / 中国农业科学院麻类研究所）

需要注意的是，刚孵化的鹅苗集中室内育雏 2 周，每天上午和晚上补饲料时投放青刈苎麻嫩梢，投放量从 50 g/（只·d）逐日增加，日增加量 3.8 g/（只·d），投放全价配合饲料的量由 7 g/（只·d）逐日增加，日增加量 3.3 g/（只·d）。

（二）苎麻颗粒草料制备与利用技术

（1）在苎麻生长高度为 40 ～ 80 cm 时刈割地上部，或者在苎麻生长高度为 >80 cm 时剥制去皮后，干燥、粉碎得到苎麻草粉。

（2）按重量百分比称取 40% ～ 70% 的苎麻草粉，8% ～ 20% 的豆科牧草，8% ～ 20% 的禾本科牧草或作物秸秆粉，10% ～ 20% 的玉米粉和 / 或豆粕，1% ～ 4% 的预混料，1% ～ 2% 的糖蜜，0.3% ～ 0.5% 的食盐，1% ～ 2% 的油脂。

（3）将原料苎麻草粉、豆科牧草、禾本科牧草或作物秸秆粉、玉米粉、豆粕和食盐粉碎、过筛，平均颗粒直径为 0.5 ～ 3 mm，按照配方组成混合、搅拌均匀。

（4）加入糖蜜、预混料和油脂，控制混合料水分含量 15% ～ 20%，添加适量的抗氧化添加剂，利用制粒机制成颗粒料，干燥至水分含量 ≤ 13% 后装袋储存备用。

（5）这种饲料可以完全替代精粗饲料搭配的方式。

四、苎麻饲料化关键技术 [*]

（一）技术要点

（1）苎麻鲜饲饲喂技术。苎麻鲜饲即将苎麻在 80 ～ 100 cm 时候刈割，此时为最适宜做饲料时期，每月刈割一次，苎麻刈割时间为 4 月下旬至 11 月下旬，直接破碎后饲喂家畜。鲜饲可有效保留苎麻营养成分和生物活性物质。鲜饲饲喂量为动物体重的 1.25%（干物质计算）。可选择低蛋白精料（12% ～ 14%），消化能为 3.16 Mcal/kg 日粮（注：1 cal ≈ 4.18 J），即可达到较适宜的日增重水平。

（2）苎麻青贮饲喂技术。青贮饲料是将新鲜的青饲料切短装入隔绝空气的密封容器里，经过以乳酸菌为代表的厌氧微生物的发酵作用而制成的一种多汁饲料。苎麻由于碳水化合物含量较低，适宜与玉米秸秆混合青贮。苎麻在 100 cm 左右收割后破碎，与玉米秸秆混合青贮，混合比例推荐玉米秸秆与苎麻各 50% 为宜，发酵 40 d 青贮饲料制备成功。青贮饲料饲喂量为动物体重的 1.25%（干物质计算）。可选择精料蛋白 14%，消化能 3.16 Mcal/kg 日粮，即可达到适宜日增重水平。

（3）苎麻颗粒饲料加工技术。苎麻颗粒饲料是将苎麻收割、干燥、粉碎、制粒形成的饲料产品，苎麻颗粒饲料可分为纯苎麻颗粒饲料和全价颗粒饲料。将苎麻在 80 ～ 100 cm 时候刈割，破碎晾干后粉碎，粉碎粒度在 3 mm 即可，粉碎后通过制粒机制粒，制粒直径为 6 mm（肉羊用）。苎麻颗粒饲料可直接饲喂动物，育肥羊每天可饲喂 1 kg，育肥后期可提高用量，配合精饲料饲喂 200 g，可达到平均日增重 200 g。

---

* 作者：汪红武（咸宁苎麻试验站 / 咸宁市农业科学院）

（4）麻园种养结合养殖技术。将苎麻园改造为人工草场，按照半圈养半放养的模式，将羊白天放入麻园采食嫩茎叶，晚上适当补饲低蛋白精饲料，并适当划分放牧区域。羊进入麻园后，只采食嫩茎叶，麻园嫩茎叶采食结束后约进行 1 个月恢复，麻园恢复后，即可进行下一轮载畜，往复循环。每亩麻园载畜量在 6 ～ 7 只，配合低蛋白精料补充料（精料 160 g/d），即可达到适宜日增重水平。

（二）适宜地区

我国南方地区种、养企业。

（三）注意事项

苎麻收割高度在 80 ～ 100 cm。